IT Text

情報処理学会 編集

深層学習

柳井啓司
中鹿　亘　共著
稲葉通将

Ohmsha

情報処理学会教科書編集委員会

本書に掲載されている会社名・製品名は，一般に各社の登録商標または商標です．

本書を発行するにあたって，内容に誤りのないようできる限りの注意を払いましたが，本書の内容を適用した結果生じたこと，また，適用できなかった結果について，著者，出版社とも一切の責任を負いませんのでご了承ください．

はしがき

　深層学習は日々，ものすごいスピードで進歩している．以前は当たり前だった手法が，ある日それを上回る手法に取って代わり，急に使われなくなることは日常茶飯事である．また，数年前までの常識がある日突然，非常識になることも多い．例えば，深層学習の登場直後に過学習を防ぐために使われていた手法であるドロップアウトは，その後登場したバッチ正規化に取って代わられ，あまり使われることがなくなった．しかしながら，最近の Transformer 型のネットワークの学習では再びドロップアウトが使われるようになっている．また自然言語処理では，再帰型ネットワークである LSTM を使った Seq2Seq モデルが以前の標準であったのが，近年は Transformer による手法に置き換わり，画像認識でも畳込みを置き換える勢いである．

　この進歩の速さは，人工知能ブームによる研究者人口の増大，arXiv.org*1 での論文公開，さらには GitHub でのソースコード公開による検証や拡張の容易化によるところが大きい．従来は査読を経て国際会議や学術雑誌で研究成果が初めて公になるのが一般的であったが，近年は，論文投稿前にまず arXiv.org で論文を公開し，多くの場合，同時にソースコードも公開する．それを知った別の研究者がさらに改良を加えすぐに論文化して arXiv.org で発表し，同じ国際会議で元の手法と改良手法が同時に発表されることも今や当たり前である．研究人口の増大と研究スピードの高速化によって，arXiv.org では毎日 100 本近くの深層学習に関する論文が公開され，トップカンファレンスと呼ばれる権威ある国際会議では一度に 1000 本以上の論文が発表される．そのため，1 人だけですべてを追従することはほぼ不可能で，Twitter などの SNS や各種ブログなどを活用した情報収集が必須になっている．深層学習の最先端の研究を行うには，情報収集力が正に重要といえる．

　本書の内容は執筆時点での「深層学習」の常識に基づいて書かれているが，先述のとおり，この常識は長くたたないうちに変わっているであろう．そこ

---

*1　誰もが投稿可能なテクニカルレポートサーバ：https://arxiv.org

で，本書では，おそらく変わることがない最も基本的な学習方法や，基本的なレイヤに関しては，前半で詳細に説明した．一方，後半では，深層学習の応用について，各論の詳細は他書に譲った代わりに，画像，音声，言語のできるだけ広範囲な応用を俯瞰的に説明した．応用の進歩はとても速いので，本書が世に出る頃にはさらに良い方法が出ているだろう．とはいえ，これまでの流れがわかっていれば，新しい手法を理解するのも容易なはずである．なお，本書は大学学部 3 年生〜大学院修士課程の半年間の講義を想定しているが，博士課程の学生や，企業や研究所に勤める若手技術者にも参考になるだろう．

　下図に章同士の関連を示す．第 1 章で序論として深層学習登場前後の経緯を振り返り，第 2 章で深層学習以前のパターン認識手法について述べ，第 3，4，5 章で深層学習の基本的な方法について説明する．画像を扱うための方法である畳込みについてもここで扱う．第 6 章は音声データや言語データのような長さが不定の系列データを扱うための方法について述べる．

　第 7 章以降は応用を扱う．第 7 章では画像認識，第 8 章では主に敵対的生成ネットワーク（GAN）を用いた画像生成・変換について説明する．第 9 章は音声処理，第 10 章は自然言語処理への深層学習の適用方法について説明する．最後の第 11 章では，画像と言語，画像と音声など二つ以上のメディアを組み合わせたマルチモーダル処理について説明する．

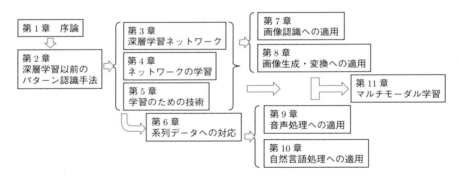

　本書を企画し 4 年間鼓舞激励し続けてくださった，情報処理学会教科書編集委員の沼尾雅之先生に深く御礼申し上げます．

2022 年 10 月

執筆者を代表して　　柳井　啓司

目　　次

第5章　学習のための技術

第6章　系列データへの対応

第9章　音声処理への適用

第1章

序論：深層学習登場の前と後

深層学習の登場は，パターン認識技術の性能を飛躍的に向上させ，その可能性を大きく広げた．人々が手にしているスマートフォンには深層学習によるパターン認識技術がふんだんに投入されているなど，我々の身近なところで既に実用技術として使われている．本章では，本書全体の導入として，最初に深層学習の登場前と登場後のパターン認識技術の違いについて述べ，なぜ深層学習が圧倒的な性能を発揮することができるのかについて解説する．

■ 1.1　パターン認識とは

　パターン認識とは，画像，音声，言語，数値データなどさまざまな形態で表現されるパターンをあらかじめ決められた概念*1のうちの一つに対応させる処理のことをいう．パターン認識は，教師あり機械学習とも呼ばれ，今日のAI技術の中でも特に重要な技術となっている．パターン認識の研究は，古くは統計学を起源としており，既に1950年代には，統計的パターン認識として基本的な枠組みが築かれている．

　本書で取り上げる「深層学習（ディープラーニング）」もパターン認識技術の一つであるといえるが，こちらはニューラルネットワークの研究を起

---

*1　一般に，クラス（class）と呼ばれる．

1

源としており，ニューラルネットワークも 1940 年代のマカロック-ピッツ（McCulloch-Pitts）によるニューロンのモデル化[1]など，既に 70 年以上前から研究が行われていた．

　また，人工知能研究の一分野に「機械学習」と呼ばれるものがある．人工知能研究は 1956 年に開催されたダートマス会議が起源とされており，学習や知能にまつわる機能を計算機上で実現する方法論としての「人工知能」研究が始まったとされている．人工知能は最初はルールを人手で書き下すことで問題解決を行うエキスパートシステムが主流であったが，ルールを書き下すこと自体が困難な問題であると認識され，ルールベースのアプローチは廃れてしまう．それに対して，1990 年代後半から統計的手法を用いて学習を行う統計的機械学習が盛んに研究されるようになってきた．サポートベクトルマシンなどはその代表的な手法の一つである．

　現在においては，「パターン認識」「機械学習」はどちらも統計的手法を用いており，目的も同じであることから，ほぼ同じ研究分野とみなされている．「深層学習」の起源である「ニューラルネットワーク」はもともと，「パターン認識」「機械学習」の一手法という位置付けであり，その発展型の「深層学習」も依然として「パターン認識」「機械学習」の一手法である．しかしながら，「深層学習」には特徴抽出の学習が可能で，それが識別器と同時に学習可能であるという，従来の手法とは決定的な違いがあり，そのため性能が飛躍的に向上している．既に，画像認識，音声認識，機械翻訳など，さまざまな応用において「人間超え」の性能を発揮しており，今や実用的な場面において「機械学習」は，ほとんどの場合「深層学習」が用いられるというほどに他の手法を圧倒している現実がある．

■ 1.2　パターン認識の困難さと深層学習による成功

　「深層学習」が登場するまでは，「パターン認識」は極めて難しい問題とされていた．それはなぜか？　一言でいえば，人間が行っているパターン認識の原理がわからないからであった．

　まず画像で考えてみよう．目の前にラーメンがあったとする．あなたはなぜそれがラーメンだとわかるのだろうか？　スープが豚骨だから？　チャー

シューがあるから？　まるい丼に麺が入っているから？　もやしが山盛りに載っているからであろうか？

　どれも正解だとして，丼とは何だ？　麺とは何だ？　チャーシューとは何だ？　… などと細かく分解したらどうなるだろうか？　際限がなくなることは間違いない．

　実際かつては，ルールを細かく書いてパターン認識を試みることが行われていた．線画解釈などと呼ばれる研究が古典的である．だが，実際の写真を線画にするにはどうすればよいだろうか？　既にそこには人間の解釈が入っていて，それ自体が極めて難しい問題で，結局のところ実用的に使えることはなかった．

　次に，画像から何らかの「特徴」を出してコンパクトな数値情報として表現して，それをもとに「パターン」を分類するパターン認識の研究が行われた．これが従来の一般的な「パターン認識」の枠組みである．どんな特徴を出すかは，対象に依存する．画像ならば画像専用の特徴，音声ならば音声用の特徴，自然言語テキストなら言語用の特徴，それぞれの分野で個別に研究が行われてきた．一度，ベクトルで表現される「特徴量」となれば，あとは対象に依存しない「パターン認識」「機械学習」の一般的な手法で学習を行い，学習モデルで分類を行うことができるようになる．つまり，図 1.1 上に示すように，対象をベクトル化する特徴抽出，ベクトルを分類する機械学習の 2 段階の処理が，別々に研究されていた．

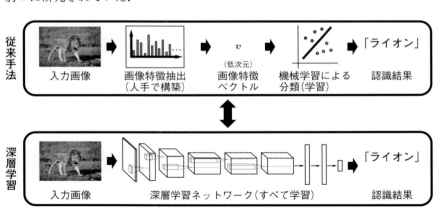

図 1.1　従来型アプローチと深層学習との違い

　それを変えたのが，「**深層学習**」である．深層学習では，画素の集合として表現される画像，音声波形として表現される音声，自然言語テキストとして表現される言語テキスト情報[*2]を直接，深層学習ネットワークに入力して，ネットワークの出力では，分類結果（一般にはクラス確率ベクトル）が出力される（図 1.1 下）．つまり，特徴抽出過程が深層学習ネットワークに含まれているという点が，従来のパターン認識・機械学習の手法とは決定的に異なる．また，深層学習は「表現学習」と呼ばれることもあり，データの分類方法のみではなく，表現方法，つまり特徴抽出の方法までも学習してしまうことが可能である．しかも，表現方法と分類方法は別々に学習するのではなく，一つの深層学習ネットワークの中に同時に学習される．こうした学習は，深層学習ネットワークの端から端まで学習するという意味で，エンドツーエンド（end-to-end）学習と呼ばれている．エンドツーエンド学習では，表現と分類が同時に最適化される．これは，特徴抽出を人手で考案し，機械学習による分類手法だけを最適化していた従来の方法とは根本的に異なるものである．実際，エンドツーエンド学習による深層学習ネットワークは，従来手法を大きく上回る性能を達成し，タスクによっては既に人間を上回る性能を実現している．

　なお，このエンドツーエンド学習を高い精度で実現するには，一般には大量のラベル付き学習データが必要である．例えば，最も著名な画像認識のための大規模画像データセットである ImageNet Challenge のデータセットは，1 000 クラス分，合計 128 万枚もの画像が用意されている．古くは学習データ不要の人手によるルール記述，その後は，1 クラス 100 枚程度の学習データを用いた人手による特徴抽出と機械学習分類器の組合せがそれぞれ主流であったが，今日の深層学習は，多様な画像をエンドツーエンドで学習することで，多様な認識対象に対処しようという，データ型アプローチとなっている．ウェブの普及によって，画像を手軽かつ大量に収集可能になったことも，こうしたアプローチが可能となった要因として挙げることができる．

　「深層学習」によるデータ型アプローチの最も象徴的な出来事が，1 000 種類の物体が写った画像を分類するというタスクのコンペティションである ILSVRC 2012（ImageNet Large Scale Visual Recognition Challenge）における，トロント大学のヒントン（Hinton）教授が率いる SuperVision チーム

[*2]　なお，言語の場合は文字単位ではなく，単語単位でベクトル化した後に入力するのが一般的である．

の圧倒的な性能差での優勝である．他のすべてのチームが従来手法である人手による特徴抽出＋機械学習による分類であった一方で，SuperVision チームだけが，これまでとはまったく異なる「深層学習」を用いたアプローチによるシステムを引っさげて参戦し，圧倒的な性能で優勝を収めた．それは，すべての画像認識研究者に衝撃を与えた出来事であった．

　画像認識研究者は，主に画像からの特徴抽出を工夫して性能を上げることを行ってきた．その作業が深層学習のエンドツーエンドアプローチによって必要なくなると印象付けるのに深層学習は十分なインパクトがあり，「深層学習の登場によって最初に職がなくなるのは，画像認識研究者か？」と誰もが考えた．しかし，実際にはそうではなかった．その後，ネットワークの構造や新しいレイヤなどさまざまな工夫をすることで，さらに性能を向上させることができること，さらには，画像分類以外のさまざまなタスク，例えば物体検出や領域分割などにも応用可能であり，そのためのネットワークを考えるには画像ドメイン固有の知識が必要とされることが，徐々にわかってきたからである．

　深層学習の登場によって，画像認識研究者の仕事は，特徴抽出の方法を考えることから，ネットワークの構造や学習の工夫やデータの与え方の工夫など，深層学習の利用を前提とした性能向上のためのさまざまな工夫を考えることに大きく変わった．しかしながら，それは最初の本格的な画像認識用の深層学習ネットワークである 2012 年の AlexNet の登場後にすぐに変わったわけではなく，徐々に変化してきたものである．画像認識の研究にはさまざまなタスクがあるが，まずは，画像分類が最初に深層学習によって置き換えられ，その後，物体検出や領域分割などの派生タスクが次々と深層学習による方法で従来手法の性能を上回る状況となった．その間，3〜5 年程度はかかっている．さらに AlexNet の登場から 10 年近く経った現在（2022 年）では，画像変換や画像生成，さらには 3 次元形状推定や画像修復など，いわゆる画像認識問題とはやや異なる，従来は数式によって解かれていたコンピュータビジョンの中の，特にコンピューテーショナルビジョンと呼ばれる分野の問題までもが，深層学習で取り扱われる状況になってきている．実際に，CVPR（IEEE/CVF Conference on Computer Vision and Pattern Recognition）や ICCV（IEEE/CVF Conference on Computer Vision）などの画像認識およびコンピュータビジョンのトップ国際会議に参加すると，認識以外のさまざまなタスクにおいてもそのほとんどの発表で何らかの形で「深層学習」を利用し

ていることに驚くであろう.

■1.3　深層学習と従来のパターン認識手法の違い

　前節でも述べたように，深層学習と従来の機械学習との大きな相違点は，**表現学習**（representation learning）が可能であることと，生データを入れると結果が出るエンドツーエンド学習が実現されていることである.

　深層学習は，端的にいえば，分類や回帰のみならず，あらゆるデータ変換関数 $f(x)$ を学習データから学習できる万能機械学習手法である．しかも入力 x は，画像であったり，音声波形であったり，特徴抽出前の生データでかまわない．$f(x)$ の中身は深層ネットワークである．深層ネットワークの中身は，第3章で説明するさまざまな基本部品の集合体である．部品をブロック玩具のように組み合わせて，第4章で説明する学習手法で大量の学習データとともに学習すれば，あらゆる $f(x)$ が再現できてしまうという，これまでの機械学習の手法では実現が困難であった特性をもっている．また，これまでの機械学習やパターン認識では，$f(x)$ の入力 x の次元は，$f(x)$ の出力の次元よりも高いのが一般的であったが，深層学習にはこの常識が当てはまらない．低次元ベクトルの入力から高次元ベクトルを出力するという $f(x)$ も学習可能となっており，それを利用して，画像や音の生成なども可能となっている.

　深層ネットワークは，その計算が単純な計算の膨大な繰返しである．そのため並列性が高く，CPU でなく，同時に多数の並列計算が可能な GPU（Graphics Processing Unit）を使えば，高速に出力を得ることができる特徴がある．GPU はもともと，高精細なゲームなど CG のために開発されたが，後にその高速性に注目が集まり，それを汎用的な計算に利用する **GPGPU**（General-Purpose computation on GPU）という GPU の利用方法がハイパフォーマンスコンピューティングの分野で注目されていた．この GPGPU を深層学習に最初に取り入れたのは，2012 年に画像認識における深層学習の革命を起こした SuperVision チームである．SuperVision チームは，GPU を利用することで，AlexNet と呼ばれる約 6 000 万個の学習パラメータをもつ高性能な大規模深層学習ネットワークを 100 万枚規模の画像データセットで 1 週間かけて学習可能であることを示し，深層学習ネットワークの学習には GPU

が必須であるという新しい常識を作り上げた．そのお陰で，今や GPU はゲームに加えて，深層学習ネットワークの学習も主要な利用方法となっており，深層学習向けのアーキテクチャをもつ高速な GPU が開発され，年々その性能は向上している．また，スマートフォンでも深層学習の実行用に GPU や専用エンジンが搭載されているものが市場に出回っている．

　従来の機械学習手法は，**教師あり学習**と，**教師なし学習**に分類可能であるが，多くの場合は，教師あり学習であり，**分類**，**回帰**の 2 通りに分類可能である．前者では，データをクラス分類する関数を，クラスラベル付きの学習データから学習する．後者ではデータから数値を出力する関数を，入力値と出力値のペアの学習データから学習する．いずれの場合も，入力は高次元ベクトル，出力は入力よりも低次元なベクトルとなることが想定されていた．処理は深層学習のように多段になっているわけではなく，単一ステップである．

　一方，深層学習は，線形関数と非線形関数を多段に組み合わせることで，任意の関数 $f(x)$ を高精度に近似することが可能である．十分な量の学習データさえあれば，もはやどのような複雑な関数であっても，学習が可能である．$f(x)$ の出力は，クラス分類であればクラス確率ベクトル，画像生成であれば画像，文書生成や機械翻訳であれば単語ベクトルの系列など，従来の機械学習にはなかったような多様な出力が可能である．これは，従来は単一レイヤ処理であったものが，深層化することによって階層的多段処理としたことで可能となった．一般に，層が増えれば増えるほど表現能力が増すということは，広く知られている．ただし，その分学習が困難となる問題があったが，現在ではそれに対処するための画期的な方法が提案され，100 層以上の極めて深いネットワークも可能となっている．

第2章
深層学習以前の
パターン認識手法

本章では，深層学習以前のパターン認識手法の概要を説明する．深層学習以前は，メディアデータからの特徴抽出によるデータの低次元ベクトル化と，ベクトルの学習・分類を行う機械学習の 2 ステップに工程が分かれていた．前者の特徴抽出は各メディアの性質に基づいて長年積み上げて作り上げた方法があり，後者は機械学習やパターン認識と呼ばれる数学に基づく理論によって手法が提案されてきた．

2.1 深層学習以前のパターン認識の概略

　本書執筆時点（2022 年 9 月現在）で，画像，自然言語，音声など主要メディアの処理に関する最新研究は，ほぼすべてが深層学習によるものである．この大きな理由は深層学習の性能の高さであるが，深層学習を利用する場合は，大量の学習データや GPU などの高速な計算資源が必要などといった制約があり，パソコンで手軽に学習するという用途には必ずしも向いていない．深層学習以前の手法は，最新研究ではほとんど使われることがないが，現実的な場面においては必ずしもその有効性がなくなったわけではない．

　1.3 節で述べたように，深層学習時代とそれ以前の大きな違いは，特徴抽出も含めたエンドツーエンド学習か，特徴抽出と学習・分類の 2 ステップによる処理かの違いである．

　パターン認識とは，入力された画像や音声，テキストなどの信号に対して，

自動的に何らかのラベル付けをする処理のことをいう. 図 2.1 に示すように,
認識を行うためには事前の学習が必要である. 学習時には, ラベル付きの学習
サンプルが必要である. 入力されたデータから特徴抽出を行って特徴ベクトル
を得, 入力サンプルに付与されていたラベルと合わせて分類器の学習に利用す
る. 認識（推論）時には, 事前に学習した分類器を用いて, ラベルが未知のサ
ンプルに対してラベル付けを行う. 認識時も学習時と同様に特徴抽出を行う.
これがパターン認識の基本的な流れである.

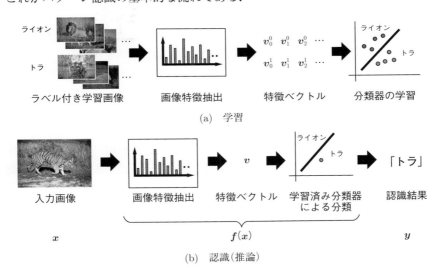

図 2.1　パターン認識処理の基本的な流れ

　特徴抽出は, 高次元ベクトルで表現される画像や映像から, 分類に必要な情
報を元のベクトルよりも低い次元で表現されるベクトルに変換する処理のこと
である. 変換された低次元ベクトルは, 分類に必要な入力信号の「特徴」を含
んでいるという意味で,「特徴量」と呼ばれている. この特徴量を抽出する処
理が「特徴量抽出」もしくは「特徴抽出」と呼ばれるものである. 一般に特徴
抽出は表現メディアの種類に依存する. 画像, 音声, 映像などは互いに性質や
表現が異なるため, それぞれの対象に合わせて特徴抽出手法が提案されてお
り, 使い分ける必要がある. 一方, 特徴抽出された後はメディアの種類によら
ず低次元ベクトル表現となるため, その後の分類器による学習や分類の処理は

メディアの種類に依存しないものとなる．つまり，特徴抽出はメディアの違い
を吸収するための処理ともいえる．

　分類器の学習は，抽出された低次元な特徴量ベクトルを分類するための分類
モデルを学習する処理である．分類先は「クラス」と一般に呼ばれ，分類モデ
ルは入力された特徴量を，事前に学習された二つ以上のクラスの中の一つもし
くは複数のクラスに分類する．例えば，1文字のみの手書き数字の画像を分類
するならば，クラスは0から9までの数字のクラスとなる．分類モデルが入力
ベクトルを正しく分類するには，「学習」が必要になる．学習とはモデル中の
パラメータを「分類器学習のためのラベル付き学習データ」を用いてチューニ
ングすることである．分類器もしくは分類モデルは「機械学習モデル」と呼ば
れることもあり，表現メディアの種類によらずベクトルで表現されている特徴
量ベクトルを入力することが前提となっているため，対象を限定しない汎用的
なものとなっている．

　本章では，前半で画像，音声，テキストの主な特徴量抽出法について説明す
る．後半は，一般的なパターン認識手法として，最近傍分類，線形分類器，サ
ポートベクトルマシン，アンサンブル学習，確率モデルによる分類について説
明する．また，クラス分類モデル以外に，ラベルなしデータをグループ化する
ためのクラスタリング手法も広い意味でのパターン認識手法であり，本章では
ラベルなしのデータ分類手法であるクラスタリング手法として，階層的クラス
タリング，k-means法についても説明する．さらに，最後には認識結果の評価
指標についても触れる．

■ 2.2　特徴抽出

　特徴抽出は，画像，音声などの極めて高次元な生データから認識に有用な情
報を取り出して，機械学習/パターン認識手法で取扱いが容易な低次元ベクト
ルに変換するプロセスである．与えられるデータが最初から低次元ベクトルに
なっている場合は，この処理は不要である．例えば，健康診断の検査指標の値
から特定の病気である可能性を推定する場合などは，与えられるデータは数十
次元から多くても数百次元程度であることから，特徴抽出は不要とされる．

▌1. 画像

　画像は，320×240 の RGB カラー画像ならば，$320 \times 240 \times 3$ の 3 次元配列（3 次元テンソル）で表現され，一つのベクトルだと考えると，約 23 万次元にもなる．これは，一般的な機械学習手法には次元が高すぎるので，数百から数千次元程度のよりコンパクトな「特徴ベクトル」（「特徴量」ともいう）に変換する必要がある．ただし，文字や特定のパターンなどの小さな画像で表現可能な対象，例えば 1 辺 32 画素の正方濃淡画像であれば $32 \times 32 \times 1 = 1\,024$ 次元程度で表現可能なので，そのまま特徴ベクトルとすることもできる．

　特徴抽出する際に重要なのは，認識に関係ない変化を特徴ベクトルにできるだけ反映させないことである．例えば，自動車を認識するときに，画像中での位置が少し左右に動いただけで，特徴ベクトルが大きく変化してしまうことは望ましくない．また，自動車の大きさが多少変わる程度で特徴ベクトルが大きく変化してしまうことも望ましくない．さらに可能であれば，こうした平行移動やスケール変化だけではなく，回転や視点変化に対応するアフィン変換にも影響を受けにくいことが望ましい．このような幾何変換に対する変化が少ない性質は，**不変性（invariance）** と呼ばれるもので，特徴抽出に必要なものである．また，ノイズや明るさの変化などに強い**頑健性（robustness）** も重要である．さらに，最も重要なのは，**識別性（discreminability）** である．つまり，最終目的である画像の分類に必要な情報が，コンパクトな形で含まれていることが，最も重要な性質といえる．深層学習以前の研究では，こうした重要な特性をもち合わせた画像特徴量を抽出するための手法の研究が盛んに行われていた．そこでは，学習的な要素はあまりなく，人手でアルゴリズムを考案するのが一般的な研究アプローチであった．

　ここでは，代表的な 2 種類の画像特徴量を紹介する．一つはカラーヒストグラム，もう一つは BoF（Bag-of-Features）特徴量である．

(a) カラーヒストグラム

　カラーヒストグラムは，画像の色の分布を表現する画像特徴量である．画像の各画素（ピクセル）の RGB 空間は三つの 8 ビットの整数値で表現され，256^3 通りの色を表現可能である．ただし，これだと空間が広すぎるので，図 2.2 に示すように，例えば RGB をそれぞれ 2 ビットに減色して 4^3，つまり 64 色に減色する．そして，画像中に 64 色の色で，それぞれの点が何個存在するかカウントし，色の出現頻度を表現するヒストグラムを作成する．64 色に減

11

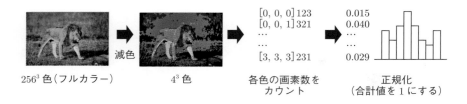

256³ 色（フルカラー）　　　　4³ 色　　　　各色の画素数を　　　　正規化
　　　　　　　　　　　　　　　　　　　　　カウント　　　（合計値を 1 にする）

図 2.2　カラーヒストグラム（この例では，RGB 色空間を 64 色に減色し，64
　　　　次元のカラーヒストグラムを求めている）

色した場合は，64 次元ヒストグラムが得られる．通常は，画像サイズに依存し
ないようにするために，要素の全合計値が 1 になるように正規化して，64 次
元の特徴ベクトルとする．これが最も簡単な画像特徴量の一つである，カラー
ヒストグラムである．

　カラーヒストグラムは単に色の分布を表現しているだけだが，画像中の物体
の平行移動や回転によって変化せず，不変性の特性を兼ね備えている．画像の
意味的な分類には向かないが，見た目が似ている画像を検索することは可能
で，パターン認識よりも一般には画像検索で用いられる画像特徴である．

　なお，通常のカラーヒストグラムでは，空間情報をすべて捨てて，画像全体
を一つのヒストグラムにしているため，上下を反転した画像でも，90 度回転
させた画像でも，全く同じ特徴ベクトルが得られるという特性がある．これに
対して，画像の空間情報を考慮した特徴量とするために，画像を格子状に分割
して，それぞれについてヒストグラムを作成し，それらのベクトルを結合して
一つの特徴ベクトルとする方法がある．図 2.3 は，画像を 2 × 2 に分割して，
それぞれについて 64 次元のカラーヒストグラムを作成し，結合した 256 次元
を画像特徴量とした例である．この例では，極めて粗くであるが，空間情報が
考慮され，上下や左右を反転した画像を見分ける画像ができるようになる．な
お，この画像を分割して，それぞれの部分画像でヒストグラムを作成し一つの
ベクトルに結合することで位置情報を考慮した特徴量を抽出する方法は，位置
情報を捨ててしまうヒストグラム系の特徴量で共通して利用される．実際に，
次に説明する bag-of-features 特徴量でもしばしば利用される．

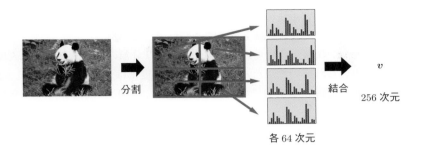

図 2.3 部分的なカラーヒストグラムを結合し，位置を考慮したヒストグラムを作成した例

(b) Bag-of-Features 特徴量

BoF 特徴量[2]は，画像中の局所パターンを表現する局所特徴量の分布をベクトル量子化によって表現した特徴量である．局所特徴量とは，画像中の特徴的な点の周辺パターンをベクトルで記述した特徴量のことで，**SIFT** (**Scale-Invariant Feature Transform**) 特徴量[3] や **SURF** (**Speeded-Up Robust Features**) 特徴量[4]などが一般的に用いられる．局所特徴はもともとは 2 枚の画像間での対応を求めるための特徴量であるため，1 枚の画像から多数（通常は数百から数千個）抽出される．これを認識のための特徴量として利用するためには，多数の特徴量の分布を一つのベクトルにコーディングする処理が必要になってくる．

このように BoF 特徴量は，画像中にどのような局所パターンが含まれているかを表す特徴量である．同一カテゴリの物体は同一の構成要素から成り立ち，それらの構成要素の局所的なパターンが互いに類似することが多いという経験則から，色分布に比べて局所パターンの分布が画像の意味内容により強く関わると考えられている．例えば，ライオンならばたてがみと 4 本足が付いた胴体が含まれ，自動車ならばヘッドランプとフロントグリルとタイヤが含まれる，という具合である．個体や車種が違っても共通するパーツをもっていることが一般的であることを踏まえ，パーツを表現する局所パターンの集合として画像を表現することで物体カテゴリを表現しようというのが，BoF 特徴量である．BoF 登場以前は画像中の物体のカテゴリー分類は決まった方法論がなく極めて困難な問題と考えられていたが，2004 年に登場した BoF 特徴量は後

ほど説明する機械学習手法のサポートベクトルマシンと組み合わせることで，誰もが容易に物体カテゴリ認識を行うことが可能となった．

　BoF 特徴量は，深層学習登場以前は物体カテゴリ分類の標準的な特徴量表現として広く用いられていた．ただし，実用的な精度にはまだ十分とはいえず，深層学習が画像認識に本格的に導入されるまでは，BoF の改良を行う研究が続けられた[*1]．

　局所特徴量の分布をベクトル量子化によって表現する BoF 特徴量を抽出するには，まず局所特徴量ベクトルの集合をクラスタリング手法の k-means 法などを用いてデータを指定した数のグループに分割し，各クラスタの平均ベクトルを代表ベクトルとする．これらをベクトル量子化における codeword（コードワード）とし，各局所特徴量を最も類似した codeword に置き換え，図 2.4 に示すように codeword の出現頻度のヒストグラムを作成する．このヒストグラムが局所特徴量の分布を表現する BoF 特徴量となる．Codeword は，画像の場合は，視覚的な単語ということで visual word と呼ばれることがある．画像認識の場合，visual word は学習時に学習データから求めておく．

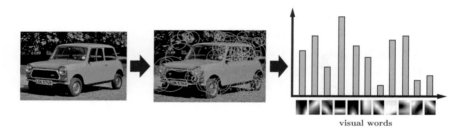

図 2.4　局所特徴量の分布を表す画像の Bag-of-Features 表現

BoF 特徴量作成の手順は以下のとおりである．

1. すべての学習画像から局所特徴量を抽出する．数が多い場合は 10 万〜100 万点程度になるようにサンプリングする．
2. k-means 法を適用して抽出した局所特徴量のクラスタリングを行い，k 個の visual word を求める．k は 500〜3 000 程度が一般的である．

---

*1　なお，物体カテゴリ認識は，「一般物体認識」と呼ばれることがある．

3. 各画像について，抽出したそれぞれの局所特徴量について最も類似した visual word に投票し，局所特徴量のヒストグラムを作成する．それを BoF 特徴量とする．

なお，SIFT や SURF などの局所特徴量は，特徴点抽出と特徴点周辺パターンの記述の二つの処理を含んでいるが，元々の目的が画像間のマッチングであるため，濃淡変化が特徴的で対応が取りやすい点が選ばれる傾向にある．しかしながら，物体認識においては，濃淡変化が少ない，例えば車のボンネットやシーン中の空などの領域も認識には重要な手がかりとなる．そこで，図 2.5 に示すように，入力画像とは無関係にランダムに，あるいはグリッドで機械的に特徴点を決めて，局所特徴を抽出する方法が提案された．局所特徴量の手法に含まれる特徴点抽出では，画像によって特徴点の数が決まり，変化の少ない領域からは特徴点が抽出されないため，sparse sampling という．一方，ランダムやグリッドで抽出する場合は特徴点の数を自由に決めることができるため，特徴点を大幅に増やすことが可能で，dense sampling という．実験によって，sparse sampling よりも dense sampling のほうが多くの局所パターンをサンプリングできるために高い認識性能を示すことが確認されている．

sparse sampling   dense sampling   dense sampling
（ランダム）   （グリッド）

図 2.5 BoF 表現のための特徴点サンプリング方法

BoF 特徴量では，各局所特徴を最も近い visual word 一つだけに投票していた．つまり，分布を BoF で表現するときは，一つの局所特徴を一つの visual word で代表して表現したことになっていた．これを hard voting というが，ほぼ等しい距離の複数の visual word があったとしても，わずかな違いで一つだけを選ぶ必要があり，分布の表現としては誤差（量子化誤差）が大きくなる場合があるという問題点があった．そこで，誤差を減らすためのさまざまな工夫が研究された．その中で最も簡単な方法は，距離に応じて複数の visual word に 1 以下の値を投票する soft voting である．

　Soft voting の代表的な手法が Kernel codebook[4]である．Kernel codebook
では，各局所特徴量について，ガウスカーネルで求められるすべての visual
word に対する特徴量の類似度に応じて合計 1 の値を soft voting する．局所
特徴 $\boldsymbol{x}_i$ が visual word $\boldsymbol{w}_k$ に投票される値 $c_k(\boldsymbol{x}_i)$ は以下の式で求められる．

$$c_k(\boldsymbol{x}_i) = \frac{\exp(-\gamma||\boldsymbol{x}_i - \boldsymbol{w}_k||^2)}{\sum_{j=1}^{K} \exp(-\gamma||\boldsymbol{x}_i - \boldsymbol{w}_j||^2)} \tag{2.1}$$

ここで，γ はカーネルパラメータと呼ばれる量で，小さな値を設定すると低い
類似度の visual word にも重みを与えることになる．

　Soft voting とは異なる，表現力を高める方法も提案されている．VLAD
(Vector of Locally Aggregated Descriptor)[5] は，visual word との残差の合
計ベクトルで特徴分布を表現する方法である．BoF 特徴量と同様に特徴点を
最も類似した一つの visual word に割り当てる hard assignment を行うが，
voting を行わず，代わりに各 visual word と割り当てられた局所特徴ベクト
ルとの残差ベクトルの合計を各 visual word について求め，それらをつなげて
一つのベクトルとすることで，局所特徴量の分布を表現するベクトルとする．
Visual word $\boldsymbol{v}_i$ に割り当てられた局所特徴を $\boldsymbol{x}_{i,j}$ $(j = 1, \ldots, K_i)$ とすると，i
番目の visual word に関する VLAD 表現は次のようになる．

$$\boldsymbol{c}_i = \sum_{j=1}^{K_i} (\boldsymbol{x}_{i,j} - \boldsymbol{v}_i) \tag{2.2}$$

これをすべての visual word に関してつなげて単一のベクトル $\boldsymbol{c}$ とした後で，
L2 正規化（$\boldsymbol{c}/||\boldsymbol{c}||$）を行うことで，特徴点の数に依存しない特徴量とする．
BoF 特徴量は，visual word の数 k と特徴ベクトルの次元数が一致したが，
VLAD の場合，局所特徴ベクトルの次元数を d とすると，VLAD ベクトルの
次元数は kd となる．BoF 特徴量の場合は $k = 1\,000$ などとする場合が一般
的であったが，d は SIFT で 128，SURF で 64 であるため，VLAD の場合は
$k = 16$ とするのが一般的で，少ない visual word で表現可能となっている．

　一方，FV (Fisher Vector)[7], [8]では，visual word を k-means 法で求める
代わりに，混合ガウス分布（Gaussian Mixture Model；GMM）で求める．
k-means 法は hard voting に基づいたクラスタリング手法であるが，GMM は

soft voting に基づくクラスタリング手法ということができ，また k-means 法
では visual word が代表ベクトルのみで表現されていたのに対し，GMM では
各 visual word がガウス分布で広がりをもって表現されているため，より高い
表現力で標準的な局所特徴量分布を表すことができるという特徴がある．実
際，深層学習が登場する前は，FV が最も表現力の高い特徴量であると考えら
れており，ImageNet Visual Recognition Challenge では AlexNet が登場す
るまでほぼすべてのチームが FV を用いていた．

FV では，学習画像の局所特徴量の分布の確率密度関数 $p(x|\theta)$ を GMM で
モデル化して，その対数尤度の勾配ベクトル $\nabla_\theta \log p(x|\theta)$ で，個々の画像の
局所特徴量の分布を表現する．この表現は，確率生成モデルに基づくカーネ
ル関数である Fisher カーネルの理論に基づいたものであり[5]，二つの Fisher
Vector の内積が Fisher カーネルと等価になるように設計されているため，二
つの特徴量分布の類似性をより厳密に表現することが可能である．

局所特徴量の分布を K 個の正規分布（ガウス分布）をもつ GMM で表すと
すると，確率密度関数は次のとおりである．

$$p(x|\theta) = \sum_{i=1}^{K} \pi_i \mathcal{N}(x; \mu_i, \Sigma_i) \tag{2.3}$$

x は局所特徴量，$\mathcal{N}(x; \mu_i, \Sigma_i)$ は正規分布，$\theta = \{\pi_i, \mu_i, \Sigma_i \mid i = 1, \ldots, K\}$ は
GMM のパラメータである．また，π_i は混合係数（mixing coefficient），μ_i は
平均のベクトル，Σ_i は共分散行列を表す．FV では，通常，共分散行列は対角
行列とするため，対角成分を σ^2 と表し，これ以降，分散共分散行列を分散の
ベクトルで表すこととする．

x_t が GMM の i 番目のコンポーネントに属する確率 $\gamma_t(i)$ は

$$\gamma_t(i) = \frac{\pi_i \mathcal{N}(x_t; \mu_i, \sigma_i^2)}{\sum_{j=1}^{N} \pi_j \mathcal{N}(x_t; \mu_j, \sigma_j^2)} \tag{2.4}$$

で表され，平均と分散に関する FV である $\mathcal{G}_{\mu,i}^X$, $\mathcal{G}_{\sigma,i}^X$ は，

$$\mathcal{G}_{\mu,i}^X = \frac{1}{T\sqrt{\pi_i}} \sum_{t=1}^{T} \gamma_t(i) \left(\frac{x_t - \mu_i}{\sigma_i} \right) \tag{2.5}$$

$$\mathcal{G}_{\sigma,i}^X = \frac{1}{T\sqrt{2\pi_i}} \sum_{t=1}^{T} \gamma_t(i) \left[\frac{(x_t - \mu_i)^2}{\sigma_i^2} - 1 \right] \tag{2.6}$$

で表される．最終的な FV である $\mathcal{G}_\theta^X$ は，$\mathcal{G}_{\mu,i}^X$ と $\mathcal{G}_{\sigma,i}^X$ をすべてのコンポーネントに対して求め連結することで，$2KD$ 次元のベクトルとなる．なお，混合係数に関する FV である $\mathcal{G}_{\pi,i}^X$ も計算可能であるが，通常は省略される[7]．

　FV では，VLAD と同様に GMM の要素数は 16 や 32 程度で，局所特徴量は PCA で圧縮して 64 次元や 32 次元程度にすることが一般的である．また，上記の式で FV を求めた後，パワー正規化（$f(x) = \mathrm{sign}(x) \times |x|^\alpha$，$\alpha = 0.5$）を用いて 0 付近に集中する分布を広げて，さらに L2 正規化を適用し，識別器に線形 SVM を利用することで，深層学習を用いない方法では最も高い性能が得られることが示されている[7]．なお，$\mathrm{sign}(x)$ は x の符号を表す関数である．

　このように深層学習の登場前は，画像認識の特徴表現は，局所特徴量分布をいかに正確に表現するかという点が重要なポイントと考えられていた．

▎2.　音声

　音声は空気中を伝わる振動として表現され，マイクロフォンで捕らえて計算機で処理する信号と考えることができる．時間方向の振幅変化の情報は音声の生信号といえる．最近の深層学習では，この情報を直接入力とする場合もあり，特に音によるシーン分類などの音響分類では有効である結果が示されている[8]が，発話された音声言語をテキストに変換する音声認識においては，画素値から直接認識が可能である画像認識とは異なり，音声波形からダイレクトに認識を行うエンドツーエンド学習は現在のところ，十分な成果を収めていない．そのため，音声認識では深層学習を用いる場合であっても，本項で説明するような特徴抽出が前処理として行われることが一般的である．

　音声認識は意味のある文章を出力するために，音響モデルと言語モデルを組み合わせて実現する必要があり，画像のクラス分類とは異なり，画像から説明文を生成する画像キャプション生成に近い難しさがある．一方，音声合成では2016 年に発表された WaveNet[9]のエンドツーエンド学習が従来よりも圧倒的に自然な音声合成を実現し，エンドツーエンド学習が主流になりつつある．

　従来の音声認識では，画像同様特徴抽出を行うことが一般的であった．音声特徴量の抽出は，基本的には周波数ごとの音の強度を抽出することによって行う．ここでは，最も一般的に使われるメル周波数ケプストラム係数（Mel Frequency Cepstral Coefficient；MFCC）について説明する．MFCC は，対数パワースペクトルに対してフィルタを掛けてフィルタバンクを構成し，その

出力に対して離散コサイン変換を行い，その低次成分を取り出したものである．具体的な計算手順は以下のとおりである．

まず，あるフレームの対数パワースペクトル $s \in \mathbb{R}^F$（F は周波数ビン数）に対してメルフィルタバンク $\boldsymbol{H} \in \mathbb{R}^{F \times M}$（$M$ はフィルタバンクの数で，通常 20〜40 程度が用いられる）を掛け[*2]，フィルタバンク出力 $\boldsymbol{o} = \boldsymbol{H}^\top \boldsymbol{s} \in \mathbb{R}^M$ を得る．これは対数パワースペクトルに対して，

1. メル尺度と呼ばれる，人間の音声の知覚を反映した周波数軸に変換
2. 次元圧縮

を同時に，かつ軽い演算量で実行したものである．メル尺度は低周波域ほど解像度が高く，高周波域ほど解像度が低くなるようなスケールで，周波数からメル尺度への変換およびその逆変換はそれぞれ以下の式で表される．

$$M(f) = 1\,125 \log \left(1 + \frac{f}{700} \right) \tag{2.7}$$

$$M^{-1}(m) = 700 \left(\exp \left(\frac{m}{1\,125} \right) - 1 \right) \tag{2.8}$$

メルフィルタバンクは，以下の式および図 2.6 に表される三角窓群である．

$$H_{km} = \begin{cases} 0 & k < f(m-1) \\ \dfrac{k - f(m-1)}{f(m) - f(m-1)} & f(m-1) \leq k \leq f(m) \\ \dfrac{f(m+1) - k}{f(m+1) - f(m)} & f(m) \leq k \leq f(m+1) \\ 0 & k > f(m+1) \end{cases} \tag{2.9}$$

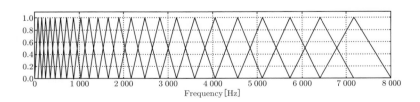

図 2.6 メルフィルタバンクの例（$M = 24$ の場合）

[*2] パワースペクトルに対してメルフィルタバンクを乗じてから対数をとる実装もある．

ここで，k は周波数インデックス，m はフィルタバンクのインデックス，$f(\cdot)$ はメル尺度で等間隔に並んだ $M + 2$ 個の周波数を表す．

次に，このメルフィルタバンク出力 o に対して離散コサイン変換を施してケプストラム $c \in \mathbb{R}^M$ を得る．

$$c = \mathrm{IDCT}(o) \tag{2.10}$$

ただし，$\mathrm{IDCT}(\cdot)$ は離散コサイン変換である．このケプストラムのうち，低次元の方から D 個取ってきたものが MFCC である．すなわち，

$$\mathrm{MFCC} = c_{0:D-1} \in \mathbb{R}^D$$

であり，$D = 13$ がよく用いられる．なぜ低次元を用いるかといえば，ケプストラムの低次元が声道，高次元（の一部）が声帯の特性を表し，音声認識では声道に関する情報が有用であるからである．

なお，近年の深層学習では，MFCC に離散コサイン変換を施す前の，対数パワースペクトルのフィルタバンク出力を直接入力とすることが行われている．

▌ 3.　テキスト

テキストの場合，カメラやマイクなどのセンサで取得された連続値データの集合である画像や音声とは異なり，最初から文字コードによって符号化された離散データの集合として与えられることが一般的である．文字コードの羅列であるテキストをベクトル化するには，主に bag-of-words，N-gram の 2 通りの方法が従来より用いられている．

Bag-of-words は，テキストを単語に分解し，分析対象のテキスト集合に出現する単語リストを作成して，その one-hot ベクトルとして単語を表現する．例えば，単語が 1 000 語あって，"pen" が単語リストの中で 3 番目の単語であれば，"pen" は $[0, 0, 1, 0, \ldots, 0]$ という 1 000 次元ベクトルで表現されるという具合である．これを，one-hot ベクトルによる単語のベクトル化という．この方法はテキストのベクトル化として最も基本的な方法で，深層学習へのテキストの入出力時にもこの表現が用いられるのが一般的である．

この one-hot 表現を文または文書全体で合計すれば単語出現頻度を表すベクトル，AND をとれば単語の出現の有無を表すベクトルとなる．これらの表現では単語の語順を無視することが特徴であり，単語をバラバラにしてバッグに

入れたのと同じであるという意味から，bag-of-words 表現と呼ばれている.

　こうした単語レベルの表現では，テキストを意味の最小単位である単語に分割することが必要である．英語の場合は，単語はスペースで区切られているため，最初から単語に分割されているといえるが，日本語の場合，英語のように分かち書きされているわけではないので，「形態素解析」と呼ばれる辞書に基づく単語への分割処理が必要になる．形態素解析は単語辞書に基づいて行われるため，固有名詞，特に新しく登場した商品名などに対応することが難しく，また複数通りの単語分割が可能な場合も多く，正しく単語に分割すること自体が困難であるという問題点がある.

　一方，N-gram 表現では，英語の場合は N 個の連続する単語の組を一つの表現単位，日本語の場合は N 文字の連続する文字の組を一つの表現単位として，one-hot 表現によるベクトルを作成する．一般に，単語 1 語だけの場合よりも組合せは多く，N が大きくなればなるほどさらに組合せは多くなるが，局所的な語順を考慮できるため，表現力は単語一つの場合よりも向上する．また，N 文字を単位とした場合，辞書を使う必要がないので，辞書にない新しい単語にも対応可能であるという特性がある.

　一般に，テキストのベクトル表現は数千から数万など高次元になることが多い．そこで，そのまま特徴ベクトルとして機械学習を適用する前に，より低次元なベクトルに変換することが行われる．現在では，分散表現と呼ばれるニューラルネットワークを用いた word2vec という手法が一般的であるが，こちらは第 10 章で説明することとし，ここでは，統計的な手法で圧縮する古典的な方法について説明する.

　低次元化の方法に，特異値分解に基づく潜在的意味解析法（LSA（Latent Semantic Analysis）もしくは LSI（Latent Semantic Indexing））と呼ばれる次元圧縮法がある．潜在的意味解析法では，複数の文書の単語出現頻度ベクトルを行列にまとめて，その行列の特異値分解を行い，表現力の高い特異ベクトルのみの空間にベクトルを写像することで，表現力を保ったままより低次元の空間に写像することが可能である.

　具体的には，文書ごとの単語ベクトル d_i を縦ベクトルとして，単語リストが縦，文書リストが横になるように，単語の出現頻度行列 X を作成する．これを，直交行列 U，V，対角行列 Σ を使って，次のように分解する.

$$X = U\Sigma V^\top \tag{2.11}$$

対角行列 Σ は，特異値と呼ばれる対角要素が大きい順に並んでいるとし，上位 k 個の特異値と U, V から対応する特異ベクトルを選ぶと，X は

$$\tilde{X} = U_k \Sigma_k V_k^\top \tag{2.12}$$

と近似できる．これを用いて，単語ベクトル d_i は

$$\tilde{d}_i = \Sigma_k^{-1} U_k^\top d_i \tag{2.13}$$

とすることで k 次元ベクトルに圧縮できる．

■ 2.3　機械学習・パターン認識手法

　前節では，それぞれの対象に応じた特徴抽出手法を用いることで，画像，音声，テキストが特徴ベクトルという統一された表現に変換できることを説明した．一度ベクトル化されれば，対象に依存しない「機械学習」「パターン認識」の一般的な手法が適用できることになる．

　機械学習・パターン認識では，「教師あり学習」「教師なし学習」の 2 通りの手法がある．前者はデータをクラスに分類する「分類」が主な目的であるが，ほかにも属性値を推定する「回帰」があり，教師データとしてクラスラベルもしくは属性値が付与された入力データが多数与えられることが想定される．後者は，単にデータが多数あって，ラベルや属性などの補助情報は存在しない．

　本節では，深層学習以外の教師あり分類の方法を中心に説明し，分類手法の多くは回帰にも利用可能であるため，回帰についても触れる．「最近傍法」「線形識別関数」「ロジスティック回帰」「パーセプトロン」「サポートベクトルマシン」「アンサンブル学習」「確率モデルによる分類」をそれぞれ簡単に扱う．

　教師なし学習に関しては，入力データをグループ分けする手法である「クラスタリング」について説明する．なお，2.2.3 項で説明した LSI 法はデータ圧縮手法であったが，データ圧縮手法も教師なし学習の一つに分類されている．ほかには，分布から特に外れたデータを検知する「異常検知」，2 次元もしくは 3 次元空間への写像によってデータの可視化を行う「可視化手法」も教師なし学習手法であるとされている．

∎ 1. 最近傍法

　最も簡単な識別器が最近傍法である．まずラベル付きの学習データを用意する．学習データからはそれぞれの対象に応じた方法で特徴ベクトルを抽出する．次に未知のデータを用意して同様に特徴ベクトルを抽出し，特徴ベクトルが最も近い（距離はユークリッド距離を用いるのが一般的である）学習サンプルを探す．そのサンプルのラベルを未知のデータのラベルと推定する．これが最近傍法による分類である．図 2.7 では，未知の画像は最近傍の学習サンプルのクラスの「ライオン」に分類されることになる．なお，次項で説明する線形識別器などと異なり，原理的に 3 クラス以上の多クラス分類が可能であることが特徴である．

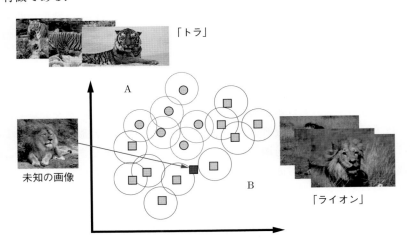

図 2.7　最近傍分類

　特徴ベクトルが類似している上位 k 個のサンプルを検索し，そのうち，最も多く選ばれたクラスに分類する分類手法を k-近傍法（k Nearest Neighbor；k-NN）という．最も単純な，最も類似したサンプルを一つだけで分類を行う方法は，1-近傍法ということになる．一般に，k が大きければ大きいほど，学習データのノイズに頑健になる．最近傍法は学習サンプルが十分にあれば十分に強力であるが，サンプルが多いと検索に時間がかかり，学習サンプルのデータベースが巨大になるという欠点がある．また，特徴ベクトルが高次元の場合

は，いくら多数のサンプルを用意したとしても，特徴ベクトル空間を覆い尽くすことは不可能で，その点からも以下で述べるような機械学習法に取って代わるものとはなってはいない．さらに，多くのサンプルを用意した場合，検索の時間的コストが問題となる．そのため，多次元データの最近傍検索を高速に行う近似的な最近傍探索手法が提案されており，大量のサンプルに対する検索にはそうした手法を利用することが一般的である．

■ 2.　線形識別関数

　次は，特徴空間を分割する識別関数を推定し，分類を行う方法を説明する．最も簡単なのは線形関数によって分離する方法である．2 次元の場合は直線，3 次元の場合は平面，それ以上の次元のときは超平面を用いて，特徴空間を二つに分離することとなる．超平面の法線ベクトルを $\boldsymbol{w}$，$\boldsymbol{x}$ がゼロベクトルのときの y の値をバイアス値 b，$\cdot$ を内積の演算子とすると，線形識別関数は

$$y = \boldsymbol{w} \cdot \boldsymbol{x} + b \tag{2.14}$$

と表現できる．こうした線形識別関数によって 2 クラスのデータを分離できる場合は「線形分離可能」と呼ばれるが，実データの場合は線形識別関数によっては分離できない「線形分離不可能」であることが一般的である．なお，この式は $\tilde{\boldsymbol{w}} = (\boldsymbol{w}, b)$，$\tilde{\boldsymbol{x}} = (\boldsymbol{x}, 1)$ とおくと，$f(x) = \tilde{\boldsymbol{w}} \cdot \tilde{\boldsymbol{x}}$ と表現できるので，以後はこのバイアス項のない形式で扱うこととする．

　学習データから $\tilde{\boldsymbol{w}}$ を求めることが線形識別関数の学習となる．最も単純な方法は，最小二乗法を用いる方法である．$y = f(\boldsymbol{x})$ としたときに，クラス 1 の場合は 1，クラス 2 の場合は -1 が出力されることとする．学習データが N 個あるとして，学習サンプル $\boldsymbol{X} = (\boldsymbol{x}_1, \cdots, \boldsymbol{x}_N)$，正解ラベル $\boldsymbol{t} = (t_1, \ldots, t_N)$ とすると，二乗誤差 $E(\boldsymbol{w}) = \|\boldsymbol{w}^{\mathsf{T}} \boldsymbol{X} - \boldsymbol{t}\|^2$ を最小とする重み $\boldsymbol{w}$ を求めればよいこととなる．$\partial E / \partial \boldsymbol{w} = 0$ としたときに導出される正規方程式

$$\boldsymbol{w} = (\boldsymbol{X}^{\mathsf{T}} \boldsymbol{X})^{-1} \boldsymbol{X}^{\mathsf{T}} \boldsymbol{t}$$

が，重み $\boldsymbol{w}$ を求める式である．次元数が大きい場合，逆行列の計算には計算コストが掛かるため，勾配法による反復解法で求めるほうが容易である．反復解法の場合は，データ一つずつについて計算するので，$E_i(\boldsymbol{w}) = \frac{1}{2}(\boldsymbol{w} \cdot \boldsymbol{x}_i - t_i)^2$ より，η を学習率，t_i を -1 もしくは 1 の値をとる正解ラベルとすると，

$$w^{(\tau+1)} = w^{(\tau)} - \eta \frac{\partial E_i}{\partial w}$$
$$= w^{(\tau)} - \eta(w^{(\tau)} \cdot x_i - t_i)x_i \qquad (2.15)$$

の更新式で重みパラメータを学習可能である．なお，この方法は識別関数の出力値の範囲が限定されていないため，外れ値の影響を受けやすく，次に示すロジスティック回帰のほうがより実用的である．

▌3．ロジスティック回帰

ロジスティック回帰モデルでは，

$$\sigma(a) = \frac{1}{1 + \exp(-a)} \qquad (2.16)$$

で表現されるシグモイド関数（図 3.6 を参照）を線形識別関数の出力に適用することで，出力値を 0 から 1 の間に限定する．

$$f(x) = \sigma(w \cdot x) \qquad (2.17)$$

シグモイド関数の出力は必ず 0 から 1 の範囲となるため，出力値を確率とみなすことができる．クラス 1，2 への 2 クラス分類の場合，$f(x)$ の出力はクラス 1 の確率とみなし，学習データの正解出力はクラス 1 の場合は $t_i = 1$，クラス 2 の場合は $t_i = 0$ とする．先ほど説明した線形識別関数では -1，1 の出力値を直接推定していたが，ロジスティック回帰では確率を推定することになる．なお，シグモイド関数の式 (2.16) は，$p = \sigma(a)$ とすると，

$$a = \log\left(\frac{p}{1-p}\right)$$

と変形でき，つまり，次のようになる．

$$\log\left(\frac{p}{1-p}\right) = w \cdot x$$

p をクラス 1 の確率としたときの $p/(1-p)$ はオッズ比と呼ばれており，その対数が $\log(p/(1-p))$ である．対数の値の 0 を境目にクラス 1，2 を分類するので，結果的にロジスティック回帰も線形分離を行っていることとなる．

ロジスティック回帰の誤差関数は，$y_i = f(x_i)$ とした場合の尤度関数

$$L(\boldsymbol{w}) = \prod_{i=1}^{N} y_i^{t_i} (1 - y_i)^{1-t_i}$$

の負の対数尤度で表される次のバイナリクロスエントロピー関数である.

$$E_i(\boldsymbol{w}) = -t_i \log y_i - (1 - t_i) \log(1 - y_i)$$

同様に勾配法によって解くと,シグモイド関数 (2.16) の微分が $d\sigma(a)/da = \sigma(a)(1 - \sigma(a))$ となることから,

$$
\begin{aligned}
\boldsymbol{w}^{(\tau+1)} &= \boldsymbol{w}^{(\tau)} - \eta(y_i - t_i)\boldsymbol{x}_i \\
&= \boldsymbol{w}^{(\tau)} - \eta(\sigma(\boldsymbol{w}^{(\tau)} \cdot \boldsymbol{x}_i) - t_i)\boldsymbol{x}_i
\end{aligned}
\tag{2.18}
$$

となる.式 (2.18) は,式 (2.15) とほぼ同じであるが,シグモイド関数の有無で y_i の計算式と正解出力 t_i が異なっている.式 (2.15) では出力値の直接の差分が含まれているのに対して,式 (2.18) ではシグモイド出力の差分で値の範囲が 0 から 1 の間に限定されており,外れ値に影響されにくくなっている.

▌4.　パーセプトロン

パーセプトロンはニューラルネットワークの基礎となる人工ニューロンをモデル化した分類手法で,古典的な線形分類手法である.入力信号と学習重みの内積 $f(x) = \boldsymbol{w} \cdot \boldsymbol{x}$ の符号によって 2 クラス分類を行う.

パーセプトロンの学習では,分類結果が正しい学習サンプルに対してはパラメータの更新を行わず,出力を誤った学習サンプルに対してのみ出力値の絶対値の大きさに応じて重みの更新を行うパーセプトロン基準による損失を利用する.t_i を -1 もしくは 1 の値をとる正解ラベルとすると,

$$
E = \begin{cases}
0 & (t_i \boldsymbol{w} \cdot \boldsymbol{x} \geq 0) \\
-t_i \boldsymbol{w} \cdot \boldsymbol{x} & (\text{otherwise})
\end{cases}
\tag{2.19}
$$

が損失関数となる.これを勾配降下法に適用すると,

$$
\boldsymbol{w}^{(\tau+1)} = \boldsymbol{w}^{(\tau)} + \begin{cases}
0 & (t_i \boldsymbol{w}^{(\tau)} \cdot \boldsymbol{x}_i \geq 0) \\
\eta\, t_i \boldsymbol{x}_i & (\text{otherwise})
\end{cases}
\tag{2.20}
$$

となる.この学習方法はパーセプトロンの学習規則と呼ばれており,学習サンプルが線形分離可能な場合は有限回で収束することが保証される.

　なお，パーセプトロンを複数直列に接続し，その間に非線形関数を追加したものが，**多層パーセプトロン**（Multi-Layer Perceptron；MLP）であり，現在の深層学習の基礎となっている．MLP では，詳細を第 4 章で説明する誤差逆伝播法を用いて学習を行うことになる．

■5. サポートベクトルマシン

　次に，同じく線形識別問題を解く手法であるサポートベクトルマシン（Support Vector Machine；SVM）について説明する．SVM は，マージン最大化を用いて最適な境界面を求める手法である．さらに非線形カーネルを用いることで，入力データを高次元空間に擬似的に非線形写像を行い線形分離することが可能であるため，深層学習が広まる以前は，平均的に最も精度が高い識別器と考えられていた．実際に，AlexNet が登場する以前，画像認識においては FV を特徴量とし SVM を識別器とする方法が最も精度が高いと考えられていた．

　SVM では，図 2.8 に示すように，識別境界面の両側に，それと平行な境界面を識別境界面から等距離に設定する．そして，その境界面同士の距離をマージン（margin）とし，マージンの大きさを最大化するように境界面を決定するマージン最大化制約に基づいて識別境界面を求める．マージン内には学習サンプルは存在せず，マージンを構成する二つの境界面上に存在する数個のサンプルによって分類境界面が決定されることになる．このサンプルのことをサポートベクトルと呼び，サポートベクトルマシンの名前の由来となっている．分類境界面に最も近いサポートベクトルのみを分類に利用して，それ以外は利用し

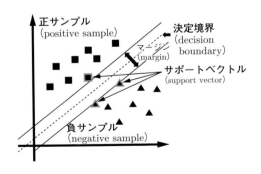

図 2.8　サポートベクトルマシン

ないというのが，SVM の基本的な考え方である．直感的には，マージンをできるだけ大きくとった境界面を設定することによって，余裕をもった分類が可能となり，高い分類性能が期待できることになる．

識別境界面を $\boldsymbol{w} \cdot \boldsymbol{x} = 0$ とした場合，二つのマージンを構成する境界面は，学習サンプル $\boldsymbol{x}_i$ に対して正サンプルのラベルを $t_i = 1$，負サンプルのラベルを $t_i = -1$ とすると，

$$t_i(\boldsymbol{w} \cdot \boldsymbol{x}_i) \geq 1 \tag{2.21}$$

と表現できる．この場合，マージンは $2/||\boldsymbol{w}||$ となり，これを最大化するような $\boldsymbol{w}$ をもつ線形識別器をハードマージンサポートベクトルマシンと呼ぶ．なお，実際には次のように $||\boldsymbol{w}||^2$ を最小化するという定式化が一般的である．

$$\min_{\boldsymbol{w}} ||\boldsymbol{w}||^2$$
$$\text{subject to} \quad t_i(\boldsymbol{w} \cdot \boldsymbol{x}_i) \geq 1, \forall i = 1, \cdots, N \tag{2.22}$$

標準的なハードマージンでは，線形分離可能であることが仮定されているが，実際には，線形分離の仮定は成り立たないことが多いため，一部のサンプルが識別境界面の反対側に位置することを許容するソフトマージンサポートベクトルマシンが使われることが多い．ソフトマージンでは，一部のサンプルがマージンの内側に入ることを許容する．図 2.9 に示すように，サンプルがどれだけマージンの内側に入ったかを表す誤差量（スラック変数と呼ばれる）を ξ_i とすると，以下の式で定式化される．

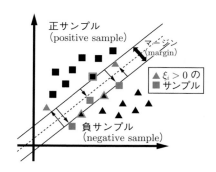

図 2.9 ソフトマージン（黒矢印の分だけマージン内にサンプルが入り込んでいる）

$$\min_{\boldsymbol{w}} \left[||\boldsymbol{w}||^2 + C \sum_{i=1}^{N} \xi_i \right] \tag{2.23}$$

$$\text{subject to} \quad t_i(\boldsymbol{w} \cdot \boldsymbol{x}_i) \geq 1 - \xi_i, \xi_i \geq 0, \forall i = 1, \cdots, N$$

ただし，C は誤差の許容具合を決めるソフトマージンパラメータと呼ばれる正の定数で，C が大きいほどソフトマージンがハードマージンに近づく．

上記の最適化問題を解くことによって，SVM の学習パラメータ $\boldsymbol{w}$ を求めることができる．この最適化問題は，目的関数が 2 次で制約が線形である 2 次計画問題と呼ばれる最適化問題における標準的な形式であり，**逐次最小問題最適化法（Sequential Minimal Optimization；SMO）** と呼ばれる反復解法によって容易に解くことができる．詳細は省略するが，**ラグランジュ未定乗数法**を用いて 2 次計画問題である双対問題に変換してから，SMO 法によってラグランジュ乗数の値を推定することで，最終的な判別式が得られる．

各学習サンプルのラグランジュ乗数を α_i とすると，判別式は，

$$\boldsymbol{y} = \left\{ \sum_{i}^{N} \alpha_i t_i \boldsymbol{x}_i \right\} \cdot \boldsymbol{x} + \boldsymbol{b} \tag{2.24}$$

となる．α_i が 0 以外の値となるサンプルが「サポートベクトル」となる．$\{\ \}$ 内は事前に計算して $\boldsymbol{w}$ とおくことで，$\boldsymbol{y} = \boldsymbol{w} \cdot \boldsymbol{x} + \boldsymbol{b}$ の形の線形識別器となる．なお，$\boldsymbol{b}$ はバイアスベクトルで，式 (2.24) の右辺に正サンプルのサポートベクトルを代入すると 1 となることから容易に求めることができる．

ここまでは SVM は線形識別器を仮定していたが，本項冒頭で述べたように，非線形カーネルを用いることで，図 2.10 に示すように，非線形関数で高次空間に写像して，高次空間で線形識別を行うことが可能である．高次空間で行った線形識別の境界を元の空間に戻すと，非線形な境界で分離したことと同じ効果が得られ，それによって SVM による非線形分類が実現可能である．

SVM の学習アルゴリズムでは，学習サンプルは $\boldsymbol{x}_i \cdot \boldsymbol{x}_j$ という内積の形でしか現れないという特徴がある．式 (2.24) に示されたように得られた識別式も同様である．そこで，図 2.10 に示すように，非線形写像 $\phi(\boldsymbol{x})$ を考えて，学習サンプルのベクトルを非線形変換し，その空間で SVM で線形識別を行うことを考える．スカラー値である非線形写像の内積を求める関数を $K(\boldsymbol{x}_i, \boldsymbol{x}_j) = \phi(\boldsymbol{x}_i) \cdot \phi(\boldsymbol{x}_j)$ とおくと，$\boldsymbol{x}_i \cdot \boldsymbol{x}_j$ に置き換えることができる．$K(\boldsymbol{x}_i, \boldsymbol{x}_j)$ をカーネル関数という．カーネル関数を用いると，ベクトルで表さ

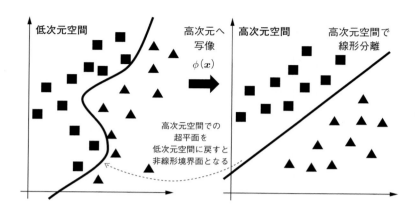

低次元空間　　　　　　　高次元へ　　高次元空間　　　　高次元空間で
　　　　　　　　　　　　写像　　　　　　　　　　　　　線形分離
　　　　　　　　　　　　$\phi(\boldsymbol{x})$

高次元空間での
超平面を
低次元空間に戻すと
非線形境界面となる

図 2.10　カーネルによる非線形写像によって線形分離を行う例

れるサンプルの非線形写像 $\phi(\boldsymbol{x}_i)$ を明示的に求めることなく，スカラー値を出
力するカーネル関数の計算のみを行うことで，元の $\boldsymbol{x}$ の空間から見ると非線
形識別を行っていることとなる．つまり，出力が高次元ベクトルとなる高次元
空間への非線形写像を実際には計算せず，写像した後の空間での内積を計算す
るカーネル関数のスカラー値を求めるだけで，非線形写像を行った場合の非線
形識別が可能となる．これを**カーネルトリック**と呼ぶ．

　識別関数は，内積がカーネル関数に置き換わり次の形となる．

$$\boldsymbol{y} = \sum_{i}^{N} \alpha_i t_i K(\boldsymbol{x}_i, \boldsymbol{x}) + \boldsymbol{b} \tag{2.25}$$

式 (2.25) が，図 2.10 左のような非線形な境界線を表す式となる．なお，内積
の場合は線形識別器とみなすことができたが，一般にカーネルは非線形関数で
あるので，事前に線形式の重みを計算しておくようなことはできず，判別時に
すべてのサポートベクトルと入力ベクトルのカーネル関数の計算をする必要が
あるため，線形の場合に比べて判別時に計算コストが掛かる難点がある．ま
た，高次元空間での識別のために，α の値が 0 以外となるサポートベクトルの
数が増加する点も計算コストに影響を与える．

　非線形カーネルとしては，次の RBF（Radial Basis Function）関数（ガウ
スカーネルとも呼ばれる）が広く用いられる．

$$K(\boldsymbol{x}_i, \boldsymbol{x}_j) = \exp(-\gamma \|\boldsymbol{x}_i - \boldsymbol{x}_j\|^2) \tag{2.26}$$

この関数に対応する写像 ϕ は特徴ベクトルを無限次元に写像しているということが知られており，平均的に性能が高いため，非線形カーネルとしては最も一般的に用いられる．なお，γ はカーネルパラメータで，大きいほど境界がなめらかになる．γ やソフトマージンパラメータ C は SVM 利用時に事前に決めておく必要があるハイパーパラメータで，高い性能を発揮するためには対象データごとに適した値を求めることが必要である．γ と C の値を数通りずつ用意して，それらの組合せの中で最も良いものを，検証データを用いてグリッド探索することがしばしば行われる．

　なお，カーネル関数は二つの入力の写像 ϕ の内積に相当するスカラー値を返す関数[*3]であれば自由に定義できるため，入力変数がベクトル以外の文字列やグラフなどを入力とするカーネルも提案されている．また，応用ごとに個別のカーネルも提案されており，画像認識では，特に BoF 表現に対して以下の式で表現されるカイ二乗 RBF カーネルがしばしば利用される．

$$K(\boldsymbol{x}_i, \boldsymbol{x}_j) = \exp\left(-\gamma \sum_k \frac{(x_{i,k} - x_{j,k})^2}{x_{i,k} + x_{j,k}}\right) \tag{2.27}$$

また FV は，二つのベクトルの内積が確率モデルに基づくカーネルであるフィッシャーカーネルに相当するように表現された特徴量である．なお，FV は特徴量自体が高次元であるために，SVM と組み合わせる場合は，計算コストの掛かる非線形 SVM ではなく，線形 SVM を用いるのが一般的である．

　SVM は，深層学習登場以前は，BoF や FV と組み合わせて画像カテゴリ分類を行うために一般的に利用されていたが，本来は 2 クラス分類器であるため，多クラスの分類には工夫が必要であった．特定のクラスとそれ以外のクラスを分類する分類器をクラス数分だけ学習して，最も識別式の出力値が大きいクラスに分類するという one-vs-rest 方式が一般的に用いられていた．1 000 クラス分類を行う ImageNet Challenge でも，深層学習登場以前は多くの参加チームが 1 000 クラスの one-vs-rest 分類を行っていた．ほかに，すべての 2 クラスの組合せについて分類器を学習して多数決で分類クラスを決める one-vs-one も存在するが，1 000 クラス分類のようにクラス数が多い場合は組

[*3] 対称性，正定値性に関してマーサー（Mercer）条件を満たしている必要がある．

合せが多くなりすぎるので，あまり一般的ではない．

■ 6.　アンサンブル学習

　アンサンブル学習では，簡単な線形分類器を多数組み合わせて複雑な分離境界を構成することを行う．ここでは，基本的なアンサンブル学習手法として，バギングとブースティングについて説明する．なお，深層学習モデルを用いた場合においてもアンサンブルは行われるが，その場合は，複数の深層学習モデルで結果を推定して統合する方法のことを指す．

　最初に最も基本的なアンサンブルであるバギング（bagging）について説明する．バギングでは，複数の識別器を学習して，その出力の平均や多数決で最終出力を決定する．ただし，一般に最適化を用いる学習手法では，同じ学習データからは常に同じ識別器が得られるため，それを組み合わせても意味のある結果は得られない*4．そこで，学習データをランダムでサンプリングし，異なる学習データ集合を使って複数の識別器を構築する．学習データ集合から繰り返しランダムでサンプリングして多様な学習データのサブセットを構築することをブートストラップ法という．クラス識別の場合は，最も多くの分類結果を得たクラスに多数決で分類することが一般に行われる．

　バギングでは，各識別器はそれぞれ独立に学習するため，並列に学習可能であるという利点はあるが，ある識別器の結果の誤りを別の識別器で補うような学習は不可能であった．そこで，ブースティング（boosting）では，弱識別器を逐次的に学習することで前段で学習した識別器で誤分類されたデータに大きい重みを付け，それによって，後段の学習では誤分類されたデータをより重視して学習するようにする．弱識別器を複数用意して学習を行い，各ステップで最も誤り率 e が小さい弱識別器を選択するブースティングのうち最も標準的なアダブースト（AdaBoost）と呼ばれる手法では，各識別器の出力は，各識別器の誤り率に基づく信頼度（$\log(1-e)/e$）で重み付けし，線形和で統合される．正サンプル，負サンプルの出力値をそれぞれ -1，1 の 2 値として，最終的な出力値の符号で判定する．

　ブースティングの弱識別器としては，重み付きの学習時間の掛からないごく簡単な手法が一般的に用いられる．例えば 2 クラス分類ならば二つのクラス

---

*4　一方，深層学習では学習にランダム性が入るため同じ学習データから毎回，異なるモデルが得られる．

の重み付きの重心間を垂直に 2 等分する超平面を識別面とする識別器や，各軸に垂直な 2 等分識別面の中で最も誤分類が少ない軸を選ぶなど，単独では通常用いられることがない簡単な方法が一般的に採用される．なお，後者は決定株（decision stump）と呼ばれ，1 段階だけの決定木（decision tree）と等価である．

アンサンブル学習は後ほど説明する深層学習でも一般的に利用されている．深層ニューラルネットワークの学習にはランダム性があり，同じ学習データを利用しても学習されるモデルは，ランダムで初期化された初期値と，ランダムにソートした学習サンプルの順番に依存して決まる．そのため，何度学習しても毎回異なるモデルが学習されるため，ブートストラップ法を用いることなく，アンサンブル学習が可能である．アンサンブルを用いると深層学習においても性能が向上することは多くの実験から確認されていて，手軽に性能向上を実現する方法として広く用いられている．

ランダムフォレスト（random forest）は，階層的に弱識別器で分類を行う決定木にバギングを導入したものである．決定木はノード内のクラス分布のばらつきが減少するようにエントロピーやジニ係数を用いて軸を選んで，しきい値で二つに分類していく．それを階層的に繰り返して，各ノードが単一のクラスのデータのみを含むようになるまで分割することで，末端ノードがラベルをもつ木構造を構築する．認識時には，その木構造をたどれば分類ラベルにたどり着く．このランダム木を多数学習しバギングを行うのが，ランダムフォレストである．

▌7．確率モデルによる分類

これまで紹介した学習手法は，判別手法と一般に呼ばれる，クラスの境界を推定することによって分類を行う手法である．それに対して，各クラスのサンプルの分布を表現する確率分布モデルを求め，それに基づいて入力データの各クラスの生起確率を推定して，最も高い確率のクラスに分類を行う確率モデルによる分類手法も存在する．

確率モデルによる分類は，ベイズの定理に基づくクラス予測である．ベイズの定理を画像のクラス分類を例に説明すると，$P(C_i)$ をクラス C_i が発生する確率（事前確率），$P(I|C_i)$ をクラス C_i とした場合に画像 I が発生する生起確率（一般には，画像 I のクラス C_i に関する尤度という）とすると，画像 I が

$P(C_i|I)$ クラス C_i である確率（事後確率）は次のように計算できる.

$$P(C_i|I) = \frac{P(I|C_i)P(C_i)}{\sum_{i=1}^{|C|} P(I|C_i)P(C_i)} \quad (2.28)$$

ただし, $|C|$ はクラス数である. 分母は, 分子の項をすべてのクラスについて足し合わせたもので, $\sum_{i=1}^{|C|} P(C_i|I) = 1$ を保証するものである. 事前確率 $P(C_i)$ は, 事前の知識があればそれを用いることもできるが, 通常の画像分類では, すべてのクラスの確率が均等として $P(C_i) = 1/|C|$ とすることが多い. その場合は, 尤度 $P(I|C_i)$ を求めると, 事後確率が求まることになる.

　確率モデルによる分類法の例として, ここではナイーブベイズ法による尤度の計算方法について説明する. ナイーブベイズ法は元々文書分類のクラス分類手法で, メールのスパム分類によく使われる方法である. 文書 D が N 個の単語 W_j から構成されるとすると, ナイーブベイズ法では, 各単語の生起確率が独立であるという「ナイーブ」な仮定をして, 文書 D を構成するすべての単語の生起確率の積が文書 D の生起確率, つまり尤度であるとみなす. クラスごとの文書 D の尤度は, クラス C_i の条件付き確率を考え,

$$P(D|C_i) = P(W_1, W_2, \ldots, W_N|C_i) = \prod_{j=1}^{N} P(W_j|C_i) \quad (2.29)$$

となる. 各 $P(W_j|C_i)$ は, クラス C_i の文書中の単語 W_j の生起確率なので, 例えば spam/non-spam 分類ならば, spam, non-spam それぞれの文章のすべての単語の出現頻度をカウントして, 次のようにすればよい.

$$P(W_j|\text{spam}) = \frac{\text{spam における単語 } W_j \text{ の出現回数}}{\text{spam の全単語数}}$$

ただし, 文書の生起確率が単語の生起確率の積であるため, 一度も発生しない単語があると文書の生起確率も 0 となってしまう. そこで, 出現回数をカウントするときにすべての単語に関して出現回数に 1 を加算するラプラススムージングを行うのが一般的である. つまり, 次のようになる.

$$P(W_j|\text{spam}) = \frac{\text{spam における単語 } W_j \text{ の出現回数} + 1}{\text{spam の全単語数} + \text{単語の種類数}}$$

　画像で行う場合は, BoF の visual word を考える. BoF では, 画像は局所特

徴の visual word の集合体で表現されると考えることができるので，文章と同様の考え方で，各 visual word の出現回数をクラスごとにカウントして visual word の生起確率を求め，実際の未知の画像の visual word の出現回数に応じて掛け合わせれば，その画像の各クラスに関する尤度が求まる．最終的には，ベイズの定理を用いて事後確率が最も高いクラスに分類することとなる．

　実際にナイーブベイズを利用する際は，単語の尤度を掛け合わせると極めて小さな値になってしまうため，尤度の対数（対数尤度）をとって積を和に変換する．そして，ベイズの定理の式の分母の計算を省略し，分子を最も大きなクラスに分類することとなる．分類クラスは以下の式で求めることができる．

$$\arg \max_i \log P(I|C_i) = \sum_{j=1}^{N} \log P(W_j|C_i) \tag{2.30}$$

■ 2.4　クラスタリング

　クラスタリングとは，互いに類似したサンプルをグループ化することである．クラスラベルを必要としないため，教師なし分類とも呼ばれている．グループ化にあたっては，クラスタ数を制御する何らかのパラメータを事前に与えるのが一般的で，そのパラメータを変化させることで，クラスタの構成が変化する．ここでは，ラベルなしのデータ分類手法であるクラスタリング手法として，階層的クラスタリング，k-means 法について説明する．

■ 1.　階層的クラスタリング

　図 2.11 に示すように，階層的クラスタリングでは，初期状態では各サンプルがそれぞれ一つのクラスタを構成することとして，クラスタ間の距離が近い順番に併合し，全体が一つのクラスタになるまで併合を繰り返す．図では，最初に一番左の画像とその隣の画像が一つのクラスタとなり，その後，次々とクラスタが併合され，最後クラスタが一つに併合されるまで繰り返すと図のようなクラスタ樹形図（dendrogram）が得られる．最終的にはクラスタは一つになってしまうので，距離もしくはクラスタ数に関するしきい値をあらかじめ決めておき，その数に達した時点でのクラスタを最終的なクラスタとする．

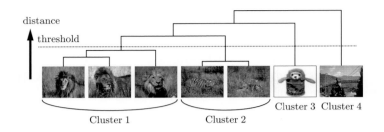

図 2.11　階層的クラスタリング

　階層的クラスタリングでは，クラスタ間の距離の計算方法によって異なる結果が得られる．主なものとしては以下の方法がある．

最短距離法：　二つのクラスタのサンプル間で最小の距離．
最長距離法：　二つのクラスタのサンプル間で最大の距離．
重心法：　二つのクラスタの重心同士の距離．
平均法：　二つのクラスタの全要素間の距離の平均．
ウォード法：　$E(C)$ をクラスタ C の全サンプルの重心までの距離の二乗和
　　　　としたときの $E(C_1 \cup C_2) - E(C_1) - E(C_2)$．

この中でも，ウォード法が比較的安定しているとされ，併合した場合の中心までの距離変化が小さい順番に併合が行われていく．最初はすべてのサンプルが一つのクラスタであるため，クラスタ間の距離を求めるために，全サンプル間の距離を求める必要がある．データ数を N とすると計算量が $O(N^2)$ となり，計算量が大きいという欠点がある．

▌2.　k-means 法
　k-means 法では，k 個のクラスタ中心を求めて，それらに対して各サンプルを最も近いクラスタに割り当てる処理を繰り返して，クラスタリングを行う．アルゴリズムは次のとおりである．

　1. 初期クラスタとして k 個のサンプルを選ぶ．3. へ行く．
　2. k 個のクラスタの中心ベクトルをそれぞれ求める．
　3. すべてのサンプルを k 個のクラスタ中心の中から最も近いクラスタに

割り当てる.

4. クラスタの割当てが前回から変化がない場合は終了.そうでない場合
は,2.から繰り返す.

k-means 法は一般に階層的クラスタリングよりも計算量が少なく,計算量は
$O(kN)$ で済む.また,繰返しごとにクラスタの再割当てを行うため,階層的
クラスタリングよりも,同程度の大きさのクラスタが得られやすい利点もあ
る.ただし,階層的クラスタリングと異なり,結果が初期クラスタに依存する
ため,初期クラスタのサンプル選択が変わると異なる結果になる.そのため,
何通りかの初期クラスタでクラスタリングを試み,その中で最も条件にあった
ものを選ぶことも行われる.また,途中でクラスタのメンバが 0 になった場合
の例外的な処理も必要となる.

階層的クラスタリングと k-means 法は代表的なクラスタリング手法である
が,これ以外にも,密度に基づく方法やグラフを用いた方法など,多数のクラ
スタリング手法が提案されている.基本的にどの手法も事前に定めるハイパー
パラメータによってクラスタ数を調整できるようになっている.

■ 2.5 評価指標

特徴抽出および機械学習の手法にはさまざまな手法があり,その組合せや各
手法のパラメータ設定によって結果は変化するため,問題に応じた適切な手法
や適切なパラメータ設定を選ぶためにも,性能評価は不可欠である.そこで,
本章の締めくくりとして,本節では分類結果の評価方法について説明する.

学習済みの分類器の性能評価を行う場合,学習に使ったサンプルに対しては
一般には高い精度で分類できるため,学習に用いていないテスト用の未知サン
プルに対する分類器の汎化性能を評価することが必要である.なお,評価には
正解ラベル付きのデータが一般には必要である.その際に,学習データと評価
データが明示的に分かれていない場合,学習データの一部を評価に用いる**交差
検証(cross validation)**が一般的に用いられる.交差検証では,ラベル付
きデータ集合があるとき,それを n 分割して,$n-1$ 個で学習,残りの 1 個で
評価するが,このとき評価に使うグループを n 回交換して評価を繰り返し,そ

の平均の性能を最終的な手法の評価とする方法である．n には通常 5 や 10 などの値が用いられる．交差検証ではすべてのデータがまんべんなく学習にも評価にも使われるため，より正確な性能評価が可能であるが，学習を n 回行うことになるため，学習に時間が掛かる欠点がある．このため，一般に学習に時間の掛かる深層学習では交差検証は用いられない．深層学習用のデータセットでは最初から，学習用データ，学習中に評価を行うための検証用データ，最終的な性能評価のためのテスト用データ，というようにデータセットが分けられており，交差検証を使わずに性能評価できるように配慮されている場合が多い．

　クラス分類には，2 クラス分類，3 クラス以上の多クラス分類の 2 通りがある．2 クラス分類の場合は，正サンプル（positive sample），負サンプル（negative sample）の 2 種類のラベル付きのサンプルがあり，それぞれの認識結果が正しい（true）か誤っている（false）によって 4 通りの結果に分類される．図 2.12 に示すように，正しく認識された正サンプル，負サンプルはそれぞれ，**true positive**, **true negative** と呼ばれる．一方，認識結果を誤った場合は，**false positive**, **false negative** と呼ばれる．

　true positive, false positive, false negative の枚数を，それぞれ tp, fp, fn とすると，適合率（precision）P，再現率（recall）R はそれぞれ次のようになる．

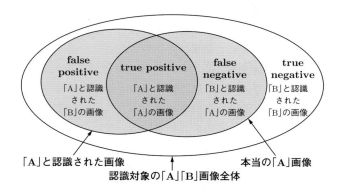

図 2.12　2 クラス分類の結果（本文では，クラス A を正サンプル画像，クラス B を負サンプル画像として説明している）

$$P = \frac{tp}{tp + fp}$$
$$R = \frac{tp}{tp + fn}$$

図 2.12 において，正サンプルをクラス A，負サンプルをクラス B とすると，適合率 P は A と分類されたうちの本当の A の割合，再現率 R は本当の A のうち正しく A として分類された割合を意味する．一般にはどちらも大きいほうがよいが，二つの指標があると，一般には認識結果の順位付けが難しい．そこで，それらの調和平均を用いた次の F 値という指標もしばしば利用される．

$$F = \frac{2PR}{P + R}$$

2 クラス分類の場合，一般に 2 クラスに分類する境界の値を変更することで，各クラスに分類されるサンプルの数を増減させることができる．通常の SVM では判別式の出力を 0 を境に二つのクラスに分類するが，境界を正の無限大から負の無限大まで変化させることで，すべての結果がクラス B に分類される状況から，すべての結果がクラス A に分類される状況にまで，自由に変化させることができる．同様のことは，明示的に境界値を変更しなくても，テストデータの認識結果に順位が付けられる場合，上位 n 位までを正サンプルクラスとすることでも実現可能とすることができる．それを利用して，分類精度を評価する指標が平均適合率（Average Precision；AP）である．認識結果の順位付けは，例えば，SVM の場合は分類境界面からの距離，確率的分類の場合は確率値のそれぞれ降順に順位付けが可能である．平均適合率は，順位付き結果の上位 k 番目の正解サンプルの適合率 Precision(k) の平均値として以下の式で計算できる．

$$AP = \frac{1}{N} \sum_{i=1}^{N} \text{Precision}(k) \tag{2.31}$$

一般に上位のほうが正解する可能性が高いので，k 番目までの正解サンプルの適合率を縦軸，さらに k 番目までの正解サンプルの再現率も計算して横軸としてプロットすると，図 2.13 に示すような再現率-適合率グラフ（recall-precision graph）を描くことができる．図 2.13 において，再現率-適合率曲線，x 軸，y 軸で囲まれた領域の面積が平均適合率を表し，一般に 0 から 1 の間の値とな

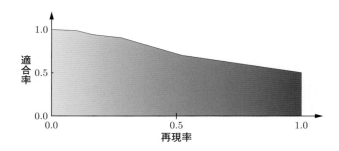

図 2.13　再現率-適合率グラフ（recall-precision graph），塗りつぶした部分の
面積が平均適合率（AP）

る．この図では，1 番目までの正解サンプルの適合率を 100% とし，二つのク
ラスのテストサンプル数が同じだと仮定して描かれている．そのため，すべ
ての正解サンプルが選ばれた場合，つまり再現率が 100% の場合，適合率が
50% を下回ることはない．

　ほかにも同様の指標として，縦軸に適合率，横軸に negative sample のう
ち誤って positive と分類された割合である false positive rate（偽陽性率）を
とって描いたグラフである ROC 曲線（Reciver Operator Charastic Curve）
と，その面積の AUC（Area Under Curve）という評価指標もある．

　3 クラス以上の多クラス分類の場合は，positive/negative の区別はなく，単
純に全テストサンプルのうち，正しいクラスに分類されたサンプルの割合を分
類率（classification rate）として計算し，評価指標として利用する．分類クラ
ス数が多い場合は，分類クラスを k 個推定して，その中に正解があれば正解と
みなす上位 k 分類率（top-k classification rate）を用いることもある．

　多クラス分類の場合は，図 2.14 に示すように縦にテストサンプルの真のク
ラス，横に分類先のクラスを書いて，その分類結果の枚数を表にした混同行列
（confusion matrix）をしばしば用いる．対角要素が各クラスに正しく分類さ
れた枚数を表し，非対角要素はあるクラスが誤って別のクラスに分類された枚
数を示す．これを作成することで，どのクラスがどのクラスに混同しやすいか
を容易に知ることができる．なお，各行の対角成分を各行の合計で割った値を
それぞれのクラスの再現率，各列の対角成分を各列の合計で割った値をそれぞ
れのクラスの適合率として，それぞれ各クラスの評価に用いることもある．な

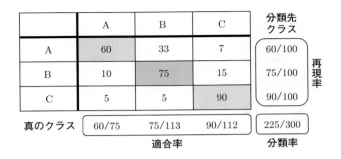

図 2.14 混同行列（confusion matrix）

お，対角要素の合計をテストサンプルの総枚数で割ったものが分類率である．

演習問題

問 1 画像，音声，テキストのそれぞれの代表的な特徴抽出手法について説明せよ．

問 2 線形分類器にはさまざまな手法が提案されているが，平均的に性能が高い手法はどれか？

問 3 2クラス分類である線形分類器で，3クラス以上の分類を行うにはどうすればよいか？

問 4 バギングとブースティングの違いについて説明せよ．

問 5 階層的クラスタリングと k-means 法の違いについて説明せよ．

第3章

深層学習ネットワーク

本章では，深層学習の基本的な考え方について述べ，その後，深層学習の基礎であり，過去のニューラルネットワークの研究成果である，パーセプトロンと多層パーセプトロンについて説明する．さらに深層学習ネットワークの基本的レイヤ，そして，それらを組み合わせた基本的な深層学習ネットワークについて説明する．

■3.1　深層学習のアイディア

　本章では，深層学習の基本的な考え方，そして，ネットワークの構成要素であるレイヤ（層）について説明を行う．

　一般に，入力 x を分類したいデータ，出力 y をクラス確率ベクトルとすると，パターン認識・機械学習は $y = f(x)$ の変換関数 f を学習によって求める手法であるといえる．ただし，従来手法では，事前に人手で考案された特徴量（hand-crafted features）に変換されて，それが入力とされた．

　一方，深層学習では，入力は，画像なら画像のまま，音声なら音声波形の簡単な変換[*1]を施したベクトルである．つまり，特徴抽出も学習するのが深層学習である．深層学習は，$y = f(x)$ の変換関数 f を高精度に推定する学習手法ということができる．

[*1]　対数パワースペクトルのフィルタバンク出力など．

　深層学習では，一般に多数の変換レイヤ（層）を直列に並べてネットワークを構成し，それによって変換関数 f を構成する．図 3.1 に示すように一つのレイヤを $f_i(x)$ と表すと，ネットワーク全体はその合成関数として表現されることになる．一般に線形関数を複数重ねても一つの線形関数で表現できてしまうため，各レイヤを構成する $f_i(x)$ は通常は非線形関数である．もし f_i がすべて線形関数で $f_i(x) = W_i x$ と表現できるとすると，線形関数の性質から，$W = W_N \times W_{N-1} \times \cdots \times W_2 \times W_1$ とすると，合成関数は，$f(x) = Wx$ となって，一つの行列演算で表現できてしまい，一つの線形関数に縮約可能となる．つまり，多層にする意味がなくなってしまう．そこで，通常は各レイヤが非線形活性化関数を含むようにし，ネットワーク全体を表現する合成関数を少ない数の変換で置き換えることができないようにする．

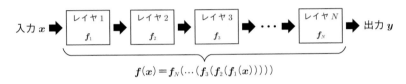

$$f(x) = f_N(\cdots(f_3(f_2(f_1(x)))))$$

図 3.1　深層学習ネットワークの基本構造

　なお，ネットワークには図 3.2 に示すように，(a) レイヤの一部が並列になっている並列構造を含む場合や，(b) レイヤの一部をスキップするネットワーク接続が含まれるスキップ構造を含む場合，ほかには入力や出力が複数ある場合など，多数のバリエーションが存在し，現在においてはそれらを組み合わせた多様な複雑なネットワークが提案されている．なお，図 3.2 中の式中の $\oplus$ は，複数のレイヤの出力の統合を表し，要素ごとの和や積や，ベクトルやテンソルの結合など，いくつかの方法が考案されている．

　従来手法では，出力 y は，入力よりも低次元なベクトルが想定されていたが，後ほど画像生成・変換の説明時に述べるが，深層学習は出力 y が入力 x をはるかに上回る次元の情報であっても学習可能である．つまり，低次元ベクトルから高次元なベクトル（もしくは，後述する特徴マップ表現）を出力することも可能である．こうした性質は従来の機械学習手法にはなかったものである．

　さらに深層学習のユニークな点は，入力データの変換操作を行うレイヤを何

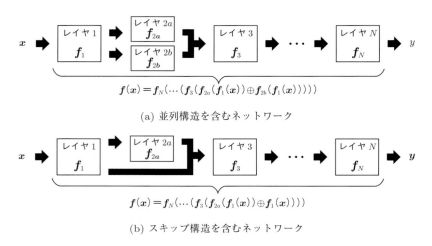

$$f(x) = f_N(\cdots(f_3(f_{2a}(f_1(x)) \oplus f_{2b}(f_1(x)))))$$

(a) 並列構造を含むネットワーク

$$f(x) = f_N(\cdots(f_3(f_{2a}(f_1(x)) \oplus f_1(x))))$$

(b) スキップ構造を含むネットワーク

図 3.2　深層学習ネットワークのバリエーション

段も積み重ねることが可能で，一般に積み重ねれば重ねるほど（つまりより deep にすればするほど）性能が向上するといわれている点である．従来手法では，例えば，SVM の性能が高いからといって，SVM の出力をさらに SVM に入力するということはほとんど行われておらず，行ったとしても，各 SVM は独立に学習を行うことになるため，大きな性能向上は期待できなかった．

　ところが深層学習は，層をいくら重ねても学習は常にネットワーク全体で行うのが基本である．その方法はシンプルかつ強力で，ネットワークの構造がどんなに変わっても同じ手法が適用可能で普遍性が極めて高い．

　ネットワークはレイヤと呼ばれる部品を組み合わせることで構成する．これはあたかもレゴブロックを組み合わせるかのごとくであり，単独のレイヤで，認識時，学習時の入出力の変換操作を定義しておけば，レイヤの出力を次のレイヤの入力につないでいくことで，簡単にネットワークの変換処理を実現できる．学習も同様で，誤差勾配の伝播がネットワークの出力層から入力層へ逆方向へ行われ，各学習パラメータの望ましい変化量と符号が簡単に計算できる．それに基づいて少しずつパラメータを更新することで学習が進んでいく．

　重要なのは，演算はレイヤごとに独立して定義することが可能で，推論時は，レイヤの出力を次のレイヤの入力につなぐことで，簡単にレイヤの組合せ

を実現できるということである．このレイヤの出力が次のレイヤの入力となって，信号がネットワーク内を伝播することを，**順伝播**と呼ぶ．一方，学習時は，「勾配」を出力に近いレイヤから演算時と逆方向に伝播させていくことで，各レイヤの学習が可能となる．上位レイヤの勾配出力を入力としてレイヤ内で簡単な演算を行って，学習パラメータを更新するとともに，レイヤの重みを掛け合わせ，更新された勾配を下位レイヤに対して出力することで，学習が実現できる．これを**逆伝播**という．

このように深層学習ネットワークはレイヤの組合せで実現するが，その設計は極めて自由度が高く，現在の深層学習の研究においては，さまざまなタスクに対して，高い性能を示すネットワークを設計することが主要課題となっている．一般には最適な設計というものは存在せず，経験的に性能が高いネットワークが存在するにすぎない．実際の場面においては，過去の研究で提案されたネットワーク構造をベースとして，それをそのまま，もしくは改良して利用することが一般的である．

従来の方法では，最初に人手で特徴抽出を行って，最後に機械学習で分類，というように段階ごとに全く異なる処理であったが，深層学習では数種類の決まった演算規則に基づいて処理を行うレイヤを重ねてネットワークを構成するだけである．それにもかかわらず，特に画像の場合，人間の脳のように階層的に認識に必要な特徴が抽出されて，最終的には極めて高精度な画像認識が実現している．これは深層学習独自の性質であり，まさに深層学習の本質であるといえる．ただし，なぜ階層的な特徴抽出が行われ，結果的に高精度な認識が実現できるかは厳密にはわかっていない．画像認識向けのレイヤである畳込み層の操作が人間の特徴抽出と本質的に同じである，という予想もされているが，本当のところは解明されておらず，「深層学習の不思議」ともいわれている．深層学習は多層のレイヤで膨大な計算が行われるために，理論的な解析が難しく，小さなネットワークで理論的な解析が行われているものの，大規模ネットワークに関しては経験的にうまく働くことが確認されているにすぎない．そのため，なぜうまく動作するのか理論的には説明できないが，実用上は問題ないので利用している，というのが現状であるともいえる．しかしながら，それによって多くの「人間超え」の成果が得られており，深層学習の実用技術としての有効性に関する評価は揺るぎないものとなっている．

■3.2　パーセプトロン

深層学習の基本となるのが，ニューロン一つだけの識別器であるパーセプトロン[10]である．2.3.4 項で，線形学習器としてのパーセプトロンについて説明したが，ここで再び，深層学習ネットワークの基礎としてのパーセプトロンについて説明を行う．

パーセプトロンは人間の脳細胞であるニューロン（図 3.3）を数理モデル化したものである（図 3.4）．ニューロンは細胞核の周辺部に樹状突起という他のニューロンからの信号に反応する入力素子をもっており，その入力に応じて，軸索に信号が伝達され軸索末端から他のニューロンへ信号が伝達される．これをパーセプトロンでは，複数の入力に重みを掛け合わせたものを合計し，それを活性化関数に入力し，その出力値を出力する計算モジュールとしてモデル化している．

パーセプトロンへの入力信号は重み w_i をそれぞれの信号値に掛け合わせて，

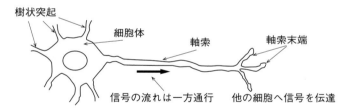

図 3.3　ニューロンの基本構造

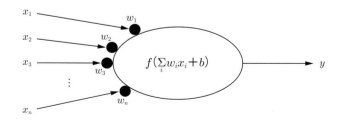

図 3.4　パーセプトロン（人工ニューロン）

さらにバイアス値 b を足し合わせた値 $(\sum_i w_i x_i + b)$ をさらに活性化関数 f に入力し，パーセプトロンの出力値が決まる．これは線形識別器に活性化関数 f を導入したものであるとみなすことができる．

なお，パーセプトロンの学習方法に関しては，2.3.4 項で説明したので，そちらを参照されたい．

■ 3.3　多層パーセプトロン

　パーセプトロン 1 層のみでは，線形分離可能な対象しか分離できないという欠点があった．パーセプトロンが登場したのは 1950 年代の第 1 次ニューラルネットワークブームの時期であったが，線形分離可能な対象にしか有効でないということで，下火になった．それを解決するために登場したのが，多層パーセプトロンである．それによって，第 2 次ニューラルネットワークブームが巻き起こった．

　本来，脳内のニューロンは多数のニューロンが結合して，多層構造になっているが，パーセプトロンが登場した当初は多層パーセプトロンの学習方法が見つかっておらず，実際にパターン認識に利用することはできなかった．それに対して，1967 年に甘利俊一によって 3 層構造のパーセプトロンの学習法が示され，それをさらに一般化した誤差逆伝播法が 1982 年ラメルハートら[11]によって提案されることによって，多層パーセプトロンの学習が可能となった．なお，この誤差逆伝播法は現在における深層学習の学習の基本的に方法となっており，当時と何ら変わるところがない．このことからも深層学習が多層パーセプトロンの進化形であることがわかる．

　図 3.5 に 3 層構造の多層パーセプトロンを示す．なお，入力層は実際にはパーセプトロンではなくて，単に入力データを受け取っているので，実質的には中間層と出力層の 2 層である．丸印で表記された各ノードが図 3.4 の単一のパーセプトロンに相当し，その入力の各エッジには重みが設定される．入力に重みを掛け合わせて全入力分合計したものにバイアス値を足し合わせて，活性化関数を適用した出力値が各ノードの出力となり，最終的なネットワークの出力が計算可能である．

　パーセプトロンでは，活性化関数はステップ関数が一般的に用いられていた

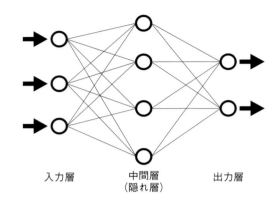

図 3.5　3 層ネットワーク

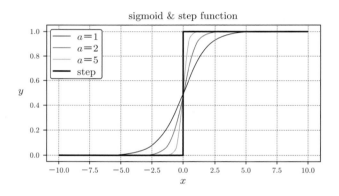

図 3.6　シグモイド関数

が，2 層以上の多層パーセプトロンでは，式 (3.1) および図 3.6 で表されるシグモイド関数（sigmoid function）が用いられる．

$$y = \frac{1}{1 + \exp(-ax)} \tag{3.1}$$

なお，$a = 1$ が通常用いられるシグモイド関数であるが，図に示されているように a を大きくすればするほど，ステップ関数に近づく．後ほど述べる多層パーセプトロンの学習で用いられる誤差逆伝播法では，勾配と呼ばれる値（損

失関数に対する学習パラメータの偏微分値）を出力から入力に伝播させるが，ステップ関数は，入力値が 0 の場合を除いて微分が 0 で勾配を伝えることができないため，初期の多層パーセプトロンでは微分可能な関数で，ステップ関数に近い性質をもっているシグモイド関数が一般的に用いられていた．しかし，シグモイド関数には，x の絶対値が大きいと勾配が 0 に近づく勾配消失と呼ばれる性質があり，これが深いネットワークの学習を難しくする一因になっていた．そこで現在は，そうした欠点を克服するために，シグモイド関数ではなく，入力が大きくなっても勾配が消失しない**正規化線形ユニット**（Rectified Linear Unit；**ReLU**）と呼ばれる活性化関数を用いるのが一般的である．

■ 3.4　深層学習ネットワークにおける基本レイヤ群

　3.3 節にも述べたが，多層パーセプトロンの発展形が深層学習である．層の種類が増えており，深いネットワークが可能となっているが，基本的な考え方や，誤差逆伝播法による学習などの基本的な部分に関しては実はあまり変わっていない．主な違いは，かつての 2〜3 層のネットワークよりも大幅に深いネットワークになっている，畳込み層の登場，正規化線形関数（ReLU）を活性化関数として利用，が挙げられる．

　ここでは，パーセプトロンと同じ構造をもつ全結合層，画像特徴抽出の学習を可能とし，画像認識の精度を大きく向上させた畳込み層，画像特徴マップのサイズを縮小するプーリング層，逆に特徴マップサイズを拡大するアンプーリング操作，基本活性化関数である正規化線形関数（ReLU），出力関数のソフトマックス関数について主に説明する．

■ 1.　全結合層

　全結合層（Fully-Connected Layer；FC Layer）は，前節で説明した多層パーセプトロンの構成要素の単一層と基本的に同じである．図 3.7 に示すように，n 入力のパーセプトロンが m 個あるとすると，n 次元ベクトルの x を入力として，m 次元ベクトルの y を出力とする全結合層となる．パーセプトロンの場合は，1 出力のため，n 次元の重みベクトル w と x の内積計算を行うが，全結合層は m 出力あるので，重みベクトルが m 個あり，そのため，n 次元の横

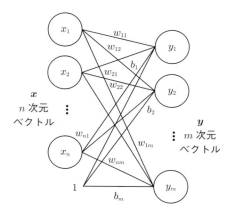

図 3.7　全結合層

ベクトルが縦に m 個並んだ $m \times n$ の行列 $\boldsymbol{W}$ として表現される．出力にはそれぞれ定数値がバイアスとして加算される．バイアスは出力と同じ m 次元ベクトルの $\boldsymbol{b}$ となる．以上より，全結合は式 (3.2) で表される．

$$\boldsymbol{y} = \boldsymbol{W}\boldsymbol{x} + \boldsymbol{b} \tag{3.2}$$

この式のうち，$\boldsymbol{W}$ と $\boldsymbol{b}$ が学習パラメータとなる．学習パラメータ数は，$m(n+1)$ である．例えば，入力が 400 次元，出力が 400 次元だとパラメータ数が 160 400 次元になってしまい，入出力の次元数に比べて，一般に学習パラメータ数が大幅に大きくなる特徴をもっている．

▌2.　畳込み層

　畳込み層（convolutional layer）は，画像認識用のレイヤである．福島邦彦によって 1980 年に提案されたネオコグニトロン[12]にルーツをもつ畳込みネットワークが LeCun らによって最初に提案されたのが 1989 年である[13]．最初は文字認識に用いられていたが，それが 2012 年に一般画像に適用されて圧倒的な性能を示したのは第 1 章で説明したとおりである．

　「畳込み」とは，もともと画像処理において用いられていた**フィルタ演算**のことである．フィルタとは，重み値が 3×3 や 5×5 など 2 次元の正方配列に並んだもので，それを入力画像に対して 2 次元的にスライドさせて，それぞれ

の場所で内積を計算し2次元配列に出力するのがフィルタ演算である.

　深層学習の畳込みでは,図3.8に示すように,複数のフィルタを用意しフィルタ演算を行う.それにより,各フィルタのパターンに対応した特徴抽出が行われ,対応パターンが現れるところに強い反応が見られる**特徴マップ（feature map）**がフィルタの数だけ出力される.

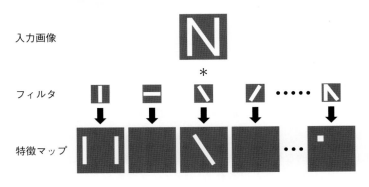

図 3.8　畳込みの概念図

　従来の画像処理におけるフィルタ演算では,フィルタの重みは人手によって決められていた.画像処理を扱う書籍では,エッジ抽出など有用なフィルタの定数値の重みが示されていることが多い.しかし,深層学習の畳込みでは,重みは最初からは決まっておらず,「学習」によって重みを求めるのが,画像処理のフィルタリングとの違いである.学習方法は次章で説明するが,基本的には,初期値は正規分布に基づく乱数で設定し,学習データに関して認識の誤差が小さくなるように畳込みのフィルタも含めてネットワーク全体のパラメータの更新を繰り返すことで学習を行う.そのため,認識を目的とした特徴抽出に適したフィルタ重みが学習されることが期待できる.

　図3.9に,3×3フィルタを左上から右,最終的には右下までスライドさせて各場所で内積計算を行う畳込み演算の例を示す.3×3のフィルタは,5×5の画像内では3×3の領域しか動けないので,出力の特徴マップも3×3のサイズとなる.畳込み演算は,各場所での入力画像の値とフィルタの値の内積計算によって行われ,各場所について出力値が1ずつ得られ,出力をフィルタの位置に基づいて2次元に並べると3×3の特徴マップが得られる.

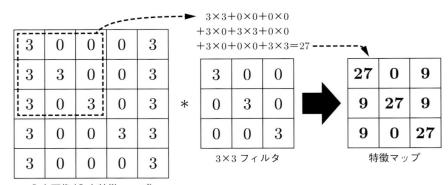

$$3 \times 3 + 0 \times 0 + 0 \times 0$$
$$+3 \times 0 + 3 \times 3 + 0 \times 0$$
$$+3 \times 0 + 0 \times 0 + 3 \times 3 = 27$$

入力画像（入力特徴マップ）　　　　　　3×3 フィルタ　　　　　　特徴マップ

図 3.9　畳込み演算の例

　図 3.10 に一般的な畳込み層を示す．一般的な畳込みでは，入出力は **3 階テ**ンソル（3 次元配列）で表現される特徴マップである．特徴マップは縦，横，チャネルの三つの次元をもっている．RGB カラー画像の場合はチャネル数 3，濃淡画像の場合はチャネル数 1 の特徴マップとみなすことで，画像も特徴マップであるとみなすことができる．また，通常の畳込み層では複数のフィルタが存在するため，特徴マップの出力は複数枚となり，これらを重ねてフィルタ数と同じチャネル数をもつ特徴マップとする．

　図 3.10 では，入力特徴マップのサイズは 10×10 が 3 チャネルあるものとし，$10 \times 10 \times 3$ と表現している．一方，フィルタは平面方向サイズは 3×3 で，チャネル方向は 3，よって $3 \times 3 \times 3$ となっている．通常の畳込み層では，入力画像のチャネル数と，フィルタのチャネル数は同じになっており，フィルタは 2 次元平面方向のみでスライドさせる．フィルタサイズが $3 \times 3 \times 3$ となっても，この 27 要素を画像の $3 \times 3 \times 3$ の 27 要素と内積計算することは先ほどのチャネルが一つだけの畳込み演算の例と同じである．$10 \times 10 \times 3$ の画像に対して $3 \times 3 \times 3$ のフィルタが移動できる範囲は 8×8 の平面になる．よって，一つのフィルタについて，8×8 の畳込み出力が得られる．図ではフィルタが 5 種類用意されていて，5 種類の 8×8 の特徴マップが得られるので，それを順番に重ねて 5 チャネル分の $8 \times 8 \times 5$ サイズの特徴マップ出力とする．特徴マップは，そのまま，次の畳込み層の入力として使うことができる．この場

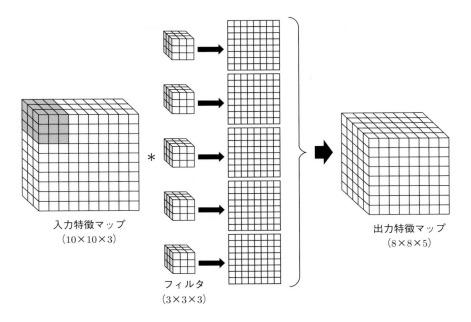

入力特徴マップ
（10×10×3）

フィルタ
（3×3×3）

出力特徴マップ
（8×8×5）

図 3.10 畳込み層

合，チャネル数は 5 なので，次の畳込み層のフィルタのチャネル数は必然的に 5 となる．全結合層の入出力は多次元ベクトルであったが，畳込み層の入出力は 3 階テンソルである特徴マップであるという違いがある．

入力と出力の特徴マップの各要素を $x_{m,n,c}$, $y_{m,n,c}$ として，k 番目の畳込みフィルタの重み値を $w_{k,i,j,c}$，k 番目のフィルタ出力のバイアス値を b_k とすると，畳込み演算は次の式で表現できる．なお，フィルタサイズは平面方向が $W \times H$，チャネル方向が C の $W \times H \times C$ とする．

$$y_{i,j,k} = \sum_{c=0}^{C-1}\sum_{j=0}^{H-1}\sum_{i=0}^{W-1} w_{k,i,j,c}x_{x+i,y+j,c} + b_k \tag{3.3}$$

全結合と同様にバイアス値が存在するが，これはチャネルごとにスカラー値を加算するもので，フィルタ数と同じ次元数となる．学習パラメータはフィルタの重み値 w とバイアス値 b で，フィルタが K 個あるとすると，学習パラメータの総数は $W \times H \times C \times K + K$ となる．ここで注目すべきは，畳込み層の

学習パラメータ数が，画像入力サイズと無関係であるという点である．縦横の面方向でスライドさせて一つのパラメータを使い回すことによって，たとえ $100 \times 100 \times 3$ の 3 万画素の画像が入力されても，$3 \times 3 \times 3$ のフィルタが 100 個ならば，$2\,700 + 100$ 個の学習パラメータで済んでしまう．ただし，計算に関しては，98×98 の特徴マップが出力されるので，特徴マップの要素数分，つまり 98×98 回の内積計算を行う必要があり，フィルタが 100 個の場合は，$98 \times 98 \times 3 \times 3 \times 3 \times 100$，つまり，$25\,930\,800$ 回の乗算が必要になる．学習パラメータ数が少なく，計算量が多いのは，全結合層とは対照的である．全結合層は，学習パラメータ数が入力と出力の次元の積となるため多くなりがちであるが，計算ではどのパラメータも 1 回しか使わないため乗算回数が重みパラメータ数と等しく，計算量は通常，畳込み層ほど多くならない．畳込み演算の式 (3.3) には，3 次元フィルタの内積だけで三つの Σ が出てくるが，これは特徴マップの一つの要素の計算式で，実際には 2 次元方向にスライドさせ，さらにフィルタの数だけ同じ演算を繰り返して特徴マップの全要素の値を計算する必要があり，6 重ループの繰り返し計算が必要となる．このことからも畳込みの演算量の多さがわかる．

　以上のように，特徴マップを介することで，画像は何回でも畳込み層を通過することが可能となる．しかしながら，3×3 のフィルタを適用すると，画像サイズが 10×10 から 8×8 になるように縦横 2 画素ずつ減少してしまうという問題点がある．その場合は，図 3.11 に示すように畳込みをする前に，画像サイズを縦横左右上下に 1 画素ずつ増やすパディング（**padding**）という操作を行うことで，サイズが小さくなることを防ぐことができる．新しく追加した部分は 0 で埋めること（ゼロパディングという）が一般的である．この図では，10×10 を 12×12 にゼロパディングで拡張してから，3×3 のフィルタを適用して，10×10 の出力を得ている．なお，通常はチャネル方向にも特徴マップが存在しているが，ここでは省略して図示している．このようにパディングを使うことで，図 3.12 に示すように畳込みは特徴マップの平面方向のサイズを変えることなく，繰り返し何度でも適用することが可能となる．

▌3．im2col 変換と行列積による畳込み演算

　単純に畳込みを計算しようとすると，先にも述べたように 6 重のループになってしまい計算効率が悪い．そこで，畳込みは im2col という操作を行って，

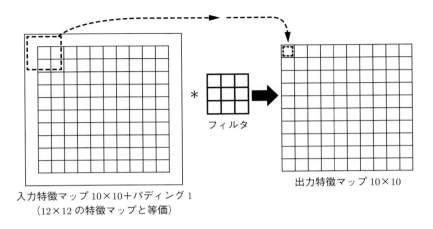

入力特徴マップ 10×10＋パディング 1
（12×12 の特徴マップと等価）

出力特徴マップ 10×10

図 3.11 パディング 1 の場合の畳込み

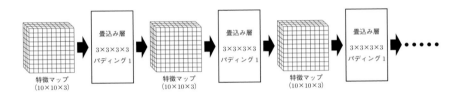

特徴マップ
(10×10×3)

畳込み層
3×3×3×3
パディング 1

特徴マップ
(10×10×3)

畳込み層
3×3×3×3
パディング 1

特徴マップ
(10×10×3)

畳込み層
3×3×3×3
パディング 1

図 3.12 パディング付きの畳込み層の利用

　入力特徴マップを行列に変換し，同じく行列として表現されたフィルタ重みとの行列同士の掛け算として畳込み演算を表現することが通常行われる．

　im2col とは，もともと数値計算専用の処理系である MATLAB の画像処理ツールボックスの関数になっていた処理で，図 3.13 に示すように，畳込み時の 1 回の内積計算分の範囲（フィルタサイズと同じサイズの部分領域）を一つの列ベクトルとして切り出して，それをフィルタの移動範囲の分，つまり内積の計算回数分だけ切り出して，(内積の画像範囲)×(一つのフィルタの内積の計算回数 (= 出力特徴マップの縦横サイズの積)) の行列にする変換である．image to column 変換であることから im2col と名付けられている．フィルタサイズを $F \times F \times C$，出力特徴マップのサイズを $W_y \times H_y$ とすると，この im2col 行列は，縦が $F \times F \times C$，横が $W_y \times H_y$ の大きさとなる．なお，フィルタサイ

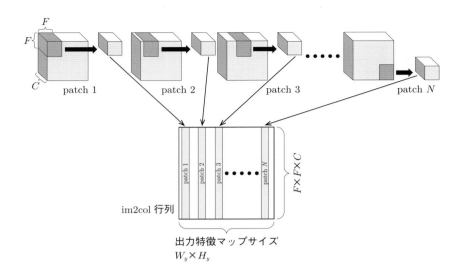

図 3.13 特徴マップの im2col 変換

ズよりも出力特徴マップサイズの方が大きくなることが多いため，im2col の実装では，1 回の内積計算分の列ベクトル（図中の patch 一つ分）を一つずつコピーする（つまり，$F \times F \times C$ の縦ベクトルを $W_y \times H_y$ 回切り出す）のではなく，出力特徴マップ分（$W_y \times H_y$）の横ベクトルをフィルタの各位置に対応する分だけ（$F \times F \times C$ 回）コピーするほうが効率が良く，一般的である．

　im2col 操作ができれば，あとはフィルタ行列との掛け算を行うだけである．図 3.14 に示すように，フィルタ行列は (フィルタ数) × (フィルタ要素数)，im2col 行列は (フィルタ要素数) × (出力特徴マップサイズ) となる．この行列積を計算することで，(フィルタ数 (=出力特徴マップのチャネル数)) × (出力特徴マップサイズ) の行列が得られる．これに，各行に対応するバイアスベクトルの要素のスカラー値を加算し，3 階テンソルの特徴マップに戻す変換を行う．これで畳込み演算を行列積として実装することが可能となる．

　一般に，im2col による畳込み演算の行列積は巨大行列の演算になる．例えば，$3 \times 3 \times 3$ フィルタが 100 個，出力マップサイズが 50×50 だとすると，100×27 行列と，$27 \times 2\,500$ 行列の積となり，27 次元ベクトル同士の内積計算が 25 万回も必要となる．こうした大規模行列同士の行列積演算は，高速行

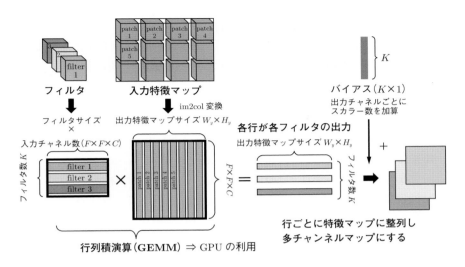

図 3.14 im2col 変換と行列積による畳込み演算

列積演算ライブラリの GEneric Matrix Multiplication（GEMM）関数を用いることで，高速に演算可能である．特に，行列積の計算は並列性が高いので，演算ユニットを多数もっている GPU による演算が向いており，GPU の利用によって大幅な高速化が可能である．今や深層学習で GPU を利用するのは常識となっており，特に膨大な演算量が必要なネットワークの学習を行うためには GPU は不可欠となっている．

　ただし，im2col 変換にはフィルタサイズが大きい場合に大量にメモリが必要になるという欠点がある．例えば，フィルタの空間方向のサイズが 11×11 の場合，入力特徴マップの内側の各画素は 11×11 つまり 121 回もコピーされるため，もともとの入力特徴マップのサイズのおよそ 121 倍のメモリが必要になる．現在においては，11×11 のような大きなフィルタサイズの畳込み層はほとんど用いられず，3×3 を繰り返してネットワークを深くすることが一般的である．3×3 の場合は，9 倍のメモリを用意すれば変換が可能となる[*2]．

[*2] 大きいサイズの畳込みに関しては，周波数領域で畳込みが乗算で記述できる性質を用いた，高速フーリエ変換（FFT）畳込みを用いるのが効率的であるとされている．フィルタと入力信号を FFT で周波数領域に変換して，それらの要素積（アダマール積）をとって，逆高速フーリエ変換（IFFT）で復元すると畳込みを行ったのと同じ結果が得られる．他にも，乗算回数を節約する Winograd 畳込みという手法もある．NVIDIA の提供する深層学習 GPU ライブラリ CuDNN では，これらの計算方法を入力に応じて内部で切り替えて利用している．

　なおパディングに関しては，事前に特徴マップの上下左右に 0 で埋めたパディング領域を付加しておくことで，同様に im2col 変換が可能である．また，学習時の逆伝播には 4.5 節で説明する逆操作の col2im が必要となる．

▌ 4．　畳込みと全結合の関係

　畳込みでは，フィルタを平面方向にスライドさせて何度も繰り返し計算しているが，図 3.14 における im2col 行列の列数，つまり出力マップサイズが 1×1 の場合はどうなるであろうか．例えば，$3 \times 3 \times 3$ の画像に $3 \times 3 \times 3$ のフィルタを適用する場合である．実は，この場合は，im2col 行列が（フィルタサイズ）$\times 1$ の行列になって，縦ベクトルとなるので，全結合の式に一致する．つまり，フィルタの適用可能箇所が 1 か所だけの場合は，全結合と完全に等価であるといえる．逆に考えると，出力特徴マップが 10×10 ならば，100 回分の全結合を同時に計算しているのと同じことになる．よって，全結合に比べて，畳込みの計算量が多くなるのは明らかである．一方，学習時にはデータが 100 個分あるのと同じであるので，畳込み層は全結合層よりも学習が容易であるということにもつながっている．

▌ 5．　プーリング層

　畳込みが使われるネットワークでは，特徴マップの空間的なサイズを小さくするプーリングが通常用いられる．プーリングとは 2×2 や 3×3 などの一定のサイズの領域をチャネルごとに 1×1 に縮小する操作のことで，図 3.15 に示すように，局所領域内での最大値で縮小後の値を代表させる**最大プーリング（max pooling）**と，平均をとる**平均プーリング（average pooling）**の 2 種類が存在する．前者は局所領域内の最大値一つの値のみを出力するのに対し，後者はすべての値を平均して出力する点が異なる．例えば，2×2 の場合は，特徴マップの空間サイズは縦横それぞれ 1/2 となる[*3]．なお，チャネルごとの操作であるので，入力と出力のチャネル数は同じとなる．どちらも操作は固定であり，学習パラメータをもたないことが特徴となっている．

　また，局所領域内ではなく，特徴マップの空間内全域で最大値もしくは平均

[*3]　AlexNet などの初期の深層学習ネットワークでは，プーリング領域を二つずつずらしながら（ストライド 2 という），3×3 の領域内で最大プーリングをとるというような，部分的にプーリング範囲をオーバラップさせるようなことも行われていたが，画素によってプーリング回数が不均一になるので，現在はあまり利用されることはない．

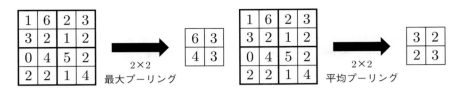

図 3.15　最大プーリングと平均プーリング

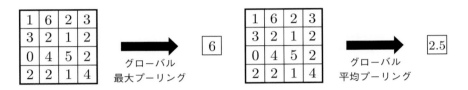

図 3.16　グローバルプーリング

値をとるグローバルプーリングというプーリングも存在する．図 3.16 に示すように，グローバルプーリングでは，空間サイズは常に 1×1 に縮小され，チャネル数は維持される．画像認識ネットワークにおいては，最終に近い層で利用されることが一般的である．畳込み層が連続した最後にグローバル平均プーリングで，特徴マップのチャネル数と同じ次元のベクトルを出力し，全結合層をはさんで，最後に 3.4.9 項で説明するソフトマックス関数でクラス確率ベクトルを出力することが一般的な畳込みネットワークの構成となっている．グローバルプーリングでは入力特徴マップのサイズによらず常に出力が 1×1 に縮小されるため，グローバルプーリングを用いたネットワークでは，任意サイズの画像入力を受け付けることが可能となる．なお，最大プーリングは学習時に勾配が最大値を示した 1 画素のみにしか逆伝播しないため，特にグローバルプーリングで用いると学習が進みにくくなる欠点がある．そのため，すべての画素に逆伝播する平均プーリングがグローバルプーリングとして通常用いられる．

■ 6. ストライド付き畳込み

　プーリングでは，チャネルごとに局所領域（通常は 2×2）単位で最大値か平均値を求めて，特徴マップのサイズを縮小する．ここには学習パラメータは介在しない．一方，畳込みで特徴マップを縮小する方法がある．フィルタ

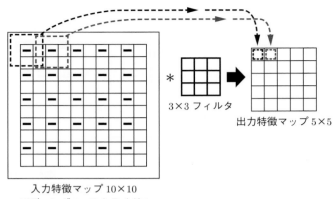

入力特徴マップ 10×10
パディング 1　ストライド 2

3×3 フィルタ

出力特徴マップ 5×5

図 3.17　ストライド 2 の畳込み（パディング 1 と併用している）

を作用させるときに，1 画素ずつスライドさせるのではなく，n 画素（$n \geq 2$）ずつスライドさせるのである．これをストライド n の畳込みという．例えば，図 3.17 に示すように，二つずつスライド（つまりストライド 2）させれば，10×10 にパディング 1 を上下左右に付けて，実質 12×12 として 3×3 を適用すると，出力は 5×5 となり，2×2 でプーリングをしたのと同じ効果が得られる．2 以上のストライドが付いた畳込みを**ストライド付き畳込み（strided convolution）**という．しかも，畳込みなので，フィルタの重みは学習によって決まり，また出力特徴マップのチャネル数もフィルタ数によって自由に変えることができる．そのため最近のネットワークでは，ストライド付きの畳込みのほうが，プーリングより好まれる傾向がある．例えば，ResNet では，特徴マップの縮小にはプーリングはネットワークの最初と最後以外では利用されず，大部分はストライド 2 の畳込みが利用されている．

　ストライドがある場合，出力特徴マップのサイズがわかりにくくなるので，ここで整理しておく．入力画像のサイズが $W \times H$，フィルタサイズ $F \times F$，フィルタ数 K で，パディング p（上下左右に p 画素ずつ），ストライド s とすると，出力特徴マップのサイズは，以下のとおりとなる．なお，$\lfloor x \rfloor$ は小数点以下切捨てを表す．

$$\left\lfloor \frac{W - F + 2p}{s} + 1 \right\rfloor \times \left\lfloor \frac{H - F + 2p}{s} + 1 \right\rfloor \times K \qquad (3.4)$$

なお，ストライド n の場合は，1 回分の畳込み領域を col へ切り出す際に縦横 n 画素ずつスライドさせることで，ストライド付き im2col が可能である．

■ 7. 転置畳込みとアンプーリング

　画像認識では，プーリングやストライド 2 を用いて，徐々に特徴マップを縮小（ダウンサンプリング）しつつ画像全体の情報を集約して，画像全体のカテゴリ認識などを行うため，特徴マップを拡大する操作は通常は利用しないが，画像変換や領域分割では一度特徴マップを縮小してから拡大するのが一般的であり，また，画像生成ではシードとなるベクトルから画像を生成するので，特徴マップの拡大は必須である．画像を拡大する操作を一般にアップサンプリングという．特徴マップのアップサンプリングを行う方法には，アンプーリング，転置畳込み，ピクセルシャッフラーの 3 種類の方法がある．

　アンプーリング（**unpoolitng**）では，プーリングの逆操作を行うが，プーリング同様，学習パラメータを用いずに拡大操作を行う．通常は縦横それぞれ 2 倍に拡大する．図 3.18 に示すように，(a) 2×2 の右上に値を伝播して，それ以外は 0 で埋める "bed of nails"（針のベッド）と呼ばれる方法，(b) 同じ値を 4 か所に伝播する "nearest neighbor"，(c) 主に領域分割で用いられる encoder-decoder 型ネットワークで encoder と decoder が対称になっている場合に対応する最大値プーリング層の対応する位置で最大値だった場所に伝播する最大値アンプーリング（max unpooling），の 3 通りが主な方法である．図 3.18(c) では，対応する max pooling 層で左下の要素が最大だったため，max unpooling 層では左下に拡大前の値が伝播し，それ以外は 0 となっている．ほ

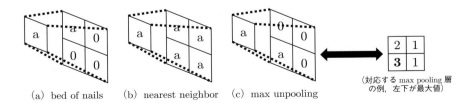

(a) bed of nails　　(b) nearest neighbor　　(c) max unpooling

（対応する max pooling 層の例，左下が最大値）

図 3.18　3 種類のアンプーリング

かにも線形補間を用いてアンプーリングを行う方法もある．このような機械的な拡大は不自然な画像を生成するため，通常は，アンプーリングの直後に，学習を行う畳込み層を置いて，画像をより自然にすることが行われる．

　転置畳込み（**transposed convolution**）は，畳込みとは反対に，フィルタに入力値を掛け合わせて，それを特徴マップ上で足し合わせ，出力特徴マップを生成する方法である．これは学習時の勾配の逆伝播の計算と同じ演算である．当初は逆畳込み（**deconvolution**）と呼ばれていたが，厳密には畳込みの逆演算ではないため，現在では，転置畳込みと呼ばれるようになっている．アップサンプリングに用いるには，ストライド 2 の転置畳込みを行うのが一般的である．ストライド 2 の場合は，図 3.19 に示すように，最初に "bed of nails" のアンプーリングと同じ操作を行い，入力特徴マップを拡大しておいて，フィルタの転置畳込み操作を行う．なお，2 倍に拡大する場合は，フィルタのサイズが奇数であると，場所によって計算に用いられる入力の画素数が異なってくるため，アーティファクトと呼ばれる不自然なパターンが発生する原因となることがある．そのため，2 × 2 もしくは 4 × 4 の偶数サイズのフィルタが用いられることが多い．

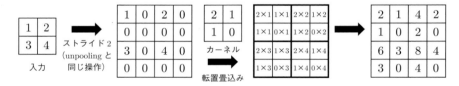

図 3.19　転置畳込み

　ピクセルシャッフラー（**pixel shuffler**）は，図 3.20 に示すように，他の二つと異なり，最初に畳込みを行うが，その際にチャネル数を拡大サイズの 2 乗倍にしておく．つまり，縦横 2 倍の場合は，本来の 4 倍のチャネル数にしておく．そして，畳込みの出力特徴マップの四つのチャネルを一まとまりとして，四つのチャネルの各画素を 2 × 2 の 4 か所に配置することによってチャネル数を 1/4 にして，代わりに特徴マップサイズを縦横 2 倍ずつにする．この操作がピクセルシャッフラーである．直感的にわかりやすく，他の二つのように 0 の要素に対する計算を無駄に行う必要がないので計算効率がよいことが特徴である．この 3 種類の方法は，いずれもアンプーリングと畳込みの操作を含ん

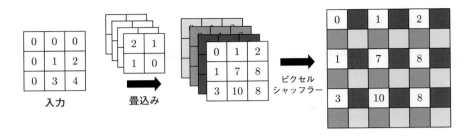

図 3.20 ピクセルシャッフラー

でおり，0 埋めした要素に対する演算を除くと，本質的には同じ計算を行って
いることになり，計算量も同じであることが示されている[14]．

▌8．非線形活性化関数

活性化関数は 3.1 節で説明したように，全結合層は線形変換であるため，全
結合を多段に重ねる場合は層の間に非線形活性化関数を入れることによって，
レイヤごとの変換を非線形化する必要がある．これは，局所的な内積計算をス
ライドしながら繰り返す畳込み層でも同様である．

図 3.21 に主な活性化関数を示す．三つのうち，正規化線形ユニット（ReLU）
が最も標準的に使われている．左のシグモイド関数は学習時に「勾配消失」が
起こりやすい欠点があった（3.3 節）．それに対して，ReLU は負では 0，正で

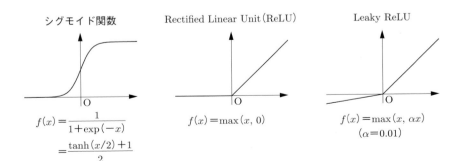

図 3.21 主な活性化関数

はそのまま出力と，極めて単純であるが，関数としては非線形であり，シグモイド関数と同様の役割を果たすことができる．

　図 3.22 に，(a) ReLU を使った場合と，(b) ReLU 含め活性化関数を一切使っていない場合を示す．これは簡単な 2 次関数を全結合層 3 層で近似した例で，灰色の線は近似した関数である．(a) では直線でしか近似できない一方，ReLU を使うと，単純な活性化関数であるにもかかわらず (b) のように 2 次関数の近似ができている．

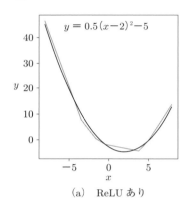

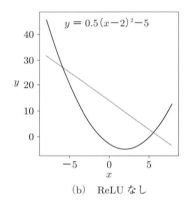

(a)　ReLU あり　　　　　　　(b)　ReLU なし

図 3.22　非線形活性化関数がある場合とない場合

　ReLU 以外にも，負の場合にも小さな定数（通常は 0.01）を掛けて出力する Leaky ReLU（図 3.21 右），0 未満を e のべき乗で表現する ELU（Exponential Linear Unit）など，0 未満での出力が 0 とならないよう変更した活性化関数が提案されている．また，Leaky ReLU の 0 未満の勾配 α を学習パラメータとする PReLU（Parametric ReLU）も提案されている．ただし，ReLU の改良手法として登場した活性化関数を使うことで，大幅な性能が向上が得られることは経験的に少ないため，依然として ReLU が最も一般的に深層学習ネットワークの非線形活性化関数として用いられている．

▌9．出力関数

　出力関数とは，ネットワークの最終出力の前に挿入する活性化関数である．クラス分類のように確率値で出力したい場合には，通常，ソフトマックス関

数（softmax function）が用いられる．全要素の合計値で割っているため出力
の要素の合計が 1 となり，確率を表現しているとみなすことができる．

$$f(x_i) = \frac{\exp(x_i)}{\sum_{j=1}^{k} \exp(x_j)} \tag{3.5}$$

ソフトマックス関数は，シグモイド関数の多クラス版である．シグモイド関
数はステップ関数を微分可能にするために用いられたが，ソフトマックスも最
大値（max）関数の微分可能版ともいえるものである．また，2 値分類の場合
は，最終レイヤの出力をスカラ値として，出力関数のシグモイド関数が使われ
ることが一般的である．

出力がクラス分類でなく，値の推定である場合は，出力関数を用いずに，最
終レイヤ出力をそのまま最終出力とする場合もある．この場合は，恒等関数
（何も変換しない関数）が出力関数であると考えることができる．

他に値の範囲が決まっている場合は，シグモイド関数 $\sigma(x) = 1/(1 + \exp(-x))$ や，ハイパボリックタンジェント関数（tanh 関数）が用いられるこ
ともある．画像生成でよく用いられるが，例えば $0 \sim 255$ の出力を得たい場合，
tanh 関数によって $-1 \sim 1$ の出力 y を得て，$(y + 1.0) \times 127.5$ として，$0 \sim 255$
値を出力させることがある．$\tanh(x) = 2\sigma(2x) - 1$ の関係があるため，シグ
モイド関数で $0 \sim 1$ の出力 y を得て，$y \times 255$ とするのと本質的に同じである．

■ 3.5 基本ネットワーク構造

ここでは，一般的な深層学習ネットワークの構成について，最初の本格的
な一般画像向けの認識ネットワークである AlexNet[15]*4 を例に説明する．な
お，AlexNet のように畳込み層を主な構成要素として利用した画像認識ネッ
トワークを，一般に畳込みニューラルネットワーク（Convolutional Neural
Network；CNN）と呼ぶ．特に「深層」を付けて，**深層畳込みニューラル
ネットワーク**（Deep Convolutional Neural Network；**DCNN**）と呼ぶこと
もある．

---

*4 研究論文の筆頭著者で実際にネットワークの実装を行った Alex Krizhevsky のファーストネームをとって，通
　称 AlexNet と呼ばれている．

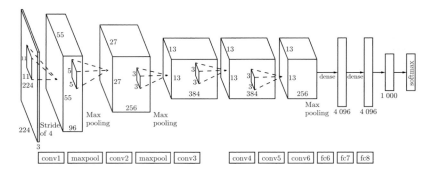

図 3.23　AlexNet[15)]

　図 3.23 に示すように，AlexNet は主に，畳込み層，プーリング層，全結合層，ソフトマックス関数による出力層から構成されるネットワークである．入力画像のサイズは 224×224 の RGB カラー画像が想定され，出力は ImageNet 1 000 クラスの分類が想定されているため，1 000 クラスの確率ベクトルである．なお，実際には前半に五つの畳込み層と三つの最大プーリングで，徐々に特徴マップサイズが小さくなり，途中で特徴マップが 1 列に並べられて（flatten 操作）ベクトルとなる．最初の畳込み層のみはストライド 4 となっており，計算量削減のために最初に特徴マップサイズが大きく縮小されている．また，最大値プーリングは，3×3 のストライド 2 のプーリング範囲が重なり合う overlapping pooling が採用されているという特徴がある[*5]．さらに，最後に三つの全結合層があって，最終的にソフトマックス関数によって 1 000 クラス分類のための確率ベクトルとなって出力される．

　ネットワーク全体の学習パラメータの総数は各畳込み層と全結合層のサイズから容易に計算可能で，例えば，最初の畳込み層は $11 \times 11 \times 3$ のフィルタが 96 チャネル分あるため，$11 \times 11 \times 3 \times 96 = 34\,848$ の重みパラメータと 96 次元のバイアスベクトル，最終の全結合層は $4\,096 \times 1\,000 = 4\,096\,000$ の重みと 1 000 次元のバイアスが，それぞれ学習パラメータである．すべて合計すると，62 378 344 個も膨大な学習パラメータをもっていることになる．

　なお，ネットワークを示す図には通常明記されないが，直後にソフトマック

[*5]　AlexNet の論文では，通常の 2×2 のストライド 2 に比べて性能が向上することが示されている．

ス関数が配置される最後の全結合層の後を除いて，すべての畳込み層と全結合層の直後には非線形活性化関数として ReLU 関数が配置されている．これが深層学習ブーム初期の典型的なネットワーク構造であった．

現在主流のネットワークは，これとは大きく変わっている．プーリングと全結合層は最終層で用いられる以外は，ほとんど用いられることがない．代わりにストライド付き畳込みとグローバル平均プーリングが用いられる．また，1×1 の畳込みもチャネル数の調整のために用いられる．最終層のソフトマックス関数は依然として用いられている．また，正規化層として，バッチ正規化が多用される．バッチ正規化は特徴マップやベクトルで表現されるネットワークの中間出力信号の値の分布を調整するレイヤで，この手法の登場によって，深層学習ネットワークの学習は大幅に容易になった．2012 年以降に深層学習に関する重要な手法がいくつか提案されたが，そのうちの一つといえる．これについては，第 6 章で説明を行う．なお，AlexNet 以外の代表的な画像認識ネットワークの紹介は第 7 章で行う．

演 習 問 題

問 1 全結合層と畳込み層の違いについて説明せよ．

問 2 畳込み層におけるパディングとストライドについて説明せよ．

問 3 特徴マップを縮小する二つの方法，拡大する三つの方法について説明せよ．

問 4 非線形活性化関数の役割を述べよ．また，非線形活性化関数を用いない場合，深層学習ネットワークではどのようなことが起こるか説明せよ．

第 4 章

ネットワークの学習

本章では，前章で説明した深層学習ネットワークの学習方法について
述べる．まず，基本的なアイディアについて説明を行い，次に基本手
法である確率的勾配降下法と誤差逆伝播法について説明する．

■ 4.1　深層学習ネットワークの学習の基本的アイディア

　前章では，深層学習ネットワークを構成する基本的なレイヤについて説明を
行った．ネットワークは，複数の単体レイヤの合成関数として表現されるが，
ネットワークに意図する変換を行わせるためには，全結合層や畳込み層に含ま
れる学習パラメータの学習が必要である．
　学習には，入力とそれに対応する出力（つまり正解）がペアとなったサンプ
ルがある一定量必要である．入出力はタスクによって異なるが，例えば，最も
標準的な画像カテゴリ分類ならば，入力は画像，出力はカテゴリラベルとなる．
こうした学習サンプルがどの程度必要であるかは，タスクや利用するネット
ワークの規模や複雑さ，および難易度によるため，一概には決めることができ
ない．例えば，ImageNet チャレンジの 1000 種類物体認識タスクでは，1000
種類各 1300 枚，つまり 130 万枚[*1]の画像が学習画像として用意されている．
また，0 から 9 までの 10 文字の手書き数字を分類する MNIST データセット
では，学習データは 10 種類各 6000 枚用意されている．1 カテゴリ 1000 枚

[*1]　実際には 1300 枚に満たないカテゴリがあるので，1 281 167 枚.

を超える枚数があれば，一般には学習には十分であるといえる．一方，1 カテゴリ 100 枚以下の少ない枚数の場合は，ImageNet などの大規模データセットで**事前学習**（pre-training）しておいて，それを初期値として学習を行う転移学習に基づく方法が一般に用いられる．詳細は 5.7 節で説明する．

　深層学習ネットワークの学習の基本的なアイディアは，図 4.1 に示すように，学習サンプルをネットワークに入力したときの出力と，学習データに付与された望ましい出力との誤差を求め，それが減少するようにネットワークの学習パラメータを繰り返し更新する，というものである．誤差の大きさを評価するのが**誤差関数**（もしくは**損失関数**ともいう）である．通常はベクトルや特徴マップであるネットワークの入出力値とは異なり，誤算関数は誤差の大きさを評価するための関数であるため出力値は単一の値であるスカラーである．学習サンプル $\boldsymbol{x}_i$ とその正解出力 $\boldsymbol{t}_i$ の多数のペアからなる学習データを用意し，$\boldsymbol{x}_i$ をネットワークに入力したときの出力 $\boldsymbol{y}_i$ と正解出力 $\boldsymbol{t}_i$ の誤差関数出力 E_i の，全学習サンプルに関する誤差の合計値 E を最小化するように，学習パラメータを繰り返し更新する．

ネットワーク $f(x_i)$ の出力値 y_i と理想値 t_i の誤差 E_i

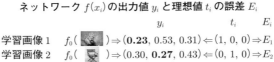

$$y_i \qquad\qquad t_i \quad E_i$$

学習画像 1 　$f_0($ 🖼 $) \Rightarrow (\textbf{0.23},\, 0.53,\, 0.31) \Leftarrow (1,\, 0,\, 0) \Rightarrow E_1$
学習画像 2 　$f_0($ 🖼 $) \Rightarrow (0.30,\, \textbf{0.27},\, 0.43) \Leftarrow (0,\, 1,\, 0) \Rightarrow E_2$
⋮
学習画像 N 　$f_0($ 🖼 $) \Rightarrow (0.49,\, 0.38,\, \textbf{0.13}) \Leftarrow (0,\, 0,\, 1) \Rightarrow E_N$

誤差の合計 $E = \Sigma_i E_i$ が最小になるように内部パラメータ w を更新．

最急降下法（勾配降下法）で解く
$w^{t+1} = w^t - \eta \dfrac{\partial E}{\partial w}$ （η: 学習率，0.001 などの小さい値）
勾配と逆方向に w を少しずつ変化させる

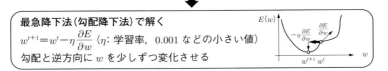

図 4.1　誤差を小さくすることが「学習」

　誤差最小化のための学習パラメータの更新には，次の式で表される 1 階微分を用いた学習法である勾配降下法（gradient decent）が一般に用いられる．

$$w_i^{(t+1)} = w_i^{(t)} - \eta \frac{\partial E(\boldsymbol{x})}{\partial w_i^{(t)}} \tag{4.1}$$

$w_i^{(t)}$ は更新前のある一つの学習パラメータ，$w_i^{(t+1)}$ は更新後の同じパラメータである．学習パラメータの更新に用いる値は，学習パラメータ w_i に関する誤差関数 E の偏微分（勾配）$\partial E(\boldsymbol{x})/\partial w_i$ で表される勾配（gradient）であり，これに学習率 η を乗算した値を更新前のパラメータから減算する．学習率 η は経験的に決められるハイパーパラメータであり，0.001 や 0.0001 などの小さな値が一般に用いられる．

　式 (4.1) の意味するところは，誤差関数の各学習パラメータに関する勾配 $\partial E(\boldsymbol{x})/\partial w_i$ を求めて，その大きさに応じて 0.0001 などの小さな値をもつ学習率 η を掛けて，逆方向に少しずつパラメータを更新することで，誤差 E の値を最小化する，ということである．「誤差関数の各学習パラメータに関する勾配」は，パラメータを動かしたときに，どちらにどれだけ誤差が変化するということである．勾配が正ならば負の方向，負ならば正の方向に，パラメータを動かすことで誤差が減少することが期待できる．また，勾配の大きさは誤差の変化に対する各学習パラメータの貢献度を示している．貢献の大きいパラメータは大きく更新し，小さいパラメータは少ししか更新しない．このように，勾配の大きさに応じてバランスをとって誤差を減少させることを繰り返すことで，誤差が極小になる方向へ向かってパラメータが更新されていく．なお，学習率の設定は，経験的に行う必要があるが，大きすぎると最小値を行きすぎて振動してしまい，小さすぎると学習に時間が掛かるため，学習が進むにつれて段階的に 1/10 にするなどして，学習の途中で値を少しずつ減少させていくことが一般的に行われる．

　図 4.1 は画像認識を例として，各学習画像に関して誤差を求め，学習データ全体で誤差が小さくなるように学習することを示している．ネットワークの出力 y_i は，3 次元ベクトルで「ライオン」「椅子」「山」の 3 クラス分類の確率を表している．正解値 t_i も同様に 3 次元ベクトルで，正解クラスのみが 1，他がすべて 0 となっている one-hot ベクトルで表現されている．勾配降下法の図は，ネットワーク中のすべての学習パラメータをまとめて表現している極めて高次元な学習パラメータ群 $\boldsymbol{w}$ のうちの一つのパラメータのみを取り上げて曲線で表現している．図 4.2 では，二つのパラメータ $\boldsymbol{w}_1, \boldsymbol{w}_2$ を取り上げて，誤差 E を曲面（loss surface）で表現している．実際には $\boldsymbol{w}$ は数万から数千万個もの超高次元のベクトルであるので，極めて複雑な超曲面である．この超曲面の中で，E が最小になるパラメータの組合せを求めるのが，勾配降下法による

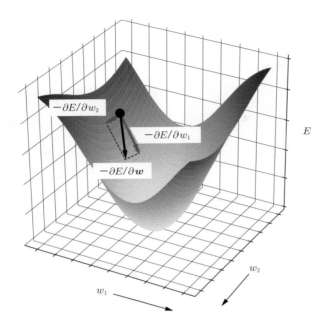

図 4.2 E の w_1 と w_2 に対する曲面．$-\partial E/\partial w_1$ と $-\partial E/\partial w_2$ の合成ベクトル $-\partial E/\partial \boldsymbol{w}$ が極小解の方向となる

学習ということになる．なお，一般に最小化の解には，大域解（最小解）と局所解（極小解）の2通りがあって，前者はパラメータの取り得る全範囲内での最小となる解，後者はある一定の範囲内での局所的な最小解である．単純な凸関数であれば，勾配法で大域解を求めることができるが，一般に深層学習の場合は誤差関数は複雑な曲面の非凸関数となるため，勾配法で求めることができるのは後者の局所解で，どのような局所解が求まるかはパラメータの初期値に依存する．初期値は通常，乱数で設定するが，パラメータの数が多いため，学習のたびに学習されたパラメータの値が異なることが一般的である．しかしながら，深層学習の場合は，一定の条件下で，局所解は大域解となる，ということが示されており[16]，経験的には勾配法で十分に大域解に近い局所解を求めることが可能となっている．

式 (4.1) は，一つのパラメータ w_i の更新式であるが，実際には多数のパラ

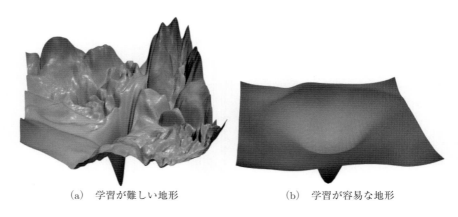

(a)　学習が難しい地形　　　　　　(b)　学習が容易な地形

図 4.3　(a) 学習が難しい地形と (b) 学習が容易な地形[17]

メータがあり，各パラメータを同時に更新して，最小の E を目指す．図 4.2 に点の位置の w_1 方向と w_2 方向の勾配を示す．E を減少させる方向を示すために負号を付けた．w_1 のほうが傾きが大きく，w_2 のほうが小さいため，勾配に応じた大きさでパラメータを更新する．そうすると，二つの方向を合成した $-\partial E/\partial \boldsymbol{w}$ 方向にパラメータが更新され，全体として極小方向へ向かうことになる．なお，図 4.2 に示した E は下に凸な関数であり，大域極小値に容易に到達可能であるが，実際には深層学習では，一般に複雑な非凸関数になる．

　深層学習ネットワークの損失関数の「地形」の可視化を行った論文[17]の図を図 4.3 に示す．図 4.3(a) のように地形が複雑だと多数の極小解が存在し，大域的な極小解に到達することが難しい，つまり学習が難しい．一方，図 4.3(b) のようになめらかであると，学習は容易である．これらは 2016 年に提案されたスキップ接続がない場合（図 4.3(a)），ある場合（図 4.3(b)）の 25 層の畳込みネットワークの可視化の例である．

■4.2　誤差関数

　学習に必要な誤差の評価のため，誤差関数（**error function**）（損失関数（**loss function**）ともいう）を定義することが必要である．学習データ全体に関して誤差関数の出力が最小化されるように，ネットワークの学習パラメー

タ，つまり全結合層や畳込み層の学習パラメータを更新することで「学習」を行う．なお，誤差関数は学習時のみに利用され，推論時には不要である．

分類問題では，出力関数に標準的なソフトマックス関数（式 (3.5)）が利用されている場合，誤差関数には事後分布の負の対数尤度を表す**クロスエントロピー関数**（**cross entropy function**）（式 (4.2)）が用いられることが一般的である．一方，回帰問題では，出力関数が用いられず最終層の出力がそのまま最終出力になっている（出力関数として恒等関数が用いられている，ともいう）場合，**平均二乗誤差関数**（**Mean Squared Error；MSE**）（式 (4.3)）が用いられることが一般的である．誤差の L2 ノルムの平方根がない式となっており，L2 損失関数とも呼ばれる．平均 2 乗誤差関数は誤差の 2 乗値に基づくため，大きな誤差が強調される特徴がある．また，誤差の絶対値に基づく**平均絶対誤差**（**Mean Absolute Error；MAE**）（式 (4.4)）が用いられることもあり，こちらは L1 損失関数とも呼ばれる．

$$E_1 = -\frac{1}{N} \sum_{n=1}^{N} \sum_{i=1}^{C} t_{n,i} \log y_{n,i} \tag{4.2}$$

$$E_2 = \frac{1}{2N} \sum_{n=1}^{N} \sum_{i=1}^{C} (y_{n,i} - t_{n,i})^2 \tag{4.3}$$

$$E_3 = \frac{1}{N} \sum_{n=1}^{N} \sum_{i=1}^{C} |y_{n,i} - t_{n,i}| \tag{4.4}$$

C はネットワーク出力ベクトルの次元数（分類問題の場合はクラス数），N は学習データ数（もしくはミニバッチのサイズ）である．さらに，y_n, t_n はそれぞれ，n 番目のサンプルのネットワークの出力と正解値である．正解値は，クラス分類の場合，学習サンプルが対応するクラスの要素が 1 で他は 0 の one-hot ベクトル（例えば，5 クラスで 2 番めのクラスが正解ならば，$(0, 1, 0, 0, 0)$），回帰の場合は学習データの正解値（スカラもしくはベクトル）そのものである．

2 クラス分類の場合に出力が一つで，出力関数がシグモイド関数 $\sigma(x) = 1/(1 + \exp(-x))$ になっている場合は，次の**バイナリクロスエントロピー関数**（**binary cross entropy**）が用いられる．

$$E_4 = -\frac{1}{N} \sum_{n=1}^{N} \{t_i \log y_i + (1 - t_i) \log(1 - y_i)\} \tag{4.5}$$

y_i, t_i はシグモイド関数の出力値および 1 もしくは 0 で表される正解値である．これは，クロスエントロピー関数（式 (4.2)）で $C = 2$ の場合，つまり 2 クラス分類の場合と等価である．

なお，一つの入力に対して，複数のラベルを付ける問題であるマルチラベル問題では，ラベルあり，なしの 2 クラス分類問題がラベル数の分だけあると考えて，出力関数として要素ごとにシグモイド関数を適用することがある．その場合は，各要素に関して，バイナリクロスエントロピー関数を適用する．

$$E_5 = -\frac{1}{N} \sum_{n=1}^{N} \sum_{i=1}^{C} \{t_{n,i} \log y_{n,i} + (1 - t_{n,i}) \log(1 - y_{n,i})\} \tag{4.6}$$

$\boldsymbol{y}_n, \boldsymbol{t}_n$ は，式 (4.2) の場合と同じで，それぞれネットワークの出力と正解値であるが，one-hot ベクトルではなく，multi-hot ベクトル（各要素は 0 か 1 であるが，複数の要素が 1 となることがあるベクトル．例えば，$(0, 1, 0, 1, 0)$）で表現されるところが異なる．この場合は，出力関数は要素ごとにシグモイド関数を適用することになる．

■ 4.3　確率的勾配降下法

勾配降下法（**gradient decent**）には，学習データすべての勾配の平均を求めて一度にまとめてパラメータを更新するバッチ学習版と，画像 1 枚ずつについてパラメータを更新していくオンライン版が存在する．前者のバッチ版の学習データ全体の平均勾配を用いる場合は，全サンプルに対して損失曲面（loss surface）が同じ形状になるが，1 サンプルずつであると，サンプルごとに loss surface の形状が異なり，局所解に捕まりにくくなる．

全サンプルの学習の繰返し回数のことを「エポック（epoch）」と呼ぶ．学習時にすべての学習データを 1 回ずつ使って更新すると，1 エポック分の学習をしたことになる．勾配法を用いた学習では，1 エポックだけで学習を終えることは通常はなく，$10 \sim 100$ エポックの繰返し学習を行うことが一般的である．このことから，勾配計算は (パラメータ数) × (サンプル数) × (エポック数) だけの回数行う必要があり，膨大な回数となる．

エポックごとに毎回学習データの順序をランダムにシャッフルするのが，

確率的勾配降下法（**Stochastic Gradient Decent；SGD**）である．それによって，毎回異なる順番で学習することになり，毎回決まった順番で学習するよりも，局所解に捕まりにくくなり，さらに学習が容易になる．ただし，1サンプルごとにパラメータを更新する方法では，1サンプルずつ順番に学習する必要があるため，効率的な計算が難しいという難点がある．

そこで深層学習の学習では，数十から数百程度の学習サンプルの勾配をまとめて計算し，それらの勾配の平均で，パラメータを更新することを繰り返し行う，ミニバッチ確率的勾配降下法（**mini-batch stochastic gradient decent**）を利用することが一般である．

$$w_i^{(t+1)} = w_i^{(t)} - \frac{1}{K}\eta \sum_{j=1}^{K} \frac{\partial E(\boldsymbol{x}_j)}{\partial w_i^{(t)}} \tag{4.7}$$

式 (4.7) で示すように，K 枚の画像の誤差勾配を平均して，パラメータを更新する．この K 枚の誤差勾配は並列に評価することが可能となるので，大規模な並列性をもっている GPU で K 枚分をまとめて計算を行うのが一般的である．実際的な場面では，ネットワークの規模と GPU のメモリサイズによってバッチサイズ K が決まることが多く，16〜256 程度の値を用いることが多い．なお，ミニバッチ確率的勾配降下法でも，「確率的」の名が付いているとおり，同様にエポックごとに学習サンプルの学習順序をランダムにシャッフルする．これを何度も繰り返して，深層学習のネットワークの学習が行われる．

なお，実際の学習では，モーメンタム付きの勾配降下法が利用されることが一般的である．モーメンタムとは慣性項のことで，以下の式で表される．

$$v_i^{(t+1)} = \mu v_i^{(t)} + (1-\mu)\frac{\partial E}{\partial w_i^{(t)}} \tag{4.8}$$

$$w_i^{(t+1)} = w_i^{(t)} - \eta v_i^{(t+1)} \tag{4.9}$$

元の勾配降下法の式 (4.1) では，勾配に学習率を掛けた値を直接，学習パラメータから減算していたが，そうすると学習サンプルごとに学習パラメータの変化量が大きく変化し，学習が不安定になる欠点がある．減衰率 μ（通常は 0.9 を用いることが多い）の割合で元の勾配を保存し，$1-\mu$ の割合で新しい勾配を加える慣性項 $\boldsymbol{v}_t$ を導入することで，毎回の変化量が大きく変化することがなくなり，学習が安定化することが知られている．図 4.4 の黒線が勾配方向

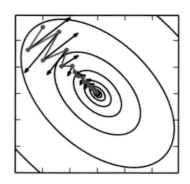

図 4.4　誤差関数の減少イメージ図（灰色線：慣性項（モーメンタム）による変化，黒線：各ミニバッチでの勾配方向）

で，灰色線が慣性項の方向である．慣性項の方向に重みを減少させることで，安定した学習が可能となる．

さらに学習を安定化させるために，損失関数に重みのノルムの 2 乗の項 $(\gamma/2)\|w\|^2$ を追加する重み減衰（weight decay）という方法がある．重みの絶対値が小さくなり，4.6 節で説明する過学習を抑える効果が得られる．誤差関数に追加される重みの大きさに関する制約を，一般に正則化項という．この場合，勾配法の式は，

$$w_i^{(t+1)} = w_i^{(t)} - \eta \left(\frac{\partial E}{\partial w_i^{(t)}} + \gamma w_i^{(t)} \right) \tag{4.10}$$

となり，重みが大きくなればなるほど，重みをより小さくする効果が生まれる．なお，γ には η と同様に 0.000 1 などの小さな値を指定するのが普通である．

4.4　誤差逆伝播法

深層学習ネットワークの学習は，確率的勾配降下法で学習できることを説明した．実際に学習を行う場合は，勾配降下法の式

$$w_i^{(t+1)} = w_i^{(t)} - \eta \frac{\partial E(\boldsymbol{x})}{\partial w_i^{(t)}} \tag{4.11}$$

に含まれる誤差関数 E の各パラメータ w_i に関する勾配（偏微分）$\partial E/\partial w_i$ が必要になる．なお，これは w_i に関する誤差の勾配値であるので，w_i に関する誤差勾配と呼ぶこともある．この偏微分の値は，ネットワーク中のすべての学習パラメータ w_i に関して求める必要がある．一般に，誤差関数 E はネットワークの出力の後で定義されるため，各パラメータとは直接，一つの式で関係が表現されてはいない．しかしながら，各レイヤ間の関係は各層の変換式で表現されており，その連鎖を逆にたどることによって，誤差関数 E と任意の学習パラメータの間で，誤差勾配を計算することが可能である．これを行う方法が，**誤差逆伝播法（back propagation）**である．

　誤差関数 E は，ネットワークの出力値を評価する関数であるのでネットワークの最終出力の後に存在している．一方，学習パラメータは，ネットワークの最初から最後までいたるところに存在している．誤差関数 E と各パラメータの間には複数のレイヤによる変換が含まれるため，学習パラメータについての E の勾配は，出力から逆に入力方向に微分の連鎖律を用いて，微分値を複数の変換レイヤを通して逆伝播させることで，求めることができる．ここでは，まずは 1 入力 1 出力の単純な全結合層によるネットワークの例で説明し，次に一般的な全結合ネットワークの例を説明する．

▍1．1 入力 1 出力の全結合層の例

　最初に簡単な例として，図 4.5 に示す入出力がスカラー一つずつだけのレイヤを三つ重ねたネットワークの誤差逆伝播の例を考える．

　ネットワークに対する入力 x が，三つの全結合層

$$u_1 = f_1(x) = w_1 x + b_1 \tag{4.12}$$
$$u_2 = f_2(u_1) = w_2 u_1 + b_2 \tag{4.13}$$

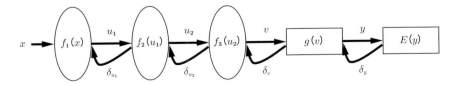

図 4.5　入出力が一つずつだけのレイヤを重ねたネットワークの誤差逆伝播の例

$$v = f_3(u_2) = w_3 u_2 + b_3 \tag{4.14}$$

によって変換されることとなる．これに $y = g(v)$ の出力関数を追加すれば，順伝播の計算式となる．図の最も右にある $E(y)$ は誤差関数である．ここでは，出力関数と誤差関数については，回帰問題の場合と，クラス分類問題の場合の 2 通りの場合を考える．

　回帰問題の場合は，出力関数は恒等関数である．つまり，何も変換せずに入力をそのまま出力とする関数 $g(v) = v$ となるので，出力は $y = v$ となる．誤差関数は，2 乗誤差関数 $E = \frac{1}{2}(y - t)^2$ によって誤差が評価されるとする．t は学習データに含まれる正解値であるとする．

　一方，分類問題の場合は，出力が 1 つのみの場合はシグモイド関数 $g(v) = 1/(1 + \exp(-v))$ を出力関数とする．シグモイド関数の値域は $(0, 1)$ であるので，1 に近い場合はクラス 1，0 に近い場合はクラス 2 として，2 クラス分類問題を扱うこととする．誤差関数は，次のバイナリクロスエントロピー関数を用いる．

$$E = -t \log y - (1 - t) \log(1 - y) \tag{4.15}$$

　次に，逆伝播の計算を行って，勾配法による学習に必要な，三つの 1 入力 1 出力の全結合層の合計六つの学習パラメータ w_i, b_i $(i = 1, 2, 3)$ に関する誤差 E との勾配（偏微分）を求める．逆伝播は，逆に誤差関数を起点として，順次，手前の層に勾配を伝えることで行う．最初に，誤差関数 E の v に関する誤差勾配を計算する．

　v に関する誤差勾配を記号デルタ δ を使って δ_v と表すこととすると，回帰の場合は次のとおりである．

$$\delta_v = \frac{\partial y}{\partial v} \cdot \frac{\partial E}{\partial y} = y - t \tag{4.16}$$

一方，分類の場合は，シグモイド関数 $y = 1/(1 + \exp(-v))$ の微分が $y' =$

$y(1-y)$ ^{*2} となることから，

$$\delta_v = \frac{\partial y}{\partial v} \cdot \frac{\partial E}{\partial y} = y(1-y) \cdot \left(-\frac{t}{y} + \frac{1-t}{1-y} \right)$$
$$= -t(1-y) + (1-t)y = y - t \tag{4.17}$$

となって，回帰の場合と同じ式となる．実は，次節で述べる多クラス分類の場合も，出力関数の入力に関する誤差勾配は，回帰と分類で一致する式となる．

さらに，3番目の全結合層 f_3 の学習パラメータ w_3 と b_3 の誤差勾配を求める．$\partial v / \partial w_3 = \partial f_3 / \partial w_3 = u_2$，$\partial v / \partial b_3 = \partial f_3 / \partial b_3 = 1$ であることから，

$$\frac{\partial E}{\partial w_3} = \frac{\partial v}{\partial w_3} \frac{\partial E}{\partial v} = \frac{\partial v}{\partial w_3} \cdot \delta_v = u_2 \cdot \delta_v = u_2(y-t) \tag{4.18}$$

$$\frac{\partial E}{\partial b_3} = \frac{\partial v}{\partial b_3} \frac{\partial E}{\partial v} = \frac{\partial v}{\partial b_3} \cdot \delta_v = \delta_v = y - t \tag{4.19}$$

となる．なお，w_3 の誤差勾配 $\partial E / \partial w_3$ の計算では，v の値に加えて u_2 の値も使っているが，これはどちらも順伝播計算時の値であり，つまり，順伝播計算時の各層の出力値を記憶しておく必要があるということになる．ここでは，1入力1出力の全結合層しか考慮していないが，実際の多入力多出力の全結合層でも，畳込み層でも，学習パラメータの誤差勾配を求めるには，順伝播時のすべての層の出力，つまり中間活性値を記憶しておく必要がある ^{*3}．

次に，u_2 に関する誤差勾配 δ_{u_2} を計算する．$\partial v / \partial u_2 = \partial f_3 / \partial u_2 = w_3$ であることから，

$$\delta_{u_2} = \frac{\partial E}{\partial u_2} = \frac{\partial v}{\partial u_2} \frac{\partial E}{\partial v} = w_3 \delta_v = w_3(y-t) \tag{4.20}$$

となって，δ がレイヤを越えて一つ手前のレイヤに伝わるときは，そのレイヤ

---

*2 関数 f の逆数の微分が $(1/f)' = -f'/f^2$ となることから，次のようになる．

$$y' = \frac{\exp(-v)}{(1+\exp(-v))^2} = \frac{1}{1+\exp(-v)} \cdot \frac{(1+\exp(-v)) - 1}{1+\exp(-v)} = y(1-y)$$

*3 通常，順伝播，逆伝播の計算はどちらも GPU 内で行うため，順伝播計算を行ってから逆伝播計算を行うまでの間，一時的に中間活性値を GPU メモリ上に記憶しておく必要がある．必要なメモリはバッチサイズに比例して多くなるため，大きなバッチサイズで学習するためには大きなメモリをもつ GPU が必要となる．なお，ネットワークが巨大でバッチサイズ 1 でも GPU メモリに載りきらない場合は，中間活性値をとびとびにチェックポイントと呼ばれるレイヤのみの分を記憶しておいて，順伝播時に必要になるごとにチェックポイント間の順伝播を局所的に再計算することで，逆伝播計算を行うことが可能である．

の出力に関する入力の偏微分値（ここでは $\partial v / \partial u_2 = w_3$）が乗算されることになる．次に，2 番目の全結合層 f_2 の学習パラメータ w_2 と b_2 について誤差勾配を求める．これは 3 番目の層とほぼ同様の計算となって，

$$\frac{\partial E}{\partial w_2} = \frac{\partial u_2}{\partial w_2} \frac{\partial E}{\partial u_2} = \frac{\partial u_2}{\partial w_2} \cdot \delta_{u_2} = u_1 \cdot \delta_{u_2} = u_1 w_3 (y - t) \tag{4.21}$$

$$\frac{\partial E}{\partial b_2} = \frac{\partial u_2}{\partial b_2} \frac{\partial E}{\partial u_2} = \frac{\partial u_2}{\partial b_2} \cdot \delta_{u_2} = \delta_{u_2} = w_3 (y - t) \tag{4.22}$$

となる．

u_1 に関する誤差勾配 δ_{u_1}，1 番目の全結合層 f_1 の学習パラメータ w_1 と b_1 についても同様に求めることができる．

$$\delta_{u_1} = w_2 \delta_{u_2} = w_2 w_3 (y - t) \tag{4.23}$$

$$\frac{\partial E}{\partial w_1} = \frac{\partial u_1}{\partial w_1} \cdot \delta_{u_1} = x \cdot \delta_{u_1} = x w_2 w_3 (y - t) \tag{4.24}$$

$$\frac{\partial E}{\partial b_1} = \frac{\partial u_1}{\partial b_1} \cdot \delta_{u_1} = \delta_{u_1} = w_2 w_3 (y - t) \tag{4.25}$$

以上で，六つの学習パラメータ w_i, b_i $(i = 1, 2, 3)$ すべてについて誤差勾配を求めることができた．この結果を利用することで，勾配法によって六つのパラメータの学習が可能となり，ネットワーク全体が学習データに関して誤差 E を最小化する方向に学習されることとなる．

なお，ミニバッチを用いる通常の学習では，式 (4.7) に示されるように，ミニバッチ内でのすべての誤差勾配をパラメータごとに平均をとって，それを用いて勾配法による学習パラメータの更新を行うことになる．

ここでは，非線形活性化関数を省略していたが，レイヤの間に ReLU 関数やシグモイド関数が入っている場合を考えてみる．これらの活性化関数は学習パラメータをもたないため，勾配 δ の逆伝播がどうなるかだけを考慮すればよい．$y = f(x)$ とした場合に，上位層からの勾配 δ_y と，下位層への勾配 δ_x の関係をそれぞれの関数の場合について考えてみる．

まず ReLU は，

$$f(x) = \begin{cases} x & (x \geq 0) \\ 0 & (x < 0) \end{cases} \tag{4.26}$$

であることから，

$$\frac{df(x)}{dx} = \begin{cases} 1 & (x > 0) \\ 0 & (x < 0) \end{cases} \tag{4.27}$$

であり，上位層からの入力勾配 δ_y と下位層への出力勾配 δ_x の関係は，

$$\delta_x = \frac{dy}{dx} \cdot \frac{dE}{dy} = \frac{dy}{dx}\delta_y = \begin{cases} \delta_y & (x > 0) \\ 0 & (x < 0) \end{cases} \tag{4.28}$$

となる．つまり，途中のレイヤの出力値が負になると，ReLU 関数での勾配が 0 となり，それより前の δ がすべて 0 となって，誤差勾配が伝わらなくなるため，学習が行われなくなる，つまり学習不能となる．これは「勾配消失」と呼ばれる現象である．なお，実際には多入力多出力であるので，次元が上がれば上がるほどすべての要素が同時に 0 となる確率は低くなるため，ReLU 関数が勾配消失の原因となることはない．例えば，1 次元の場合に勾配 0 となる確率が 1/2 とすると，例えば 100 次元の場合，すべての要素が 0 となる確率は $1 - (1/2)^{100} \fallingdotseq 7.8 \times 10^{-31}$ であるため，ほぼ起こることがないといってよい．

次に，シグモイド関数の場合を見てみよう．シグモイド関数は

$$f(x) = \frac{1}{1 + \exp(-x)} \tag{4.29}$$

で表されるが，その導関数は p.79 の脚注 ∗2 で述べたように次のようになることが知られている．

$$\frac{df(x)}{dx} = f(x)(1 - f(x)) \tag{4.30}$$

これは，シグモイド関数の出力値とそれを 1 から減算した値を掛け合わせるだけで求めることができる．よって，δ_y と δ_x の関係は，

$$\delta_x = \frac{dy}{dx} \cdot \delta_y = y(1 - y) \cdot \delta_y \tag{4.31}$$

となる．ここで注意すべきは，値域が $(0, 1)$ であるシグモイド関数の出力値 y が 0 もしくは 1 に近づくと，逆伝播で前の層に伝わる勾配が 0 に近くなって勾配消失が起こりやすくなるという点である．多数のレイヤがすべて活性化関数にシグモイド関数を使っていたとすると，入力に近い下位層に逆伝播するたびにシグモイド関数の微分値を繰り返し乗算することになるため，勾配が小さく

なる確率は徐々に上昇する．そのため，深層学習ネットワークでは ReLU 関数の登場後には，シグモイド関数が活性化関数に利用されることはほとんどなくなったといってよい．

　以上をまとめると，順伝播の計算を実行，各レイヤの出力を記録，誤差逆伝播法によって逆伝播の計算を実行，各学習パラメータの勾配を記録，各学習パラメータの勾配の平均値で学習パラメータを勾配法で更新，を繰り返すことが学習ということになる．

▌2．　一般的な全結合ネットワークでの例

　前節では 1 入力 1 出力のスカラーのみで誤差逆伝播法を説明したが，次はベクトルを用いて，一般的な状況での誤差逆伝播法を説明する（図 4.6）．

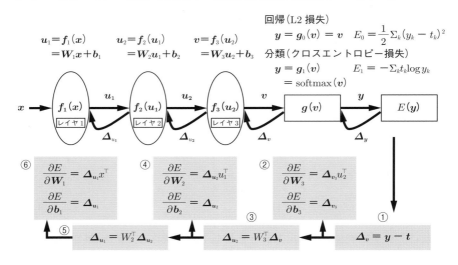

図 4.6　ベクトル表記を用いた誤差逆伝播法の説明

　前節での説明と同様で，左の x が入力，三つの全結合層（f_0, f_1, f_2）と出力関数 g がネットワークがあって，その出力が y，さらに誤差関数 E があるとする．全結合層 f_i は，図中の式のように $f_i(x) = W_i x + b_i$ で表現される．

　出力関数，誤差関数に関して，1 入力 1 出力のときと同様に，回帰と分類の両方の場合を考える．回帰の場合は，出力関数は恒等関数で $y = v$，誤差関数

は平均 2 乗誤差関数（式 (4.3)）とし，t は学習データとして与えられる x に対する正解出力値とする．一方，分類の場合は，出力関数はソフトマックス関数（式 (3.5)），クロスエントロピー関数（式 (4.2)）を用いる．t は正解クラスに対応する要素のみが 1 の one-hot ベクトルとする．

では，誤差関数 E のレイヤを起点に順次，誤差勾配を先ほどと同様に考えてみる．ここでは，誤差勾配がベクトルで表現されるため，大文字のデルタ Δ を使って表現することとし，例えば $\partial E/\partial v$ は v に関する誤差勾配ベクトルなので，Δ_v と表現することにする．まず，1 入力 1 出力の場合と同様に，出力関数の入力 v に関する誤差勾配 Δ_v は，回帰の場合でも，分類の場合でも，図の①に示すように次のとおりとなり，同一の式となる．

$$\Delta_v = y - t \tag{4.32}$$

回帰の場合は $E = \frac{1}{2}||y - t||^2$ より明らかである．一方，分類の場合はやや複雑である．まず，ソフトマックス関数 $y = g(v)$ の微分を求める．関数 f を関数 h で割った商の微分は $(f/h)' = (f'h - fh')/h^2$ となることから，インデックス i を用いてベクトルの要素を表すとして，$\partial y_i/\partial v_j$ を $i = j$ のときと $i \neq j$ のときで場合分けして考えると，

$$y_i = \frac{\exp(v_i)}{\sum_{k=1}^{d} \exp(v_k)} \tag{4.33}$$

$$\frac{\partial y_i}{\partial v_j} = \begin{cases} \frac{-\exp(v_i)\exp(v_j)}{(\sum_{k=1}^{d}\exp(v_k))^2} = -y_i y_j & (i \neq j) \\ \frac{\exp(v_i)\sum_{k=1}^{d}\exp(v_k) - \exp(v_i)\exp(v_j)}{(\sum_{k=1}^{d}\exp(v_k))^2} \\ = \frac{\exp(v_i)}{\sum_{k=1}^{d}\exp(v_k)} \cdot \frac{\sum_{k=1}^{d}\exp(v_k) - \exp(v_j)}{\sum_{k=1}^{d}\exp(v_k)} = y_i(1 - y_j) & (i = j) \end{cases} \tag{4.34}$$

となる．次に，誤差関数であるクロスエントロピー関数 E の微分を求めると次のようになる．

$$E = -\sum_{i=1}^{d} t_i \log y_i \tag{4.35}$$

$$\delta_{y_i} = \frac{\partial E}{\partial y_i} = -\frac{t_i}{y_i} \tag{4.36}$$

続いて，出力関数の入力 $\boldsymbol{v}$ に関する要素ごとの誤差勾配 δ_{v_i} を求める．ソフトマックス関数の微分 $\partial y_i / \partial v_j$ が $i = j$ と $i \neq j$ で場合分けされている点と，$\boldsymbol{t}$ が one-hot ベクトルのため $\sum_{j=1}^{d} t_j = 1$ となることに留意すると，

$$\delta_{v_i} = \sum_{j=1}^{d} \frac{\partial E}{\partial y_j} \frac{\partial y_j}{\partial v_i} = -\frac{t_i}{y_i} \cdot y_i(1 - y_i) - \sum_{j \neq i} \frac{t_j}{y_j} \cdot (-y_j y_i)$$

$$= -t_i(1 - y_i) + \sum_{j \neq i} t_j y_i = -t_i + \left(\sum_{j=1}^{d} t_j \right) y_i = y_i - t_i \tag{4.37}$$

となり，式 (4.32) と等価になることが示せる．

次に，3 番目の全結合層のパラメータの誤差勾配について考える．図 4.6 の②に示すように，全結合層 $\boldsymbol{y} = \boldsymbol{W}_3 \boldsymbol{u}_2 + \boldsymbol{b}_3$ なので，学習パラメータ $\boldsymbol{W}_3$ と $\boldsymbol{b}_3$ が存在している．これらの誤差勾配は，微分の連鎖律から，

$$\frac{\partial E}{\partial \boldsymbol{W}_3} = \frac{\partial E}{\partial \boldsymbol{u}_2} \frac{\partial \boldsymbol{u}_2}{\partial \boldsymbol{W}_3} = \Delta_{\boldsymbol{u}_2} \frac{\partial \boldsymbol{u}_2}{\partial \boldsymbol{W}_3} \tag{4.38}$$

$$\frac{\partial E}{\partial \boldsymbol{b}_3} = \frac{\partial E}{\partial \boldsymbol{u}_2} \frac{\partial \boldsymbol{u}_2}{\partial \boldsymbol{b}_3} = \Delta_{\boldsymbol{u}_2} \frac{\partial \boldsymbol{u}_2}{\partial \boldsymbol{b}_3} \tag{4.39}$$

となる．なお，実際には $\partial \boldsymbol{u}_2 / \partial \boldsymbol{W}_3$ は，ベクトルについての行列に関する偏微分であり一般には使われない表記であるが，$\boldsymbol{u}_2, \boldsymbol{W}_3$ の各要素を $u_2^{(i)}, w_3^{(i,j)}$ とすると，$\partial u_2^{(i)} / \partial w_3^{(i,j)} = u_2^{(j)}$ となることより，ここでは便宜的に用い，

$$\frac{\partial \boldsymbol{u}_2}{\partial \boldsymbol{W}_3} = \boldsymbol{u}_2^{\top} \tag{4.40}$$

とする．一方，$\partial \boldsymbol{u}_2 / \partial \boldsymbol{b}_3$ は，ベクトル同士の偏微分で，ヤコビ行列と呼ばれる行列になる．一般に m 次元ベクトル $\boldsymbol{u}$ と n 次元ベクトル $\boldsymbol{v}$ を考えるとき，$\partial \boldsymbol{u} / \partial \boldsymbol{v}$ は $\partial u_i / \partial v_j$ を要素としてもつ $m \times n$ 行列となる．ここでは，$\boldsymbol{u}_2$ と $\boldsymbol{b}_3$ の次元数が同じことに留意して，

$$\frac{\partial \boldsymbol{u}_2}{\partial \boldsymbol{b}_3} = I \quad (I \text{ は単位行列}) \tag{4.41}$$

となる．これらをまとめると，図 4.6 の②に記したように，

$$\frac{\partial E}{\partial \boldsymbol{W}_3} = \Delta_{\boldsymbol{v}} \boldsymbol{u}_2^{\top} \tag{4.42}$$

$$\frac{\partial E}{\partial \boldsymbol{b}_3} = \Delta_{\boldsymbol{v}} \tag{4.43}$$

となる．これで，レイヤ3の学習パラメータの誤差勾配が求まったことになる．

次に，さらに一つ前のレイヤへ伝わる誤差勾配 $\Delta_{\boldsymbol{u}_2}$ を考える．連鎖律から

$$\Delta_{\boldsymbol{u}_2} = \frac{\partial E}{\partial \boldsymbol{u}_2} = \frac{\partial \boldsymbol{v}}{\partial \boldsymbol{u}_2} \frac{\partial E}{\partial \boldsymbol{v}} = \frac{\partial \boldsymbol{v}}{\partial \boldsymbol{u}_2} \Delta_{\boldsymbol{v}} \tag{4.44}$$

となり，一般に行列演算 $\boldsymbol{y} = \boldsymbol{W}\boldsymbol{x}$ の微分は $\partial \boldsymbol{y}/\partial \boldsymbol{x} = \boldsymbol{W}^{\top}$ のように転置行列になることから，次のようになる．

$$\frac{\partial \boldsymbol{u}_3}{\partial \boldsymbol{u}_2} = \boldsymbol{W}_3^{\top} \tag{4.45}$$

よって，図 4.6 の③に示すように，前のレイヤに伝播する誤差勾配 $\Delta_{\boldsymbol{u}_2}$ は

$$\Delta_{\boldsymbol{u}_2} = \boldsymbol{W}_3^{\top} \Delta_{\boldsymbol{v}} \tag{4.46}$$

となる．

次にレイヤ2であるが，こちらも全結合であるため，図 4.6 の④，⑤に示すように，レイヤ3の式の $\Delta_{\boldsymbol{v}}$ を $\Delta_{\boldsymbol{u}_2}$ に置き換えた式となり，ほぼ同じである．④がレイヤ2の学習パラメータの誤差勾配であり，⑤はレイヤ1へ逆伝播する誤差勾配となる．さらに，レイヤ1の学習パラメータの誤差勾配も同様で⑥で表される式となる．

ここでは，三つのレイヤからなるネットワークを例に説明したが，ネットワークが深くなっても同様である．ネットワーク中を勾配 Δ が上位から下位へ逆伝播する中で，各レイヤにおいて勾配法の学習で必要となる学習パラメータの勾配を計算し，最終的にすべての学習パラメータの勾配が求まる仕組みになっている．

このように深層学習ネットワークでは，微分の連鎖律をベースとする誤差逆伝播法を用いることによって，すべての学習パラメータに関する誤差勾配を容易に求めることができる．なお，実際には誤差そのものが伝わるのではなく，誤差の勾配が伝播しているが，一般に「誤差逆伝播法」と呼ばれている．誤差逆伝播法は多層ニューラルネットワークの学習における基本的なアルゴリズムで，深層学習が広まる遥か昔の 1986 年にモーメンタム付き確率的勾配降下法と同時に提案されており，35 年近くたった現在においても深層学習の最も重

要な学習アルゴリズムとして利用されている.

■ 4.5　畳込み層の学習

　前章では，畳込みは全結合を局所的に適用して，それをスライドさせると説明した．つまり，局所的には全結合と同じで内積計算であるので，学習も同じである．異なるのは，同時に出力特徴マップの画素分だけ繰り返し学習を行う必要がある点である．ここでは，**im2col** の逆変換である col2im 変換を用いて，畳込みの逆伝播をする方法を説明する.

　図 4.7 の上部に示すように，畳込みの順伝播は，im2col 操作，フィルタ行列と im2col 行列の行列積演算（全結合演算を空間方向に繰り返す演算），特徴マップへの整形，であった．逆伝播の場合は，前節での全結合のときの説明と同様に誤差勾配を出力側から入力側へ伝播させるが，誤差勾配がベクトルではなく，特徴マップと同サイズの 3 階テンソル（ここでは，**誤差勾配マップ**と呼ぶ）で表現されることに注意が必要である．図の下部に示すように，逆伝播は順伝播の逆演算で，誤差勾配マップをチャネルごとに横ベクトルに変形する逆整形，フィルタ行列の転置行列と行列化した誤差勾配マップの行列積演算，col2im 操作で特徴マップへ逆変形，によって実現可能である．なお，この逆伝播の演算は，誤差勾配マップの代わりに通常の特徴マップを入出力とすれば3.7 節で説明した転置畳込み演算となる.

　では，図 4.7 で，実際の逆伝播演算を見てみよう．全結合層の場合と同様に,

(1) 誤差勾配 Δ を出力側から入力側へ逆伝播する演算
(2) 勾配降下法による畳込み層の学習のためのフィルタ重みパラメータ $\boldsymbol{W}$ とバイアスベクトル $\boldsymbol{b}$ に関する誤差勾配 $\partial E/\partial \boldsymbol{W}$, $\partial E/\partial \boldsymbol{b}$ の演算

が必要である.

　(1) の演算については，3 階テンソルで表現される誤差勾配マップを (入力誤差勾配マップサイズ)×(勾配マップチャネル数) の行列に変換した $\Delta_{\boldsymbol{Y}}$ に整形した後，$\Delta_{\boldsymbol{X}} = \boldsymbol{W}^\top \Delta_{\boldsymbol{Y}}$ を計算する．これは全結合の場合の勾配演算（式 (4.46)）の入出力がベクトルから行列に変わったものだといえる．なお，得られる $\Delta_{\boldsymbol{X}}$ は，(入力誤差勾配マップサイズ： $W_y \times H_y$) × (フィルタサイ

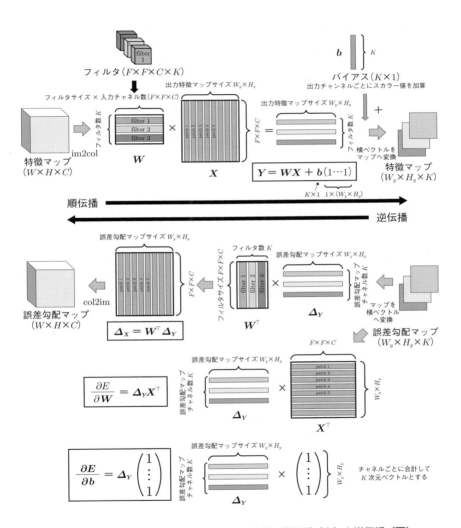

図 4.7 im2col 変換と行列積による畳込み演算の順伝播（上）と逆伝播（下）

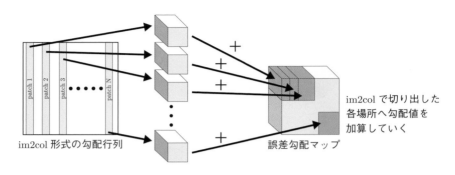

図 4.8　col2im 操作

ズ : $F \times F \times C$) の行列なので，これを入力特徴マップサイズ ($W \times H \times C$) と同じ 3 階テンソルに変換する必要がある．これが図 4.8 に示す im2col の逆変換の col2im 操作で，im2col 行列を特徴マップ形式に逆変換する．im2col では各列に対応する部分領域パッチを切り出してくるが，col2im では，その逆で，各行を部分領域パッチの形に整形し，それを im2col で切り出してくる位置に加算する．それをすべての行について行えば，col2im 変換が完成し，Δ_X の勾配マップが得られることとなる．im2col は切り出してくる操作であったが，col2im では逆に切り出した位置に加算していく操作となる．

(2) の演算については，

$$\frac{\partial E}{\partial W} = \Delta_Y X^\top \tag{4.47}$$

$$\frac{\partial E}{\partial b} = \Delta_Y \begin{pmatrix} 1 \\ \vdots \\ 1 \end{pmatrix} \tag{4.48}$$

となる．フィルタ行列の重みに関する誤差勾配 $\partial E / \partial W$ については，全結合の場合の演算式（式 (4.42)）の入出力がベクトルから行列に変わったものであるといえる．式 (4.42) では，誤差勾配ベクトルと，入力ベクトルを転置して横ベクトルにしたものを掛け合わせていたが，畳込みの場合の式 (4.47) では，行列化した誤差勾配マップと，順伝播時の入力特徴マップの im2col 行列の転置行列 $X^\top$ を掛け合わせている．バイアスベクトルに関する誤差勾配 $\partial E / \partial b$ では，Δ_Y の列数を同じ要素数をもつすべて 1 の縦ベクトルを乗算することで，

各チャネルごとに勾配を合計している．これは，順伝播時に全結合の場合は出力ベクトルにバイアスベクトルを直接加算していたのに対して，畳込みの場合は各出力チャネルについて同じ値を空間方向にブロードキャストして加算していたため，その逆でチャネルに関してすべての勾配を合計する演算を行う．

　以上のように，入力誤差勾配マップの整形，行列積演算，col2im 操作を用いることで，容易に畳込みの逆伝播を行うことが可能である．

■ 4.6　学習の実際

　これまで，確率的勾配降下法と誤差逆伝播法によるニューラルネットワークの学習の方法について説明した．誤差関数を最小化するのが学習であると説明したが，実際の学習では，誤差関数は最初は大きい誤差を出力し，徐々に小さくなっていく．

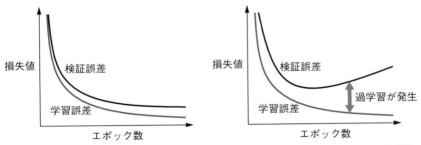

（a）　学習誤差と検証誤差の差が小さい　　（b）　学習誤差と検証誤差の差が大きく乖離し
　　　成功例　　　　　　　　　　　　　　　　　　過学習が発生した失敗例

図 4.9　典型的な学習曲線

　学習の様子を可視化したものが図 4.9 に示す**学習曲線（training curve）**である．学習曲線を見ると，学習がうまく行われているかどうかが一目瞭然である．グラフの縦軸は誤差関数（損失関数）の値および認識精度，横軸はエポック数である．各グラフには 2 本の曲線が描かれており，一つは学習データで評価した誤差である**学習誤差**，もう一つは学習には利用していない検証用の

データで評価した**検証誤差**である[*4]．学習誤差が減少するように勾配法で学習パラメータの更新が行われるため，学習誤差は通常は減少するが，これだけでは学習が成功したかどうかは判断できない．学習に用いていない未知のデータにどれだけ対応できるか，つまり学習モデルの汎化性能を調べるために学習に使っていない検証データを使って，検証誤差も評価する．標準的なベンチマークデータセットでは，学習用データに加えて，検証用データが与えられている場合もあるが，そうでない場合は学習データのうちの 10〜30% 程度を検証用データとして利用することが一般的である．学習データは多ければ多いほど学習モデルの性能が上がるのが一般的であるので，検証データは少ないほうが良いが，正しく評価するためには検証データは多いほうが良いので，問題やデータセットの規模によって適切に検証データの量を検討する必要がある．なお，第 2 章で説明した深層学習以前の機械学習手法では，データを n 分割し，$n - 1$ 個で学習，1 個で検証して，それを検証データを交換して n 回行う交差検証法（n-fold cross validation）が広く用いられていたが，深層学習では 1 回の学習に時間が掛かるために交差検証を行うことは一般的ではない．

図 4.9(a) では，**学習誤差曲線**と**検証誤差曲線**がほぼ一致している．このような状況では，学習モデルが未知モデルに対してもうまく適応でき，学習が成功した状態であるとみなすことができる．一方，右のグラフでは学習のエポック数が増えるにつれて，学習誤差曲線と検証誤差曲線が徐々に乖離していき，訓練誤差は着実に減少するものの，ある時点から検証誤差が逆に増加してしまっている．このような状況は「**過学習**」の状態といわれていて，学習モデルが学習データにのみ過剰に適合して，未知のデータに対してうまく適応できない状況が発生している．これは汎化性能が低いモデルであり，学習が失敗した状態とみなすことができる．

深層学習では，一般にパラメータが多いため，過学習が起こりやすい．過学習が起こる原因は，データのサイズとモデルのサイズが互いに適合していないということであるため，学習データセットをさらに大規模化したり，ネットワークサイズを変更したりすることで解決することもできるが，それ以外にも，学習時のさまざまな工夫によって，それはある程度回避することができる．すでに説明した「**重み減衰**」や，学習損失値と検証損失値の乖離が始まっ

[*4] それぞれ，学習損失，検証損失ともいう．訓練誤差，汎化誤差ということもある．

たらその前に学習を終了してしまう「早期終了」などもその方法の一種である．さらに次章で説明する「データ拡張」「ドロップアウト」「正規化」は過学習を防ぐための代表的な手法であり，こうした手法を組み合わせることで，過学習を回避しながら高精度なネットワークを学習することが可能となる．

■ 4.7　学習した畳込みフィルタの例

　誤差逆伝播法で学習したネットワークの中身はどうなっているのであろうか？　学習した畳込みネットワークのフィルタがどんな画像中のパターンに反応するかを分析した研究があるので，ここで紹介しておく．図 4.10 に示すのは，Zeiler and Fergus[19)] による，ImageNet dataset 128 万枚の画像で学習した最初の深層畳込みネットワークである AlexNet の五つの畳込み層のフィルタが，それぞれどのような画像部位に反応するかを示したものである．

　入力に近いレイヤ 1 では，「レイヤ 1 のフィルタ」として示したように，エッジ抽出フィルタのようなフィルタや色の組合せのフィルタが学習されており，緑の領域や対角方向にエッジを含む領域が反応していることがわかる[*5]．実際にはフィルタは 96 個あるが，ここではそのうち 9 個のみを示している．ここからわかることは，最初のレイヤでは低レベルな特徴抽出が行われているということである．レイヤ 2 では，より広い範囲の特徴に反応するフィルタが形成される．シワのような形状や，丸い形状，木目のような模様に反応している．さらにレイヤ 3 になると，自動車のタイヤのような丸い形状，人の上半身，オレンジ色の物体などに反応が見られ，徐々に高次の特徴が抽出されていることがわかる．さらにレイヤ 4 では，鳥の足，水の上の動物や物体などが反応するフィルタが形成され，最後のレイヤ 5 では，犬の顔，花の中心部，自転車や一輪車のタイヤに反応が見られ，意味的な要素に近い部位が抽出されていることがわかる．AlexNet では，さらにレイヤ 5 で抽出された特徴を全結合層で組み合わせて，より意味的な特徴を抽出し，最後には ImageNet の 1 000 種類のクラス確率ベクトルとなる．

　このように深層畳込みネットワークでは，低レベルから高レベルまでの段階

[*5]　レイヤ 1 のみフィルタが RGB に対応した 3 チャネルであるため，学習で獲得されたフィルタの一部も示している．他はすべて反応箇所に対応する入力画像部位のみ示している．

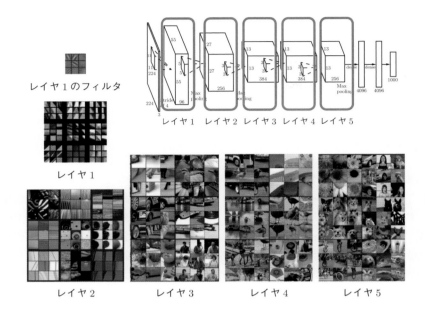

レイヤ1のフィルタ

レイヤ1

レイヤ2　　　　レイヤ3　　　　レイヤ4　　　　レイヤ5

図 4.10　畳込みフィルタが反応した画像の部分の可視化[19]

的な特徴抽出が学習によって自然に実現できている．これは，深層学習ネットワークをエンドツーエンドで学習することで初めて可能になったもので，人手の設計による特徴抽出では困難であった．このことからも，深層学習が従来手法を大きく上回る性能を達成していることが容易に理解できるであろう．

演習問題

問1　勾配降下法とミニバッチ確率的勾配降下法の違いについて説明せよ．

問2　「重み減衰」について説明せよ．

問3　誤差逆伝播法の目的について説明せよ．

問4　逆伝播の計算時に順伝播時の情報は必要であるか，必要ならば何が必要か説明せよ．

問5　畳込み層の逆伝播は，col2im 変換を用いると 3 ステップで実現できる．それぞれのステップの処理について説明せよ．

第5章

学習のための技術

深層学習ネットワークが実際に高い性能を発揮することは多数の結果から示されているが，「深層」であるがゆえに理論的な解析が十分に行われていないため，それがなぜ可能であるかはわかっていない部分が多い．しかしながら，多くの研究から，性能向上のための多数の経験則があることが示されている．こうした経験則を組み合わせることで，より性能の高いネットワークを学習することが可能となる．これらの多くは経験的なものであるが，実際の場面では有用であり，深層学習を利用する場合には必要不可欠となっている．本章では，それらについてまとめて紹介する．さらに，距離学習，マルチタスク学習，自己教師学習などさまざまな学習方法についても紹介する．

■ 5.1 学習パラメータの初期値

　学習を行う場合は，学習パラメータの初期値を設定する必要があるが，単純にすべて 0 にしてしまうと学習が全くできないという事態が発生する．式 (4.46) の逆伝播の演算式からわかるように，重み W の乗算が勾配の逆伝播演算に含まれているため，重みをすべて 0 で初期化しておくと，最初の逆伝播時に Δ が 0 となって，勾配が伝播せずに初期値の 0 から重みが変化しなくなって，全く学習ができないということになる．また，0 以外であっても，すべて同じ初期値にしてしまうと，各学習パラメータが同じように変化することにな

るので，ネットワーク内の多様性が失われることになり，望ましくない．その
ため，各学習パラメータの初期値は，すべてのパラメータが異なる値になるよ
うにランダム値で初期化する．なお，バイアス値に関しては，逆伝播の計算時
に利用しないため，0 で問題なく，0 で初期化することが一般的である．

　重みの初期化には，前層の要素数が n 個の場合，平均 0，分散 $1/n$ もしく
は $2/n$ の正規分布が用いられる．分散 $1/n$ の場合は提案者の名前をとって
Xavier の初期値[20]*1といわれ，活性化関数がシグモイド関数や tanh の場合
に適しているとされている．全結合層の一つのセルに対して n 個の入力があ
ると入力の分散が n 倍になるので，分散を一定に保つために重みの分散は $1/n$
にするのが望ましいという考え方に由来する．一方，活性化関数として一般的
である ReLU が用いられるときは負の値が 0 となって，ReLU 通過時に分布
が半分になっているので，その点を考慮して，n 入力で分散が $n/2$ 倍になるの
で，分散を一定にするために分散 $2/n$ の He の初期値[21]がより適している．な
お，畳込みの場合の n は，出力特徴マップの一つの画素値の計算の元となった
入力画素数に相当するので，つまり，フィルタ一つの要素数となる*2．

　実は，初期値の設定はニューラルネットワークにとってとても重要である．
5.12 節で詳しく説明するが，学習されたニューラルネットワークには不必要な
学習パラメータが多数含まれており，場合によっては 1/10 程度に削減しても
性能が変わらない，という性質がある．一般に 0 に近い学習重みは結果に変化
を与えないので，なくても同じである，ということである．そして，そのパラ
メータが重要かどうかは初期値で決まることになる．一度学習したネットワー
クから不要なパラメータを取り除いた枝刈り済みのネットワークを，同じラン
ダム初期値から学習するとうまく学習できて同程度の性能を再現できるが，異
なるランダム初期値から学習すると同様の性能を再現できないことが知られて
いる．このことは，ニューラルネットワークで実際に有用なのは一部の学習
パラメータだけからなる「当たり」のサブネットワークであり，それは初期値
によって決まる，ということの根拠となっている．これは，有用なサブネット
ワークは宝くじの当たりくじのようなもので，ネットワークを大きくすればす
るほど当たりのサブネットワークを得やすくなるという「宝くじ仮説（lottery

---

*1　20) では，実際には入力要素数 n_{in}，出力要素数 n_{out} の平均を n とする方法も提案されていた．
*2　フィルタの空間サイズが $F \times F$ でチャネル数が C だとすると，$n = F \times F \times C$ であり，フィルタの個数に
は無関係である．

ticket hypothesis)」[22] として知られている.

■5.2 学習率の設定

　勾配降下法を用いた学習では，学習を成功させるうえで，学習率の設定が重要となる．学習率とは，勾配降下法の式 (4.1) のパラメータ η のことである．学習率はハイパーパラメータで，事前に人手で設定する必要があり，これは経験則で行うことが一般的である．図 5.1 に示すように，小さすぎると学習に時間が掛かり，さらに局所最小解に捕まりやすくなる．逆に大きすぎると学習は収束しない．一般には，学習率は学習中に徐々に小さくするとよいとされている．最初は大きめで大まかに解を探索し，徐々に学習率を小さくして細かく探索するようにする．通常は，決められたエポック数ごとや，損失関数の誤差値が減少しなくなったら，学習率を 1/10 など決まった割合で小さくすることが行われる.

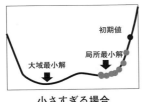

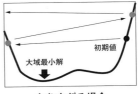

図 5.1　学習率の設定の困難さ

　学習率を単調減少させるだけでなく，図 5.2 に示すようなコサイン関数で振幅させるコサインアニーリング型や，一度減らした学習率を再度元に戻して再度減少させる Warm-up Restart 型などの方法も提案されており，学習率を一度減少させてから再度増やすことの有効性も示されている．これらはどれも，図 4.3 に示したような複雑な損失地形の中で，より良い極小解をより少ない学習回数で見つけるための工夫であるといえる.

　通常の勾配法では，学習率は人手で設定する必要があるが，自動的に学習率を変化させる方法も考案されている．**AdaGrad，RMSProp，AdaDelta，**

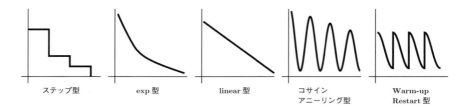

ステップ型　　　exp 型　　　linear 型　　コサイン　　　Warm-up
　　　　　　　　　　　　　　　　　　　　　アニーリング型　Restart 型

図 5.2　さまざまな学習率変化の方法

Adam などが主な手法である.

　AdaGrad では, 勾配の 2 乗和 $G_{t,i}^2$ で学習率を単調減少させる. 時刻 t のパラメータ w_i の勾配を $g_{t,i} = \partial E / \partial w_{t,i}$ とすると,

$$w_{t,i} = w_{t-1,i} - \frac{\eta}{\sqrt{G_{t,i}^2 + \epsilon}} g_{t,i} \tag{5.1}$$

$$G_{t,i}^2 = G_{t-1,i}^2 + g_{t,i}^2 \tag{5.2}$$

となる. この AdaGrad では, $G_{t,i}^2$ が単調増加であるため, 学習率が単調減少し, やがて学習しなくなるという問題点があった. それを改良したのが RMSProp で, $G_{t,i}^2$ の更新式を移動平均の式に変更したものである. なお, ϵ は分母が 0 にならないようにするための小さな値の定数（10^{-10} など）である.

$$G_{t,i}^2 = \rho G_{t-1,i}^2 + (1 - \rho) g_{t,i}^2 \tag{5.3}$$

ρ は減衰率で, 通常は 0.9 とする.

　これら二つの方法では, 初期学習率 η の設定が必要であった. それに対して, AdaDelta では過去の更新量で学習率を自動決定する.

$$\Delta w_{t,i} = -\frac{\sqrt{s_{t,i} + \epsilon}}{\sqrt{G_{t,i}^2 + \epsilon}} g_{t,i} \tag{5.4}$$

$$w_{t,i} = w_{t-1,i} + \Delta w_{t,i} \tag{5.5}$$

$$G_{t,i}^2 = \rho G_{t-1,i}^2 + (1 - \rho) g_{t,i}^2 \tag{5.6}$$

$$s_{t,i} = \rho s_{t-1,i} + (1 - \rho)(\Delta w_{t,i})^2 \tag{5.7}$$

以上の三つは 2 次のモーメンタムのみを使っていたが, Adam は 4.3 節で説

明したモーメンタム付き確率的勾配降下法と同様に 1 次のモーメンタムも利用する．AdaGrad に 1 次のモーメンタムを追加したのとほぼ同じ形になる（実際は，$1 - \beta_1$，$1 - \beta_2$ での除算による補正が入るので，若干異なる）．

$$w_{t,i} = w_{t-1,i} - \frac{\eta}{\sqrt{\frac{G_{t,i}^2}{1-\beta_1} + \epsilon}} \cdot \frac{m_{t,i}}{1 - \beta_2} \tag{5.8}$$

$$G_{t,i}^2 = \beta_1 G_{t-1,i}^2 + (1 - \beta_1)g_{t,i}^2 \tag{5.9}$$

$$m_{t,i} = \beta_2 m_{t-1,i} + (1 - \beta_2)g_{t,i} \tag{5.10}$$

Adam は η の値に大きく依存せずに，平均的に良い結果が得られるが，画像分類問題では，通常のモーメンタム確率的勾配降下法を用いて学習率を手動でチューニングしたほうが一般に良い結果になることが知られている．そのため，画像生成タスクでは利用されることが多いが，認識タスクでは利用されないことが多い．AdamW は，Adam に Weight decay を追加したもので，Adam の重み $w_{t,i}$ の更新式（式 (5.8)）に $-\eta\lambda w_{t,i}$ が追加される．

5.3 データ拡張

データ拡張（**data augmentation**）とは，入力データに変化を加えてデータの多様性を増大させることをいう．データ拡張によって，認識精度の向上が期待できる．主に学習時に行うが，認識時に行う場合もある．学習時に行うことは過学習を防ぐことにも役立つ．

方法にはさまざまなものが提案されている．画像認識の場合は入力画像の明るさや色合いの変更，拡大，縮小，回転などをランダムで組み合わせるのが基本的な方法である．画像認識に一般的に用いられる畳込みネットワークには，SIFT 特徴量と違い，スケールや回転に関する不変性をもっていない．そのため，代わりに学習画像のスケール，回転をランダムに変更して，学習画像に関してスケールと回転に関する多様性を増大させることが必要不可欠である．

また，入力画像よりも大きな画像からランダムで入力画像を切り取るランダムクロップ，左右を反転させるフリップも一般的によく用いられる．ほかには，画像にノイズを加える方法，画像の一部を黒塗りしてしまう cut-out，二つの画像を重ね合わせる mix-up，画像の一部に別の画像を埋め込む cut-mix

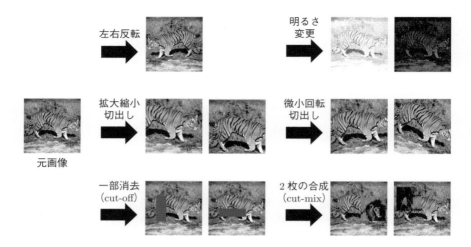

図 5.3　データ拡張の例

など，一見して有効性がわかりにくいような手法も提案されているが，すべて実験によって有効性が確認されている．

　図 5.3 にデータ拡張の図を示す．この図の右下の cut-mix の例では，トラ画像に 1/4 サイズのライオン画像を重ね合わせて合成している．面積比に基づいて，トラ確率 0.75 とライオン確率 0.25 となるように学習することで，データ拡張が行われる．

　データ拡張の中でも，ランダムクロップは認識時にも使われることがある．認識時に 1 枚の画像をランダムクロップすることで，複数回認識し，その出力の平均をとったものを最終出力とすることによって，精度向上が期待できる．

　データ拡張は入力データの種類によって方法が異なり，画像以外では，音声に関しては雑音の付加，自然言語に関しては同義語単語との置き換えや単語のランダムな削除などによってデータ拡張が行われる．

■ 5.4　ドロップアウト

過学習を防ぐ方法として提案されたのが，ドロップアウト（**drop out**）である．ドロップアウトとは，全結合層や畳込み層で，指定した確率でネットワーク中のノードをオフにして，その出力を 0 として学習を行うことである．通常はミニバッチ単位でオフにするノードを変更する．

これによって，N 個のノードをもつネットワークでは，2^N 通りの組合せのサブネットワークが学習されることになる．ノードのランダム選択は学習時のみに行い，テスト時にはすべてを有効にして順伝播を行うと，多数のサブネットワークの出力の和がネットワーク全体の出力となり，結果的にアンサンブル学習の効果が得られ，過学習を防ぐ効果がある．ただし，確率 p で利用するノードを選択してネットワークを学習し，そのままテスト時に利用すると，出力値が平均的に学習時の $1/p$ 倍になってしまうので，ドロップアウトを適用したノードに関しては，学習で得られた重みをテスト時には p 倍する必要がある．

ドロップアウトはレイヤごとに適用でき，畳込み層に入れることもできるが，出力層に近い全結合層で利用することが多い．なお，ドロップアウトを導入するとアンサンブルの効果があるが，学習速度が遅くなるというデメリットもある．そのため，ドロップアウトは次節で述べるバッチ正則化の登場によって不要となったといわれた時期もあったが，近年は Transformer 型のネットワークの学習において利用されるなど，過学習を防ぐ方法としては依然として有効な手法であると考えられている．

■ 5.5　入力データの正規化

深層学習では，順伝播計算において途中の活性化信号が極端に小さくもしくは大きくなってしまうと，一般に学習が難しくなる．そこで，活性化信号の値の範囲を一定にするために，正規化を行うレイヤを利用することがしばしばある．ここでは，現在，正規化層として最も一般的に用いられているバッチ正規化（Batch Normalization；BN）について説明する．

これまでネットワークの途中で正規化を行うレイヤを数多く提案されている

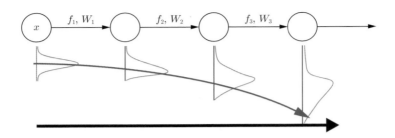

図 5.4　正規化がないと信号の分布が発散もしくは縮小していき，学習が不安定化する例

が，最も一般的に用いられているのがバッチ正規化（BN）である．バッチ正規化は，学習時にミニバッチ内で，特徴マップもしくは活性化ベクトルの各要素の平均値と分散がそれぞれ 0 と 1 になるように正規化を行う．これによって，活性信号の値の分布が常に統一され，学習が安定するという利点がある．図 5.4 に示すように，正規化がないと活性化信号の分布が発散したり，徐々にシフトして学習の不安定化の原因となることがある．逆伝播で各重みの勾配を求めるときに，各層の順伝播時の中間活性値を利用する．そのため，中間活性値が極端に大きくなったりあるいは小さくなったりすると，学習がうまくいかない原因となる．また，要素ごとに値の範囲が大きく異なることも望ましくない．

　畳込みの場合は特徴マップのチャネルごとに同一ミニバッチ内で，全結合の場合はベクトルの要素ごとに同一ミニバッチ内で，それぞれ正規化する．中間活性値が常に一定の範囲内に収まるので，勾配消失や勾配爆発が起こりにくくなり，学習を安定化する効果があることが知られている．そのため，バッチ正規化を用いた場合は，前節で説明したドロップアウトは用いないことが一般的である．

　バッチ内のサンプルの平均値を μ，標準偏差を σ（分散 σ^2），活性化信号ベクトルを x とすると，正規化は以下の式で行うことができる．

$$x' = \frac{x - \mu}{\sqrt{\sigma^2 + \epsilon}} \times \gamma + \beta \tag{5.11}$$

なお，γ, β はともに学習パラメータで，一度正規化した後に，活性化信号の分布を調整する役割を果たしている．ϵ は分母が 0 にならないようにするための

小さい値（例えば，10^{-5}）をもつ定数である．なお，x が特徴マップの場合は，チャネルごとに上記の正規化を行う．つまり，チャネルごとに，平均値と標準偏差を求めて，γ, β を学習し，分布の変換を行うことになる．

　バッチ正規化のレイヤは，通常は畳込み層や全結合層と活性化関数の間に挿入されるが，活性化関数の後のほうが性能が向上するという結果もあり，最近は活性化関数の後に挿入されることもある．

　なお，バッチ正規化では，バッチサイズが小さい場合は正規化がうまくいかない欠点があるため，ほかにも，サンプルごとかつチャネルごとに正規化するインスタンス正規化，サンプルごとに正規化するレイヤ正規化，サンプルごとに複数のチャネルをグループ化し，それを単位として正規化するレイヤグループ正規化など，正規化の単位が異なる正規化手法が提案されている

■ 5.6 モデルアンサンブル

　アンサンブルとは，複数のモデルを学習して，その出力の平均を最終出力とする方法である．従来の機械学習手法では，学習データをランダムサンプリングして複数の異なるモデルを学習し，認識時にはすべてのモデルに入力データを入力して，すべての出力の平均を最終出力とするバギングという手法が存在した．それに対して，深層学習の場合は学習時にランダムの要素が多く含まれるため，普通に学習するだけで毎回異なるモデルが学習されるという性質がある．ランダム性は，学習パラメータの初期値と確率的勾配降下法での学習データの学習順序に含まれており，同じ学習データで同じ構造のネットワークを複数回学習し，認識時にそれらの出力の平均をとるだけで，バギングと同じ効果が得られ，性能向上が期待できる．また，同程度の性能の異なる構造のネットワーク同士のアンサンブルも性能向上に有効である場合が多い．

■ 5.7 事前学習とファインチューニング

　畳込みネットワークによる画像認識では，ImageNet の 1000 クラス各 1300 枚の 130 万枚の画像を学習することで実用的な性能を達成した．しかしなが

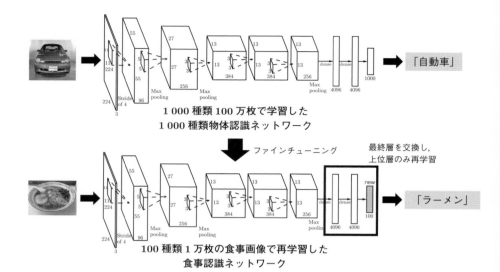

図 5.5　ファインチューニング

ら，ImageNet の画像以外の認識を行いたい場合，各クラスについて 1 000 枚以上もの画像を用意するのは困難である．そこで一般的に利用されるテクニックが，ImageNet の 128 万枚で事前学習したモデルを，目的の認識タスクに適応させる「ファインチューニング」（**fine-tuning**）と呼ばれる方法である．通常はランダム値で初期化されたネットワークから学習を開始するが，ファインチューニングでは ImageNet のような大規模データセットで学習済のネットワークを初期値として，例えば図 5.5 に示すように，食事画像 100 種類各 100枚のような小規模なデータセットで再学習を行う．このようにすることで，少ない学習データでも，大規模畳込みネットワークによる高性能な認識の恩恵にあずかることができる．

　ファインチューニング時には，ネットワークのすべての層を再学習するのではなくて，出力層に近いレイヤのみを再学習することが一般的である．図の例では，最後の三つの全結合層のみを再学習して，それより前のレイヤは誤差逆伝播を行わず学習をしない．なお，最終出力のベクトルの次元は学習データセットのクラス数に合わせる必要があるので，最終層のみは出力次元がファイ

ンチューニングに用いる学習データセットのクラス数と同じである未学習の新しい層と交換する．図 5.5 では，ImageNet の 1000 種類での学習時では最終出力は 1000 次元ベクトルであったが，100 種類の食事画像データでのファインチューニング時には 100 次元のベクトルを出力する全結合層に交換されている．なお，交換した全結合層の学習パラメータは通常の学習時と同様にランダム値によって初期化される．

ImageNet のような大規模画像データセットには多様な画像が含まれているため，4.7 節の図 4.10 に示したように，汎用性のある特徴抽出器がすでに学習できていると考えることができる．そのため，出力層に近い分類器部分のみの再学習で，BoF などの従来手法や，0 からネットワークを学習した場合に比べて，高い精度を達成することが可能である．なお，ネットワークの出力層に近い部分のみを再学習する場合は，誤差逆伝播は学習対象のレイヤのみで打止めとなるため，学習時間は短縮される．さらに，順伝播時の中間活性値の記録も学習する層のみ必要となるので，必要メモリもフル学習時に比べて大幅に少なくて済むため，リソースの少ない計算環境でもファインチューニングが可能となる．

■ 5.8　中間信号の画像特徴量としての利用

学習済みのネットワークは，ファインチューニング時の事前学習モデルとして利用することも可能であるが，そのまま，特徴抽出器として利用することもできる．例えば，図 5.6 に示す画像認識モデルの AlexNet では，ネットワークの最後の 3 層の出力ベクトルの次元がそれぞれ 4096, 4096, 1000 の全結合層となっており，ImageNet 1000 種類で学習済のネットワークに画像を入力して，ネットワーク内の中間信号であるそれぞれの層の出力ベクトルを，画像の内容を表現する特徴ベクトルとして取り出すことが可能である．これらのベクトルは，ネットワーク全体の中では出力に近い部分を流れている情報で，意味的な情報が含まれていると考えることができる．こうした学習済みの CNNを画像特徴抽出器として利用して取り出した画像特徴量を，**CNN 特徴量**と呼ぶ．実際に中間信号を CNN 特徴量として利用する場合は，各特徴ベクトルの L2 ノルムで特徴ベクトル自身を除算して L2 正規化してから特徴ベクトル

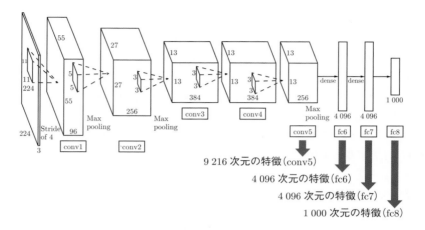

9 216 次元の特徴(conv5)

4 096 次元の特徴(fc6)

4 096 次元の特徴(fc7)

1 000 次元の特徴(fc8)

図 5.6　学習済モデルを用いた CNN 特徴の抽出

として利用することが一般的である.

　最終の 1 000 次元の fc8 ベクトルは,1 000 種類クラスの確率を出力するソフトマックス関数への入力前のベクトル[*3]で,1 000 種類クラスを直接表現するベクトルである.その前の 4 096 次元 fc7 ベクトルは,1 000 種類クラスを分類する上での構成要素の情報が含まれていると考えることができる.さらにその前の 4 096 次元 fc6 ベクトルも同様であるが,より細かい情報が含まれている.また,さらにその前の畳込み層出力を最大プーリングによって縮小した $6 \times 6 \times 256$ の特徴マップを 1 列に整列しベクトル化して,9 216 次元の CNN 特徴ベクトルとして利用することも可能で,こちらは特徴マップであるため,画像の形状情報も含まれていると考えることができる.

　こうして得られた CNN 特徴を画像特徴として利用し,学習を SVM などの従来の機械学習手法で学習・分類を行うことで,手で設計された BoF や FV などの特徴量と従来の学習・分類手法を用いた場合よりも,通常は大幅に良い分類精度の結果が得られる.深層学習ネットワークの学習には CPU 以外に GPU などの専用のハードウェアが必要であるが,学習済みネットワークを利用するのみの場合は CPU 単体でも利用可能である.そこで,GPU が使えな

---

*3　一般に,ロジット(logit)と呼ばれる.

い場合，学習済みネットワークを特徴抽出器として利用して，SVM などの従来手法で学習を行うことで，手軽に深層学習の恩恵にあずかることが可能である．ただし，ファインチューニングは最終層付近の複数のレイヤをエンドツーエンドで学習するのに対して，従来手法を用いる場合は最終層だけをファインチューニングするのとほぼ同じであるため，複数層をファインチューニングと比べると性能が劣ることが多い．

　一方，ファインチューニングでは分類ラベルが付与された画像データセットが必要であるが，学習済みモデルの特徴抽出器としての利用時には分類ラベルのない画像から特徴抽出し，類似度画像検索を行うことも可能である[23]．その場合，従来の特徴量では難しかった意味的な画像検索が実現できる．図 4.7 に示したように，CNN の入力に近い部分の活性化信号は画像の局所的な色や形を反映し，それが人の上半身やクルマのタイヤのような徐々に高次な情報を表現するようになり，出力に近い部分では最終出力クラスの認識のための意味的な情報を反映した特徴量となる．特に，最終層の出力はソフトマックスに通す前の特徴量で，1000 種類の認識クラスの意味特徴を含んでいる特徴がある．図 5.7 は，従来特徴量の BoF，3 種類の CNN 特徴を用いた画像検索の例である．左の検索クエリ画像に対して，それぞれの特徴量での検索結果が右に示さ

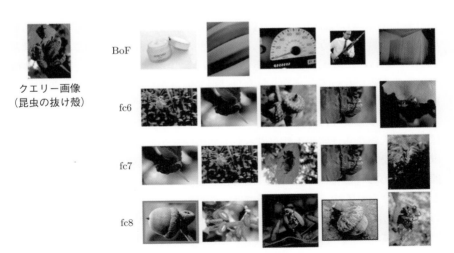

図 5.7　中間信号特徴量による画像検索の例[23]

れている．BoF では無関係な画像が上位 5 枚に入っているが，CNN 特徴では意味が類似する画像が上位 5 枚に含まれている．特に，fc7 特徴の場合，上位 5 枚がすべて意味が類似する画像となっている．一方，fc6 特徴の結果は見た目は類似しているが意味が異なる画像も含まれている．fc8 特徴は ImageNet 1000 種類のカテゴリを直接表す特徴量となっているため，意味情報が限定されすぎていて，逆に fc7 よりも精度が下がる傾向がある．このように，意味を重視する場合は fc7，形状もある程度考慮する場合は fc6 やさらにその前の畳込み層から，というように，画像検索の目的に応じた特徴量の使い分けが可能である．

■ 5.9　距離学習

　距離学習（metric learning）とは，二つのサンプル間の特徴ベクトルの距離もしくは類似度を制御しながら，特徴ベクトルを生成するエンコーダを学習する手法である．

　通常は，クラス分類器としてネットワークを学習するが，距離学習では，二つのサンプルを入力して，その二つのサンプルが正例ペアであれば距離が遠く（もしくは類似度が小さく），負例ペアであれば距離が近く（もしくは類似度が大きく）なるように学習する．二つのサンプルを対照するので，**対照学習**（**contrastive learning**）と呼ぶこともある．距離学習によって，CNN 特徴では距離が近くなってしまう，見た目は似ているが意味的に異なる対象間の距離を大きくしたり，逆に見た目が異なるが意味的に似ている対象間の距離を小さくしたりするように，特徴抽出ネットワークを学習することができる．例えば，同一人物ならば照明条件が違っても顔の向きが違っても特徴ベクトルがほぼ同じになるように，異なる人物ならば距離が大きくなるように学習した人物照合のための特徴抽出ネットワーク FaceNet が，距離学習の典型的な利用例として挙げられる[24]．また，最近では，ラベルなしの自己教師あり学習や，第 11 章で紹介するマルチモーダル学習でも対照学習が用いられている．

　ここでは，対照学習の方法として，サイアミーズネットワーク（もしくはシャムネットワークともいう）（Siamise network），トリプレットネットワーク（triplet network），**InfoNCE 損失**（Info Noise Contrastive Estimation），に

ついて説明する.

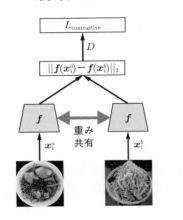
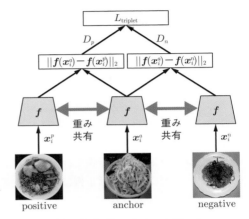

(a) サイアミーズネットワーク
(Siamise network)

(b) トリプレットネットワーク
(triplet network)

図 5.8 サイアミーズネットワークとトリプレットネットワーク

図 5.8(a) のサイアミーズネットワークは,共通のエンコーダ f でエンコードした二つの特徴量が,式 (5.12) で表される対照損失(contrastive loss)によって,二つの学習サンプル x_i^a, x_i^b が正例ペアであれば $Y_i = 1$ として互いに近づくように,負例ペアであれば $Y_i = 0$ として互いに遠ざかるように(実際にはマージン m に距離が近づくように),エンコーダ f が学習される.

$$
\begin{aligned}
L_{\text{contrastive}} = {} & Y_i \cdot D(\boldsymbol{f}(\boldsymbol{x}_i^a), \boldsymbol{f}(\boldsymbol{x}_i^b)) \\
& + (1 - Y_i) \cdot \max(0, m - D(\boldsymbol{f}(\boldsymbol{x}_i^a), \boldsymbol{f}(\boldsymbol{x}_i^b)))
\end{aligned}
\tag{5.12}
$$

通常はエンコーダ $\boldsymbol{f}$ は ImageNet で事前学習したネットワークが初期値として用いられ,例えば,AlexNet ならばしばしば最終層を除いた fc7 層までがエンコーダとして利用される.つまり,ファインチューニングで距離学習を行うこととなる.なお,D は距離関数で,通常はユークリッド距離 $D(\boldsymbol{x}_1, \boldsymbol{x}_2) = \|\boldsymbol{x}_1 - \boldsymbol{x}_2\|_2$ が使われる.

一方,図 5.8(b) に示すトリプレットネットワークでは,アンカーサンプル $\boldsymbol{x}_i^a$,アンカーと正例ペアになる正例サンプル $\boldsymbol{x}_i^p$,逆に負例ペアとなる負例サ

ンプル $\boldsymbol{x}_i^n$，の三つのサンプルを用いるトリプレット損失（triplet loss）を用いて距離学習を行う．

$$L_{\text{triplet}} = \max(0, D(\boldsymbol{f}(\boldsymbol{x}_i^a), \boldsymbol{f}(\boldsymbol{x}_i^p)) - D(\boldsymbol{f}(\boldsymbol{x}_i^a), \boldsymbol{f}(\boldsymbol{x}_i^n)) + m) \quad (5.13)$$

対照損失では負例ペアの絶対距離を一律にマージン m に近づけようとしていたが，トリプレット損失ではアンカーサンプルに対して，負例ペアを正例ペアよりもマージン m の距離だけ相対的に遠くなるように学習する違いがあり，後者のほうがより自然な学習が可能となる．そのため，トリプレット損失によって学習した結果のほうが，一般に高い性能を示す．

　トリプレットは 1 回の学習で，一つのアンカーに対して一つずつ正例と負例を使うが，実際には負例は正例に比べて大量にあるので，大量の負例と正例で学習する方法が提案されている．これは InfoNCE 損失である．この損失関数はソフトマックスがベースとなっており，正例とアンカーの類似度が 1，負例とアンカーの類似度が 0 になるように，クロスエントロピー損失を用いて学習を行う．正例ペア 1 個に対して，同時に負例ペア K 個を学習することができる．5.11 節で説明する自己教師あり学習でも，特にラベルなしの大規模データからの学習において広く用いられる損失関数である．

$$L_{\text{InfoNCE}} = -\log \frac{\exp\left(\frac{S(\boldsymbol{f}(\boldsymbol{x}_i^a), \boldsymbol{f}(\boldsymbol{x}_i^p))}{\tau}\right)}{\exp\left(\frac{S(\boldsymbol{f}(\boldsymbol{x}_i^a), \boldsymbol{f}(\boldsymbol{x}_i^p))}{\tau}\right) + \sum_{j=1}^{K} \exp\left(\frac{S(\boldsymbol{f}(\boldsymbol{x}_i^a), \boldsymbol{f}(\boldsymbol{x}_j^n))}{\tau}\right)}$$

$$(5.14)$$

なお，類似度は L2 正規化したベクトル同士の内積であるコサイン類似度

$$S(\boldsymbol{x}_1, \boldsymbol{x}_2) = \frac{\boldsymbol{x}_1^\top \boldsymbol{x}_2}{\|\boldsymbol{x}_1\|\|\boldsymbol{x}_2\|}$$

を用いるのが一般的である．

　対照学習では，通常，正例に比べて負例が大量にある[*4]ため，どの負例を学習に用いるかが学習の効率に大きな影響を与える．単純にランダムで負例を選

[*4] 例えば，100 クラスの画像データセットを距離学習に用いた場合，同じクラスラベルをもつ画像同士を正例ペア，そうでない場合は負例ペアとすると，各クラスに対して他の 99 クラス分は負例となるため，負例ペアのほうが圧倒的に多い．

択する手もあるが，一般には正例と区別が難しいハードサンプルを利用するほうが学習を効果的に行うことができる．

図 5.9 では，アンカーからの距離と，設定したマージン m によって，負例を分類している．アンカー a から正例 p までの距離にマージンを加えた以上の距離にある負例を easy negative，正例までの距離からマージン範囲内の負例を semi-hard negative，正例よりもアンカーに近い負例を hard negative としている．easy negative は，トリプレット損失の式 (5.13) からわかるとおり，max の右辺が負になるので損失が 0 となって学習に全く寄与しないため，学習に用いる意味がない．一方，hard negative は，負例が正例よりもアンカー近くにあるということで，大きな勾配が発生し，特に学習の初期が不安定化しやすく，またサンプル自体がノイズのデータの可能性もある．そこで，semi-hard negative を学習に用いるのが一般に良いとされている[24]．こうした学習時の負例選択がハードネガティブマイニング（**hard negative mining**）である．

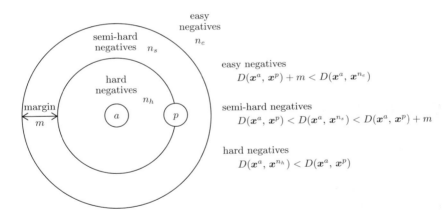

図 5.9 負例（ネガティブサンプル）の分類

図 5.10 は，距離学習を用いた画像検索の結果の例で，(a)ImageNet で事前学習したネットワーク，(b)UEC-Food101[25] と呼ばれる食事画像データセットでファインチューンしたネットワーク，(c) サイアミーズネットワークで距離学習したネットワーク，(d) トリプレットネットワークで距離学習したネットワーク，の 4 種類で特徴ベクトルを抽出して類似画像検索を行った上位 2 枚の

クエリー画像
（ビビンバ）

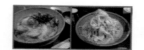

(a)　ImageNet 事前学習モデル

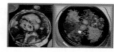

(b)　ファインチューニングモデル

(c)　サイアミーズネットワーク

(d)　トリプレットネットワーク

図 5.10　距離学習した CNN 特徴による画像検索の例

結果である．なお，(c)(d) では，同じクラスラベルをもつ画像を正例ペア，異なるラベルをもつペアを負例ペアとして距離学習を行った．クエリ画像の「ビビンバ」に対して，どの結果も見た目が近いものが検索されているが，(a)(b) では赤枠で囲まれた意味上異なるものが含まれている．一方，トリプレットを用いた (d) では 2 枚とも「ビビンバ」の画像となっており，意味上正しいものが検索されていることがわかる．

■ 5.10　マルチタスク学習

これまでは損失関数がネットワーク全体で一つだけ存在する場合について説明してきたが，実際には一つのネットワークに対して複数の損失関数を設定することが可能であり，これをマルチタスク学習という．複数の損失関数を用いた学習をマルチタスク学習という．N 個の損失関数にそれぞれ重みを付けて合計した関数がネットワーク全体の損失関数となる．

$$L = \lambda_1 L_1 + \cdots + \lambda_N L_N \tag{5.15}$$

なお，重み λ_i は個別の損失関数 L_i をどの割合で考慮するかを表しており相対的なものであるので，最初の重みは $\lambda_1 = 1$ として固定するのが一般的である．ネットワークを枝分かれさせることによって，いくつでも損失関数を設定できる．複数の損失関数がある場合は，当然，一つの入力に対して教師信号も複数種類必要になるが，後ほど述べるオートエンコーダや自己教師学習の方法

を用いることで，人工的な教師情報で一部の損失関数の学習を行うことも可能である．

　複数の損失関数をもつマルチタスク学習では，個々の損失関数を起点に誤差逆伝播法による計算を行い，分岐を逆にたどるところで，複数の分岐から逆伝播された誤差勾配の和をとることになる．なお，ネットワーク全体での誤差関数では，個々の損失関数の重み付き線形和で表現され，勾配を合計するときに個々の損失関数の重みが反映される．

　通常，個別の誤差関数の重み λ_i はハイパーパラメータであり，事前にネットワーク設計者が与えることが必要である．重みの組合せを何通りか検証データで試して，最もよい組合せを採用することを行う．

　例として，1 枚の食事画像から食事名，食材，カロリー量を同時に推定するマルチタスクネットワークを図 5.11 に示す．食事名はクロスエントロピー関数，食材名はマルチラベル分類として，multi-hot ベクトルで表現されるので，バイナリクロスエントロピー関数で，カロリー量は最小 2 乗誤差関数で，それぞれの損失関数が表現される．学習時は，式 (5.16) に示すように，この三つの損失関数の線形重み付き和を全体の損失関数として学習を行う．

$$
\begin{aligned}
L = &-\sum_{i=1}^{C_1} t_{1,i} \log y_{1,i} \\
&-\lambda_2 \sum_{i=1}^{C_3} \{t_{2,i} \log y_{2,i} + (1 - t_{2,i}) \log(1 - y_{2,i})\} \\
&+\lambda_3 (y_3 - t_3)^2
\end{aligned}
\tag{5.16}
$$

なお，t_1, t_2, t_3 は，それぞれ，食事クラス，食材ラベル，食事カロリー量の正

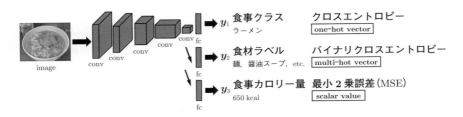

図 5.11 マルチタスク学習の例

111

解ラベルで，それぞれ one-hot ベクトル，multi-hot ベクトル，スカラー値で表される．

■5.11　自己教師学習

自己教師学習（**self-supervised learning**）とは，教師ラベルのないデータに対して，人工的なタスク（プレテキストタスク，pretext task）を設定し，機械的に生成した教師信号を用いて教師あり学習を行う学習方法である．人工タスクには，データの一部を隠蔽（マスキング）して元データを復元する復元タスク，データに簡単な変換を行って変換内容を分類タスクとして推定する方法，主に画像に対し変換を加えた画像と元画像，さらに別画像で対照学習する方法，などがある．簡単な人工タスクとして，例えば，画像を 90 度単位で回転して，何度回転しているかを推定するようなタスクがある．こうしたタスクを解くこと自体には大きな意味はないが，人工タスクによって深層学習ネットワークを学習することで，大規模ラベル付きのデータを一切用いずに事前学習（pre-training）が可能となる．そのため，教師なし特徴学習（unsupervised feature learning）とも呼ばれている．事前学習したモデルは特徴抽出器として利用可能であり，ファインチューニングのためのベースモデルとしても利用可能である．

画像に関する教師なし特徴学習は，以前より研究が行われてきたが，近年研究が発展し，ImageNet 1 000 クラス 128 万枚による事前学習モデルに匹敵する性能を達成するようになってから注目を集めている[26]．画像における自己教師学習には，大きく分けて，次の 3 種類が存在する．

(1) 擬似的なラベルを生成する**クラス分類型**
(2) 簡単な処理で変換した画像を元の画像に復元する**オートエンコーダ型**
(3) 画像に変形を加えて，その前後の画像の距離が近く，異なる画像同士の距離が遠くなるように学習する**対照学習型**

図 5.12 は，(1) **クラス分類型**と (2) **復元型**（**オートエンコーダ型**）の主なタスクを示している．クラス分類型としては，

(1a) 画像をランダムに 90 度単位で回転させ回転方向をラベルとして 4 クラ

(1) 分類タスク（クラス分類型）

(1a) 回転方向推定（4 クラス分類）

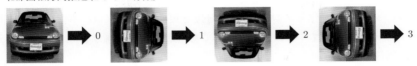

(1b) 相対位置（8 クラス分類）　　　　(1c) 並べ替え（ジグソー）（入替パターン No. 推定）

(2) 復元タスク（画像復元型）

(2a) マスキング　　(2b) 白黒化　　(2c) ノイズ　　(2d) ぼかし

図 5.12　プレテキストタスク

　　　　ス分類を行うタスク
(1b)　画像中のパッチを二つ切り出し，一つを基準パッチとして，もう一つの
　　　パッチの位置を基準パッチの位置に対する近傍 8 位置の中から 8 クラ
　　　ス分類で選択するタスク
(1c)　画像の一部を切り出して，9 分割したものを事前に決めたパッチの入替
　　　ルール*5に基づいて入れ替え，パッチ入替ルールの No. を当てるタスク

などがある．こちらのタスクは通常の画像カテゴリ分類と同じで，ソフトマッ
クス関数で出力し，クロスエントロピー損失によって学習を行う．
　復元タスクでは，8.2 節で詳しく説明するオートエンコーダを用いて学習を
行う．オートエンコーダとは，特徴抽出を行うエンコーダと特徴から画像復元
を行うデコーダを組み合わせたネットワークのことで，学習はネットワーク全

---

*5　例えば 64 種類用意する.

体に対して行うが，エンコーダ部分のみを学習済のネットワークとして利用することが一般的である．もともとのオートエンコーダでは，画像を入力してエンコーダで低次元化しデコーダで元画像を復元するエンコーダ・デコーダ型ネットワークを学習することが一般的であるが，自己教師学習の文脈では，通常，画像に処理を加えて，それを処理前の画像に復元する学習を行う．画像の変換処理としては，

(2a) マスキング
(2b) 白黒化
(2c) ノイズ付与
(2d) ぼかし（スムージング）

などがあり，これらを組み合わせることも行われる．

　対照学習型では，5.9 節で説明した距離学習を用いて自己教師学習を行う．基準となるアンカー画像をデータ拡張した画像をポジティブペア，それ以外の画像をすべてネガティブペアとして，5.9 節で説明した距離学習を行う．以前はトリプレット損失（式 (5.13)）が用いられていたが，最近では多数のネガティブペアを同時に利用することができる InfoNCE（式 (5.14)）が広く用いられている．なお，データ拡張の方法としては，5.3 節で示した左右反転，ランダムクロップ，明るさ変更，微小回転などの手法（ただし，CutMix は除く）が一般的に用いられる．これらの処理をアンカー画像に対して行い，変形があっても同一画像同士は距離が小さく，異なる画像は距離が大きくなるように距離学習を行い，自己教師学習を行うことができる．

　詳細は第 10 章で説明するが，自然言語処理においても BERT や GPT-3 などにおいて，自己教師学習が利用されている．例えば，言語モデルの BERT では，文章の一部をマスクしてマスクした単語を予測したり，二つの文章の連続性を 2 値で評価するタスクが，プレテキストタスクとして利用される．

■ 5.12　ネットワークを小さくする工夫

　深層学習ネットワークは多くの学習パラメータをもっており，例えば AlexNet は 6 200 万個のパラメータをもっている．これはメモリ容量

248 MByte に相当する分量であり，IoT デバイスやスマートフォンで動かすには大きすぎるという問題がある．そこで，ネットワークを小さくするさまざまな研究が行われている．ここでは，(1) 無駄なパラメータを削除するネットワークの枝刈り，(2) パラメータ表現を低ビット化する学習パラメータの量子化，(3) 大きなネットワークで学習した内容を小さなネットワークに転移する知識蒸留，の三つを紹介する．なお，他にネットワークを小さくする工夫としては，7.1.9 項で説明する軽量ネットワークを用いる方法もある．

■ 1.　枝刈り

深層ニューラルネットワークは，従来の機械学習手法に比べて学習パラメータの数が格段に多くなっており，通常，学習データ数よりも遥かに多い学習パラメータをもっている．これは，過剰パラメータ (over-parametrized) と呼ばれている．5.1 節で述べたように，深層ニューラルネットワークはパラメータが多ければ多いほど学習が容易になるという性質がある．しかしながら，すべてのパラメータが推論時に使われるわけではないことが，これまでの研究から明らかになってきている．深層学習ネットワークにおける学習パラメータには，認識に貢献する「当たりくじ」の部分と，初期値が良い値ではなく認識には貢献しない「はずれくじ」の部分[*6]があって，推論時には「はずれくじ」を予め除去しておくことで，縮小されたネットワークにすることが可能である．これをネットワークの「枝刈り」という．

ネットワークの結合重みの絶対値が小さい結合を枝刈りするのが一般的であるが，単純に小さい順に枝刈りすると，重み行列に 0 の要素が増えてスパースになるだけで，行列自体のサイズは変わらないことになる．これを**非構造的枝刈り**という．

それに対して，図 5.13 に示すように全結合層の不要な要素に関係する重みをすべてまとめて枝刈りすることで，重み行列のサイズを小さくすることが可能となり，学習済みモデルの記憶に必要なメモリの削減と推論時の計算量の削減が実現できる．これを**構造的枝刈り**といい，こちらの方が一般的である．図では，全結合の中間層の不要な出力を枝刈りすることで，5×5 の二つの全結合層の連鎖が 5×3 と 3×5 の全結合層に削減されている．

[*6]　重みの絶対値が 0 に近いパラメータは，一般に利用されない学習パラメータであるといえる．

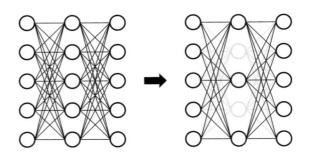

図 5.13　ネットワークの枝刈り

　また，畳込み層の場合は，フィルタ単位で削減することが一般的で，その場合は出力特徴マップのチャネル数が少なくなり，それを入力とする次の畳込み層のフィルタの対応するチャネルも枝刈りすることができる．この場合，3.3節で示したフィルタ行列のサイズが削減されることになる．

　構造的枝刈りを行うと一般に認識精度は下がってしまうが，通常は，枝刈りをした後にもう一度学習（再学習）を行うことで，枝刈り前と同程度の精度に戻すことが可能である．

　枝刈りとは異なるが，全結合層の重み行列，畳込み層のフィルタ行列を低ランクの行列の積で近似する低ランク近似を行うことで，重みの削減を行うことも可能である．$h \times w$ の重み行列 $\boldsymbol{W}$ を，それぞれ $h \times n, n \times w$ の行列 $\boldsymbol{W}_1, \boldsymbol{W}_2$ の積 $\boldsymbol{W}_1 \boldsymbol{W}_2$ で表現することとすると，n が十分小さくて $hw > n(h + w)$ となれば，重みを削減できたことになる．この場合も通常は再学習を行う．

▌2.　量子化

　通常，32 ビットの浮動小数点で表現される学習パラメータを 8 ビット，さらにはバイナリ表現である 1 ビットまで量子化することで，ネットワークを保存するのに必要なメモリを節約する方法もある．実際，8 ビットに削減してもほとんど性能低下しないことが多くの研究から示されている．また，精度は下がるものの，1 ビットのバイナリ表現で重みを表現するバイナリネットワークも提案されている．

　量子化の方法としては，n ビット で表現する場合レイヤごとに重みの最大・最小値を均一に 2^n 個に分割する方法や，重みの代表点を k-means 法で 2^n 個

求める方法，複数の重みをまとめてプロダクト量子化の方法で量子化する方法などがある[27].

▌3. 知識蒸留

知識蒸留とは，学習済のモデルが学習した「知識」を使って，それよりも小さなネットワークを学習することである[28]. 図 5.14 に示すように，学習済モデルを「教師モデル」，新しく学習する小さなモデルを「生徒モデル」として，生徒モデルの学習時に，学習サンプルのラベルだけでなく教師モデルの出力値も用いる．図に示すように，推論時のソフトマックス出力は完全な one-hot ラベルではなく，$(0.82, 0.10, 0.04, 0.02, 0.01)$ のような，第 1 成分以外にも値が付く確率ベクトルとなることが一般的である．これは，入力画像が「乗用車」の要素に加えて「バス」「トラック」などの構成要素も含んでいることを意味していて，これが教師モデルの学習した「知識」を表現している．つまり，学習ラベルは「乗用車」という情報しかもっていない one-hot ラベル（ハードラベルという）であるが，教師モデルの出力したラベルは教師モデルが獲得した知識に基づいて他のクラスにも値が付いたソフトラベルとなっている，という違いがある．このソフトラベルの情報も利用して学習を行うことが「知識蒸留」

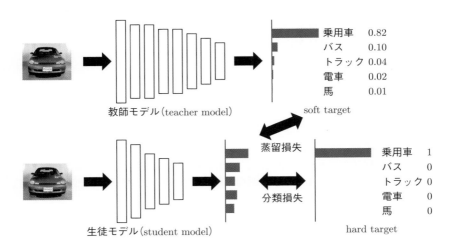

図 5.14 学習済の教師ネットワークの知識を小規模な生徒ネットワークに転移させる「知識蒸留」

である．

　実際の学習では，教師モデルの出力に関しては式 (5.17) で表される温度付きのソフトマックス関数を用いる．

$$f(x_i) = \frac{\exp(x_i/T)}{\sum_{j=1}^{k} \exp(x_j/T)} \tag{5.17}$$

T は温度パラメータで，$T = 1$ が通常のソフトマックス関数，$T > 1$ とすることで小さな出力が大きくなり，第 1 成分以外の結果を利用することが容易になる．例えば，ソフトマックス関数の前の全結合層出力（ロジット（logit）と呼ばれる）が $(10, 1)$ の場合，通常のソフトマックス出力（つまり $T = 1$）は $(0.999, 0.001)$ であるが，$T = 5$ の場合は $(0.858, 0.142)$ となって，小さい値が強調され，学習が容易になる．学習時には，ハードラベル学習時と同様にクロスエントロピー損失を用いる．ソフトラベルとハードラベルを組み合わせてマルチタスク学習をすることがあるが，その場合，ソフトラベルの勾配のスケールが $1/T^2$ になっているので，ソフトラベルの損失に T^2 を掛けるとよいとされている[28]．

　知識蒸留の方法は，ほかにも，ソフトラベルの学習にロジットの 2 乗誤差損失（L2 損失）を用いる方法，複数の教師モデルを利用する方法，教師モデルと生徒モデルの中間活性値に関しても L2 損失誤差などで誤差最小化を行う方法，などさまざまな改良が提案されている．

演 習 問 題

問 1　過学習とはどのような状態か，それを抑える対策にはどのようなものがあるか述べよ．

問 2　小規模な学習データで対象を認識する場合に，通常，ファインチューニングと，学習済みモデルを用いた画像特徴抽出を用いる方法の 2 通りが考えられる．それぞれの方法の違いについて述べよ．

問 3　距離学習はどのような場面で有用であるか説明せよ．

問 4　自己教師学習には 3 タイプがあるが，それらについて説明せよ．

問 5　ネットワークを小さくする 3 種類の工夫を挙げよ．

第6章

系列データへの対応

本章では，単語列からなる文書，連続波形で表現される音声，フレーム画像の集合である動画などの系列データを扱うための，再帰型ネットワーク，1 次元畳込み，Transformer について紹介する．

■ 6.1 　再帰型ネットワーク

　これまで説明した全結合や畳込み層は，サンプルが一つずつ入力されることが前提だった．そのため，長さの決まっていない文章データや，音声データのような時系列データは，扱うことが難しいという問題があった．そうした不定長のデータを扱うのが，再帰型ネットワーク（Recurrent Neural Network；RNN）である．再帰型ネットワークでは，例えば文章を入力する場合は，単語を 1 語ずつ入力して，ネットワークの内部状態を順次更新することで，不定長データのネットワークへの入力を可能とする．さらに出力時も，出力された単語を入力に戻して入力することで，不定長の出力が可能となる．

■ 1.　RNN
　まず最初に，最もシンプルな全結合層一つに再帰入力が追加された**再帰型レイヤ**（vanilla RNN）について説明する．実際にネットワークとして使われるときは，このレイヤの出力の後でさらに全結合層などが追加されることが一般的である．図 6.1(a) に示すように，入力 x_t，出力 h_t，その間に全結合層と

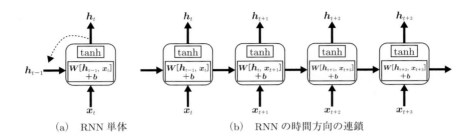

(a)　RNN 単体　　　　　　　(b)　RNN の時間方向の連鎖

図 6.1　RNN

活性化関数 tanh が配置されている．通常の全結合ネットワークと違って，一つの前の時間ステップの出力 $\boldsymbol{h}_{t-1}$ が入力 $\boldsymbol{x}_t$ と結合されて，それが全結合層の入力になっている．式で表すと次のようになる．

$$\boldsymbol{h}_t = \tanh(\boldsymbol{W}[\boldsymbol{h}_{t-1}, \boldsymbol{x}_t] + \boldsymbol{b})$$

$[\boldsymbol{p}, \boldsymbol{q}]$ は二つの縦ベクトルが縦に結合されてできた，一つの縦ベクトルを示す．また，tanh はハイパボリックタンジェントで，シグモイド関数と同じ形状であるが，値域が $(-1, 1)$ である点が異なる．RNN では，時間的な連鎖が長く起こるので，活性化関数には出力値の上界の制限がない ReLU ではなく，値域が $(0, 1)$ のシグモイド関数や $(-1, 1)$ の tanh の利用が一般的である．

　RNN はシンプルであるが，出力が次の時間の処理の入力に使われるため，時間方向に展開すると図 6.1(b) に示すように時間方向に全結合層が連鎖する形となる．学習時はこれをネットワークとみなし，時間の新しい方向から誤差逆伝播で学習を行うことになる．**BPTT 法（Back Propagation Through Time）** と呼ばれる学習方法で，通常の多層の全結合層からなるネットワークの学習とまったく同じ方法で学習できる．なお，全結合層の重み W とバイアス b はすべての時間ステップで共有されていることに注意が必要である．入力の系列は長い場合もしくは無限長の場合は，学習する時間範囲を限定する truncated BPTT 法が用いられる．

　なお，ここでは，系列の前方から後方へ出力信号が流れているが，系列の後方から前方への逆方向の RNN を組み合わせた，前後の双方を考慮する**双方向RNN（bi-directional RNN）** も存在する．

▌2．LSTM

RNN は，図 6.1(b) に示されるように時間軸に沿って展開すると，深い全結合ネットワークになっており，ResNet のようなスキップ結合がないために勾配消失が起こりやすい状況となっている．そのため，長期的な依存関係を学習することが難しく，結果的に短期的な関係のみを学習することになってしまう．こうした単純な再帰型レイヤの欠点を克服したのが，**LSTM（Long Short Term Memory）** と呼ばれる再帰型のレイヤである．図 6.2 に示すように RNN に比べて，メモリセル c_t と 3 種類のゲートが追加されている．ゲートには，忘却ゲート f_t，入力ゲート i_t，出力ゲート o_t の 3 種類が存在し，それぞれ，前時間出力 h_{t-1}，入力 x_t の結合ベクトルを全結合層に入れ，値域が $(0, 1)$ であるシグモイド関数を出力関数として，調整度合いを決定する．

$$f_t = \mathrm{sigmoid}(W_f[h_{t-1}, x_t] + b_f) \tag{6.1}$$

$$i_t = \mathrm{sigmoid}(W_i[h_{t-1}, x_t] + b_o) \tag{6.2}$$

$$o_t = \mathrm{sigmoid}(W_o[h_{t-1}, x_t] + b_i) \tag{6.3}$$

忘却ゲート f_t は，メモリセルの入力に対して調整を行う．図中の $\odot$ は要素ごとの積（アダマール積）を示し，f_t によって，要素ごとに $(0, 1)$ の値を乗算することで c_{t-1} を調整する．入力ゲートは，RNN の出力値と同様の

$$g_t = \tanh(W \cdot [h_{t-1}, x_t] + b) \tag{6.4}$$

に対して，i_t を要素積演算する．これをまとめると，

$$c_t = f_t \odot c_{t-1} + i_t \odot g_t \tag{6.5}$$

となる．この c_t を tanh に入れて，さらに出力ゲート o_t で調整したものが，LSTM の出力 h_t となる．

$$h_t = o_t \odot \tanh(c_t) \tag{6.6}$$

RNN では時間 t が長くなると，実質的に全結合層が連鎖するネットワークとなるが，LSTM の場合はメモリセルが状態を保存し，メモリセル自体には全結合層がなく，式 (6.5) が示すように，RNN と同様の式である式 (6.4) の出力を入力ゲートで調整したものが，忘却で調整されたセルに加算されるだけである．そのため，連鎖になっても勾配消失は起こらず，RNN に比べて長い

連鎖の学習が容易になっている．つまり，メモリセルが，7.1.6 項で説明する ResNet のスキップ接続のような役割を果たしているということになる．

　LSTM の全結合を畳込みに置き換えた ConvLSTM というのも存在する．入出力がベクトルの代わりに，特徴マップになる．ビデオ認識など，画像の時系列データで利用される．

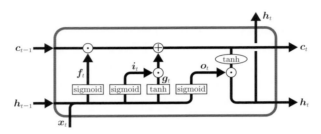

図 6.2　LSTM

▌3．GRU

　図 6.3 は，LSTM の構造を簡素化した再帰型レイヤで，**GRU（Gated Recurrent Unit）**と呼ばれる．これは LSTM の複雑で計算量が多いという問題点に対処したモデルで，メモリセルを取り除いて，忘却ゲートと入力ゲートを一つにまとめている．

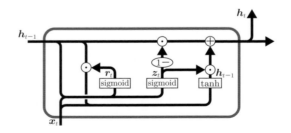

図 6.3　GRU

　図に示すように，二つのゲート z_t, r_t がある．

$$z_t = \mathrm{sigmoid}(W_z[h_{t-1}, x_t] + b_z) \tag{6.7}$$

$$r_t = \text{sigmoid}(\boldsymbol{W}_r[\boldsymbol{h}_{t-1}, \boldsymbol{x}_t] + \boldsymbol{b}_r) \tag{6.8}$$

$\boldsymbol{r}_t$ は $\boldsymbol{h}_{t-1}$ を調節するリセットゲートである．LSTM の出力ゲートは $\boldsymbol{h}_t$ を出力前に調整するゲートであったが，こちらは入力直後の $\boldsymbol{h}_t$ を調整している．一方，$\boldsymbol{z}_t$ は入力ゲートであるが，同時に $1 - \boldsymbol{z}_t$ を忘却ゲートとして利用している．まとめると，以下の式で GRU が表現される．

$$\boldsymbol{n}_t = \tanh(\boldsymbol{W} \cdot [\boldsymbol{r}_t \odot \boldsymbol{h}_{t-1}, \boldsymbol{x}_t] + \boldsymbol{b}) \tag{6.9}$$

$$\boldsymbol{h}_t = (1 - \boldsymbol{z}_t) \odot \boldsymbol{h}_{t-1} + \boldsymbol{z}_t \odot \boldsymbol{n}_t \tag{6.10}$$

LSTM も GRU も基本的には全結合層と活性化関数の組合せであり，時間方向にネットワークを展開し誤差逆伝播法で学習する BPTT 法で学習できる．

■ 6.2　1 次元畳込み

　再帰型レイヤは不定長の入出力を扱える利点があったが，前の時間ステップの出力を次の時間ステップで利用するため，計算は時間ステップごとに逐次計算を行う必要があり，並列計算が難しいという問題点があった．

　それに対して，もともと 2 次元画像に対して考案された畳込み層を，ベクトルの集合として表現される系列データに対して適用可能とした，1 次元畳込み（1D convolution）が提案されている．畳込みのみで構成されたネットワークは，任意のサイズの画像を入力とすることが可能であるが，同様に 1 次元畳込みのみで構成されたネットワークは任意長の連続データを入力とすることが可能で，画像同様に GPU を用いることで，一つの畳込み層を並列計算を用いて効率的に順伝播も逆伝播も計算することが可能である．

　1 次元畳込みの演算は，RNN 同様にベクトルの集合となっている系列データを，各ベクトルの次元を 2 次元畳込みのチャネル方向に対応すると考えて，系列ベクトルを 1 次元の横（もしくは縦）に並べるとする．そうすると，$N \times 1 \times C$ の特徴マップと考えることができ，これに対して，例えば 3×1 や 5×1 の畳込みを行うこととなる．2 次元の場合と同様，フィルタのチャネル数は入力データのチャネル数と同一になる．一方，出力チャネル数は，フィルタの数で決まるので，ネットワーク作成時に任意に決めることができる．

　2 次元同様に，パディングを行わないと，特徴マップサイズ，つまり系列

データの系列長が減少してしまう．そこで，例えば，3 × 1 畳込みの場合，左右に一つずつパディングを入れることで，図 6.4 に示すように，入力と出力の系列長を同じにすることができる．

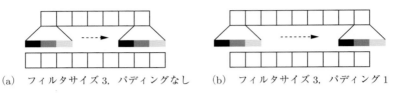

(a)　フィルタサイズ 3，パディングなし　　(b)　フィルタサイズ 3，パディング 1

図 6.4　1 次元畳込み

　また，プーリングも利用されることがあり，2 次元同様に最大値と平均値のプーリングが利用される．それぞれ，同一チャネル内で，最大値もしくは平均値が出力となる．画像では，可変サイズの特徴マップを一つの固定長ベクトルに変換するためにグローバルプーリング（一般にはグローバル平均プーリング（global max pooling；GAP））が利用されるが，1 次元の場合も同様に，グローバルプーリングによって，チャネルごとに一つの値にまとめることにより，系列全体から一定長のベクトルを出力することが可能となる．

　このように，1 次元畳込み，グローバルプーリング，最後に全結合層とソフトマックスを利用することで，再帰ネットワークを利用することなく，文章などの可変長の系列データに対してラベル付けを行うネットワークを構築することが可能となる．

　なお，1 次元畳込みネットワークは入力長を事前に決める必要はないが，学習時に通常はミニバッチ内で入力長を揃える必要があるため，ゼロパディングなどを行って入力長を一定にすることが行われる．

■ 6.3　Transformer

　再帰型ネットワークの欠点として，入力を順次行う関係で，系列長が長くなればなるほど計算に時間がかかるという問題がある．また，入力系列長が非常に大きい場合，LSTM や GRU を用いても同じ系列内の離れた箇所同士の依

存関係を捉えることは難しい.

　そこで提案されたのが Transformer[29] である．Transformer は系列を順次ではなく一括して読み込み，系列内のすべての要素間の関係（アテンション）を計算する．そのため，系列長によらず計算時間は一定であり，また，アテンションにより，長期的な依存関係の把握が可能となる．

　Transformer の概要を図 6.5 に示す．Transformer はもともと encoder（図6.5(a)）と decoder（図 6.5(b)）の二つからなるモデルとして提案されたが，Transformer encoder のみからなるモデル（BERT, RoBERTa, Vision Transformer（ViT）など）や Transformer decoder のみからなるモデル（GPT-3など）も提案されている．

　Transformer は図 6.5(a) の encoder 部分に示すように，マルチヘッドアテ

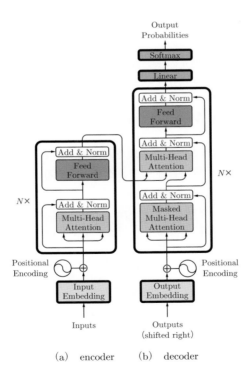

(a)　encoder　(b)　decoder

図 6.5　Transformer 型のエンコーダ・デコーダネットワーク

ンション層，全結合層，さらに入力からのスキップ結合と，正規化層で，一つ
の **Transformer** ブロックを構成することが一般的である．また，図 6.5(b)
の decoder には，encoder の出力をマルチヘッドアテンション層へ入力する．

なお，Transformer では，正規化層として，batch normalization の代わりに
layer normalization が正規化層として用いられる．layer normalization で
は，サンプルごとにベクトルの要素の平均と分散を求め，それを用いて，平均 0，
分散 1 になるように正規化を行う．Transformer では，batch normalization
と同様に，平均を調整する β，分散を調整する γ によって一度正規化した値の
分布調整を行う．

▮ 1.　Scaled Dot-Product Attention

Transformer では，**Scaled dot-product attention** と呼ばれる方法ですべての要素間の重みを計算する．Scaled dot-product attention はクエリ $\boldsymbol{Q}$，
キー $\boldsymbol{K}$，バリュー $\boldsymbol{V}$ の三つの入力からなり，図 6.6 のように表される．クエ
リとキーの相関をキーの次元の平方根で割ったものをクエリごとにソフトマッ
クス関数で求めて，それをバリュー $\boldsymbol{V}$ に掛け合わせている．

$$Attention(\boldsymbol{Q}, \boldsymbol{K}, \boldsymbol{V}) = \mathrm{softmax}\left(\frac{\boldsymbol{Q}\boldsymbol{K}^{\top}}{\sqrt{d_k}}\right)\boldsymbol{V} \tag{6.11}$$

なお，$\boldsymbol{Q}, \boldsymbol{K}, \boldsymbol{V}$ は，横ベクトルで表現された d_q, d_k, d_v 次元の埋込みベクトル
が，それぞれ n_q, n_k, n_v 個縦に並んでいる行列である．なお，式 (6.11) から，
$d_q = d_k, n_k = n_v$ である必要がある．

これは，クエリ $\boldsymbol{Q}$ の行列を $\boldsymbol{Q} = \{\boldsymbol{q}_1, \ldots, \boldsymbol{q}_{n_q}\}$ と横ベクトルの集合として
考え，クエリの要素ごとに考えるほうがわかりやすい．

$$Attention(\boldsymbol{q}_i, \boldsymbol{K}, \boldsymbol{V}) = \mathrm{softmax}\left(\frac{\boldsymbol{q}_i\boldsymbol{K}^{\top}}{\sqrt{d_k}}\right)\boldsymbol{V} \tag{6.12}$$

クエリごとにキーとの内積を求め，それに基づいてキーに対応する $\boldsymbol{V}$ の特
徴の重み付き線形和を求めていることとなり，式 (6.12) では出力は d_v 次元の
横ベクトル，行列表現した式 (6.11) では $n_q \times d_v$ 次元の行列が出力となる．

Scaled dot-product attention では，$\boldsymbol{Q}$ と $\boldsymbol{K}$ がもともと同じベクトルで
ある．ここで，「もともと」としたのは，完全に同じではなく，元の入力が
$\boldsymbol{X} = \boldsymbol{x}_1, \boldsymbol{x}_2, \ldots, \boldsymbol{x}_n$ だとして，式 (6.11) に入力される前に，$\boldsymbol{q}_i = \boldsymbol{x}_i\boldsymbol{W}^Q$，

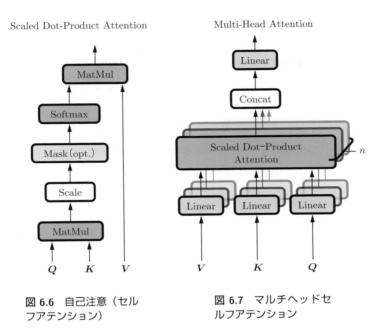

図 6.6 自己注意（セルフアテンション）

図 6.7 マルチヘッドセルフアテンション

$k_i = x_i W^K$ のようにクエリとキーが異なる重み W^Q, W^K の全結合層[*1]で変換されるためである．これによって，全く同じものが相関が大きくなるわけではなく，例えば，言語であれば動詞と目的語の関係を捉えたり，画像であれば人と自転車の特徴の相関が大きくなって，それを "riding a bicycle" として認識するための特徴出力が得られたりする，ということが実現可能である．なお，Transformer encoder においては V も Q, K ともともと同じベクトルである[*2]．

このように scaled dot-product attention では，逐次に入力し過去のみを考慮する RNN，隣接する単語や画素のみを考慮する CNN とは異なり，離れた場所の関係を考慮することが可能となる．しかも，式 (6.11) の行列演算によって同時に系列のすべての要素間の関係について考慮することが可能となる．

[*1] 全結合層であるが，ここでは文献 29) に合わせて特徴ベクトルを横ベクトルで記述しているため，入力ベクトルと重み行列の順番が 3.4.1 項の全結合層の説明とは逆になっている．

[*2] このように Q, K, V がすべて同じ場合，Self-Attention と呼ばれる．

▌2. Multi-Head Attention

Scaled dot-product attention では，一つの層で，一つの観点からの関係しか考慮することができない．例えば，人と自転車を考慮するように学習し，同時に，自動車と道路の関係を考慮するように学習することは難しい．そこで，同時に一つの層で複数の関係を考慮できるようにするために，マルチヘッドアテンションが提案されており，通常はこちらが用いられる．

$$MultiHead(\boldsymbol{Q}, \boldsymbol{K}, \boldsymbol{V}) = Concat(head_1, ..., head_h)\boldsymbol{W}^O \tag{6.13}$$

$$head_i = Attention(\boldsymbol{Q}\boldsymbol{W}_i^Q, \boldsymbol{K}\boldsymbol{W}_i^K, \boldsymbol{V}\boldsymbol{W}_i^V) \tag{6.14}$$

図 6.7 に示すように，アテンションの計算を行う部分が n 個並列に用意され別々の関係を学習することができる．その出力は，クエリごと，出力ベクトルごとに結合（concat）され，次に全結合層によって通常の次元に戻される．

▌3. Positional Encoding

Multi-head attention の仕組みでは，画像や言語の特徴量のみだと，位置関係が考慮されないことになる．言語では語順は意味の理解のために重要であるし，画像でも人が自転車に乗っているためには，双方の位置関係が重要である．位置関係を考慮するために，位置エンコーディング（positional encoding）を画像や言語の埋込み特徴の入力時に付加することが行われる．そうすることによって，画像や言語の場所ごと，単語ごとの埋込み特徴は，位置の情報も合わせもっていることとなり，位置を考慮したアテンションが可能となる．

Transformer における positional encoding は次の式で計算される．

$$PE_{(pos,2i)} = \sin \frac{pos}{10000^{2i/d_{model}}} \tag{6.15}$$

$$PE_{(pos,2i+1)} = \cos \frac{pos}{10000^{2i/d_{model}}} \tag{6.16}$$

pos は埋込み特徴の位置，d_{model} は埋込み特徴の次元数，$2i$, $2i+1$ は埋込み特徴における要素番号（$1 \sim d_{model}$）である．このような式を選んだ理由は，二つの特徴間の相対的な位置を PE_{pos} を用いた線形和で表現できるためであるとしている．例えば，偶数番目の次元について，k 個先の positional encoding を計算すると以下のようになる．

$$PE_{(pos,2i+k)} = PE_{(pos,2i)} \cos \frac{k}{10000^{2i/d_{model}}}$$

$$+ PE_{(pos,2i+1)} \sin \frac{k}{10000^{2i/d_{model}}} \tag{6.17}$$

図 6.8 は縦軸に位置，横軸に埋込み次元として positional encoding を図示したものである．

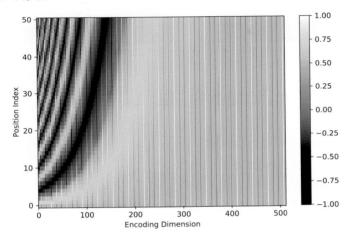

図 6.8 Positional Encoding

▌4. 学習と推論

　Transformer の推論時には，出力系列の t 番目の要素は，それまでに decoder が出力した 1 から $t-1$ 番目の系列を decoder に入力することで得られる（その間，入力系列は不変であることから，encoder の計算は一度でよい）．同様に，その次の要素はそれまでに出力した系列を decoder に入力する，という操作を繰り返すことで，入力系列から出力系列の予測を行う．

　一方，学習時には効率化のためすべての出力系列を同時に予測する学習を行う．例えば，入力系列を「これ は ペン です」，出力系列を「This is a pen」とすると，Transformer は入力系列と出力系列をすべて受け取り，「This」「is」「a」「pen」をそれぞれ出力できるように学習する．

　図 6.9 がその例である．図にあるように，Transformer decoder への入力時には系列の先頭に文頭を意味するトークン（〈S〉）を付加し，出力時には末尾を意味するトークン（〈E〉）を付与する．こうすることで，推論時には decoder

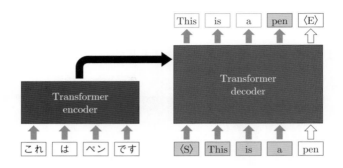

図 6.9　Transformer の学習

への入力系列の一つ先のトークンを予測することが可能となり，また，出力を
どこで打ち切るかが明確になる．

　図 6.9 は Transformer decoder から「pen」を出力する様子を示したもので
ある．学習時には Transformer decoder への入力に出力系列が含まれている
ため，そのままでは適切な学習ができない．そのため，出力する要素を含め，
それ以降の要素を隠す（マスクする）ことでこの問題を回避している．つま
り，「pen」を予測する際には，decoder への入力のうち，「pen」以降の要素を
隠すことで，それらの情報を使わずに decoder の出力を計算する．また，「is」
の箇所の要素を出力する際は，decoder への入力のうち「is a pen」をマスク
することとなる．この仕組みを実現するのが，図 6.5 の decoder の masked
multi-head attention である．masked multi-head attention では，未来の系
列をマスクする点以外は multi-head attention と同一の計算を行う．

演習問題

問 1　再帰型ネットワークの構成レイヤである RNN, LSTM, GRU の違いについ
　　　て説明せよ．
問 2　1 次元畳込みは再帰型ネットワークのどのような欠点を解決したか？
問 3　Transformer は，再帰型ネットワーク，1 次元畳込みのどのような問題点を
　　　解決したか？

第7章

画像認識への適用

本章では，これまで説明した深層学習の応用として，画像認識への具体的な適用方法について説明する．画像認識ネットワーク，可視化，物体検出，領域分割，人物姿勢推定，さらには動画認識について説明する．

■ 7.1　主な画像認識ネットワーク

　これまで畳込み層や全結合層等の深層学習の構成要素，そして誤差逆伝播法などの学習方法について説明してきた．しかし，これだけでは実際に画像認識に深層学習を使うことはできず，応用先に応じた標準的なネットワークのアーキテクチャについて学ぶ必要がある．深層学習ではネットワークの設計に関して理論があるわけではなく，経験則をベースにより良いネットワーク構造を探し続けているのが，深層学習研究の現状である．そのため，主なタスクについて，これまでに有効性が示されている標準的なネットワークのアーキテクチャについて学ぶ必要がある．

　ネットワークの設計においては，層の組合せ，誤差関数の選択，全結合層の入出力サイズ，畳込み層のチャネル数とフィルタサイズなどのハイパーパラメータを決める必要があるが，自由度が高く，ゼロから設計することは容易ではない．そこで，画像認識への応用では，高い精度を達成した既存のネットワークをそのまま用いるか必要に応じて改変して利用することが広く行われて

いる．そのため，代表的な畳込みネットワークを知っておくことが重要である．ここでは，画像認識のための代表的なネットワークを，最初の畳込みネットワークである LeNet から順に説明する．

▌ 1.　LeNet

福島邦彦らによるネオコグニトロン[12)]にルーツをもつ畳込みネットワークが LeCun らによって最初に提案されたのが 1989 年である[13)]．それを発展させたネットワーク[30)] の LeNet-5 が今日 LeNet として一般に広く知られている．

LeNet は，図 7.1 に示すように，最初に畳込みとプーリングが 2 回繰り返されて，そのあと 3 層の全結合層が続くネットワークである．提案された当時は，計算機の能力が現在とは比較できないほど低いものであったので，入力画像が 32×32 の 1 チャネルのみ，最初の畳込みの出力チャネル数が 6，二つ目の畳込みの出力チャネル数が 16 と，現在のネットワークと比べるとパラメータ数を極力抑えるような設計がされている．なお，非線形活性化関数としては，シグモイド関数が用いられている．

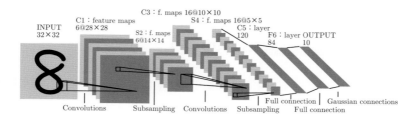

図 7.1　LeNet[30)]

▌ 2.　AlexNet

AlexNet は，世界初の本格的な画像認識深層畳込みネットワークである（図 3.23）．2012 年の ImageNet Large-Scale Visual Recognition Challenge（**ILSVRC**）において，従来手法のチームを大きく上回る圧倒的な性能で優勝し，深層学習を世の中に知らしめることとなった歴史的なニューラルネットワークである[15)]．それまで不可能であると考えられていた巨大なネットワークの学習を，ImageNet の 128 万枚の画像と GPU を用いることで可能とし，圧

倒的な性能で画像認識における画像認識の有効性を示した．これによって，画像認識の常識が変わってしまったことは第 1 章で述べたとおりである．

　ネットワークの構造は，前項の LeNet とベースとして，図 3.23 に示すように，前半に五つの畳込み層，後半に三つの全結合層をもつネットワークを構成している．LeNet と比べるとネットワークが非常に大規模化されており，約 6 000 万個の学習パラメータから構成されている．大規模化されてはいるが計算量を抑える工夫がされており，最初にストライド 4 の畳込みで 224 × 224 の画像が 55 × 55 の特徴マップに縮小されている．最初に特徴マップを縮小することは，特徴マップの面積に比例する計算量が必要な畳込み層の計算量を抑えるためには有効な手段である．2 番目，3 番目の畳込み層の後にも最大値プーリングが挿入されており，特徴マップが段階的に縮小されている．その代わりに，チャネル数が 96，256，384 と増加しており，マップサイズの縮小による情報量の削減をチャネルで補う設計がされている．また，五つ目の畳込み層の後には，最大値プーリング，全結合層が配置されている．最大値プーリングの出力は 3 階テンソルである特徴マップであるが，全結合層への入力時には全要素を 1 列に並べることによってベクトルへの変換が行われ，全結合層の入力時にはベクトルとなっている点に注意が必要である．後半の三つの全結合層はそれぞれ 9 000 × 4 096，4 096 × 4 096，4 096 × 1 000 と極めて大規模であり，全体のパラメータ数の 90% 以上を占めている．こうした大量のパラメータは，GPU を使って学習することが前提となっている．実際に AlexNet は，CUDA ConvNet という独自に開発されたフレームワークを用いて実装されており，NVIDIA の 3 GB のメモリを備えた GPU である GeForce GTX 580 を 2 枚使って学習を行ったと公表されている．GPU を 2 枚使った実装のため，実際の AlexNet はすべてのレイヤが畳込み層はチャネルが半分ずつ，全結合層は要素が半分ずつ，二つの GPU にまたがって分割されるという「モデル並列」と呼ばれる特殊な実装がなされている．なお，ここでは便宜的に，一つにまとめたネットワークを示している．大規模化以外に AlexNet の特徴として，

- ReLU 関数を活性化関数として利用
- ドロップアウトを学習に利用
- データ拡張を学習時と認識時に利用

という点が挙げられる．AlexNet では入力画像サイズが 224 × 224 となって

いるが，これは 256×256 の画像からランダムで 224×224 を切り出すという
データ拡張が行われるためである．左右反転のランダムフリップも行われる．

▎3．Network-In-Network

　Network-In-Network（NIN）は，AlexNet 登場の翌年の 2013 年に提案さ
れ，AlexNet とは大きく異なるアーキテクチャを採用したネットワークであ
る[31]．次項で述べる VGG ほどは性能が高くなかったため，このネットワーク
自体がその後の研究で使われることは多くはなかったが，AlexNet にはなかっ
た新しい工夫が提案されていて，その後の認識ネットワークの構成に大きな影
響を与えた．

- 全結合層を一切もたない
- グローバル平均プーリング（GAP）の採用
- 1×1 畳込み層の利用

という三つの大きな特徴をもっている．1×1 畳込みとはフィルタサイズが 1
画素のみの畳込み層のことで，空間方向の演算は行わず，チャネル方向のみの
演算を位置ごとに独立して行うレイヤである．入力チャネル数 C，出力チャ
ネル数 D とすると，チャネル方向の演算は $D \times C$ の全結合層と同じである．
NIN では，AlexNet の問題点の一つであった全結合層の学習パラメータ数が
膨大であるという点を，全結合層をなくす代わりに，全結合層と同じ役割を果
たす 1×1 畳込み層を導入することで解決している．AlexNet では，特徴マッ
プをベクトル化した直後に $9\,000 \times 4\,096$ のような巨大な全結合層が存在して
いたが，NIN では $1 \times 1 \times 1\,024 \times 1\,024$ のような 1×1 畳込み層で済んでいる．
　図 7.2 に示すように通常の畳込みの後に 1×1 の畳込みを 2 回続けたものを
一つのブロックとし，そのブロックを四つ～五つ程度重ねたものを基本構成と
する．最後に 1×1 の畳込みで分類クラス数のチャネル数の特徴マップを出力
し，それをグローバル平均プーリング（GAP）を通すことによって，一般に
巨大ベクトルを生成してしまうことになる特徴マップの直接のベクトル化をす
ることなしに，分類クラス数の要素をもつベクトルを最後に出力することを実
現している．GAP の出力は常に $1 \times 1 \times$（入力チャネル数）となり，入力特徴
マップのチャネル数と同じ次元をもつベクトルとみなすことができる．そのた
め，直前の 1×1 畳込みで出力特徴マップを分類クラス数と等しいチャネル数

にすることで，最終的に分類クラス数と同じ次元のベクトルを得ることができる．それをソフトマックス関数に入力することで，クラス確率ベクトルが得られる．なお，NIN は特徴マップのベクトル化を利用していないため，入力画像サイズは特定サイズに固定されず可変となっている．

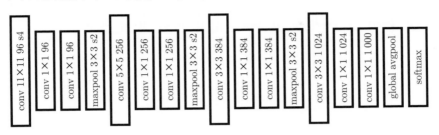

図 7.2 Network-In-network（NIN）

この NIN で提案された GAP による特徴マップのベクトル化は，GoogleNet をはじめとするその後のほぼすべての分類ネットワークで用いられている．なお，実際には 1×1 畳込みを実行してからチャネルごとに平均をとる GAP を実行することは，先にチャネル平均を求めて全結合層（FC）を通すことと等価で計算量も少ないので，GAP 層の後に FC を 1 層だけ入れて，最後にソフトマックス関数に入力するのが，GoogleNet 以降の標準形となっている．

さらに，GAP の前の特徴マップの各チャネルが出力クラスに対応しているため，特徴マップが物体の存在位置を大まかに表現するヒートマップとして利用できることも示されている．この可視化のアイディアは後に CAM（Class Activation Map）として利用されている．

4．VGG

VGG は，AlexNet をベースにして，よりレイヤを深くした 2014 年に発表されたネットワークで，パラメータ数が 1 億個を超えている[32]．それぞれ，レイヤ数が 16, 19 の VGG16 と VGG19 の二つのバリエーションが存在する．提案者であるオックスフォード大学の Andrew Zisserman の研究室の名前が Visual Geometry Group であったために，その略称の VGG がそのままネットワークの名称として広く使われている．

AlexNet は 5 層の畳込み層から構成されていたが，VGG16 では，図 7.3 に

示すように 13 層と増加させて，次の新しいネットワーク構成指針を示した．

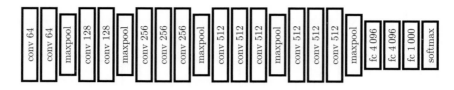

図 7.3 VGG16

- すべての畳込み層のフィルタサイズを 3 × 3 とした．
- チャネル数を最初 64 チャネルとして，最大プーリングで特徴マップを縮小するたびに（最後の最大プーリングの直後を除いて）チャネル数を 2 倍とした．

この二つはその後のネットワーク設計の基本的な設計指針として広く用いられている．特に，3 × 3 のフィルタのみで畳込みを構成するというアイディアはネットワーク設計をシンプルにしている．3 × 3 を二つ続けると，変換の影響範囲である受容野（receptive field）が 5 × 5 になって 5 × 5 の畳込みと同じで，さらに三つ続けると 7 × 7 と同じ効果がある，ということが論文[32]で説明されている．実際に，7 × 7 だと 49 個のパラメータが必要であるが，3 × 3 を 3 回重ねると 27 個のパラメータで済むため，計算量的にもメモリ的にも 3 × 3 を重ねるほうが効率は良いこととなる．

　なお，VGG は 10 層を超える深いネットワークのため学習が困難で，論文[32]には四つの GPU を用いて少ないレイヤのネットワークから段階的に学習したと書かれていたが，学習のソースコードが公開されておらず，再現学習が困難であった．しかしながら，高い分類性能をもつ学習済みモデルが公開されており，ファインチューニングも容易に可能であったため，広く用いられることとなった．特にネットワーク構造がシンプルで入力された画像が階層的に抽象化されるため，画像スタイル変換や知覚的損失の特徴抽出用に，現在でも学習済みモデルが広く用いられている．

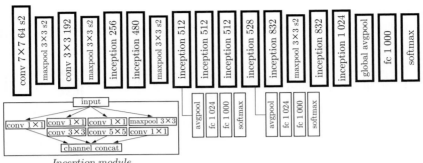

図 **7.4**　GoogleNet

▌5．GoogleNet

GoogleNet は VGG とほぼ同時期に発表されたネットワークで，2014 年の ILSVRC において僅差で VGG を破って 1 位となったネットワークである[33]．3×3 に加えて 5×5，1×1 などの異なるサイズの畳込みを並列に適用して，その出力特徴マップをチャネル方向に結合するインセプションモジュール（inception module）を多段に重ねることで構成されている点が特徴である．

図 7.4 にネットワーク構成図を示す．図左下に示すインセプションモジュールは 1×1，$1 \times 1+3 \times 3$，$1 \times 1+5 \times 5$，ストライド 1 の特徴マップを縮小しない 3×3 最大プーリング $+1 \times 1$ の操作を並列に行い，それらの出力の特徴マップをチャネル方向に結合している．二つの畳込み層と最大プーリング層に続いて，このモジュールが 9 個使われている．GoogleNet 学習時のみに用いる途中の二つの補助出力を含めてソフトマックス関数出力が三つ付き，それぞれにクロスエントロピー誤差関数を適用して学習するため，ネットワークが深いにもかかわらず，前項の VGG より学習が容易という特徴がある．

なお，ネットワークの出力付近の構成は，第 3 項で説明したように，GAP，FC 1 層，出力関数としてソフトマックス関数，という構成になっている．具体的には，$7 \times 7 \times 1\,024$ の特徴マップを GAP で $1\,024$ 次元ベクトルにして，$1\,024 \times 1\,000$ の FC で $1\,000$ 次元の出力としている．

■ 6．ResNet

　深層学習ネットワークでは，一般に層を深くすればするほど汎化能力も認識性能も向上すると考えられているが，深くすると勾配消失によって学習が困難になることも知られていた．それに対し，ResNet（Residual Network）では 100 層を超える極めて深いネットワークの学習を初めて実現した[34]．そのための工夫が図 7.5 左に示すスキップ結合（skip connection）である．

　アイディアとしてはシンプルで，二つの畳込みを層をスキップする結合を通常の畳込みネットワークに追加しただけである．二つの畳込みとそれをスキップする接続を一つのブロック（ResBlock という）として，そのブロックの連鎖によってネットワークを構成する．スキップ結合は，入力信号を出力にそのまま伝え，その間の二つの畳込み層は入力と出力に差分を与えるための変換層

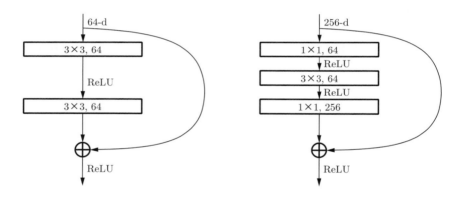

図 7.5　Residual block（左：通常型，右：ボトルネック型）

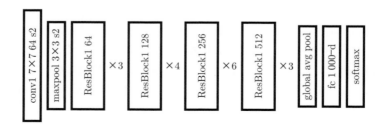

図 7.6　ResNet

となっている．そのため，残差ネットワーク（Residual Network）という名前が付けられ，通称 ResNet と呼ばれている．このスキップ構造は現在の深層学習ネットワークにおける標準的な構造として広く用いられている．

スキップ構造は，逆伝搬時に勾配をそのまま伝えるために，二つの畳込み層で勾配消失が起こったとしても，常に前の層に勾配が伝わるため，勾配消失による学習の失敗が起こらない．そのため，層をいくらでも重ねることが可能となる．実際に最大 1024 層のネットワークまで学習の実験が行われ，精度が向上することが示されている．

ResNet では，図 7.5 の右に示すように，1×1 で入力特徴マップのチャネル数を 1/4 にして，3×3，さらに 1×1 で再びチャネル数を 4 倍に戻すボトルネック型のブロックも提案されている．このボトルネック型を使うことで，図 7.6 に示す 34 層の ResNet は 50 層となり，計算量はほぼ同じであるが性能向上が得られることが示されている[*1]．

ResNet のバリエーションは多数提案されており，スキップ接続をより密に行う **DenseNet**[35)]，チャネル数を増大させた **WideResNet**[36)]，グループ畳込みを用いた **ResNext**[37)] などがある．

■ 7. SE-Net

SE-Net（**Squeeze-and-Excitation Networks**）では，特徴マップのチャネルごとに重みを掛け合わせるチャネルアテンション機構を提案している[38)]．畳込み層では，通常すべてのフィルタを同様に適用するが，Squeeze-and-Excitation 機構を導入することで，画像内容に応じてチャネル間の相関を考慮して適応的にフィルタの強弱を制御することが可能となり，性能が向上が期待できる．この SE-Net は 2017 年に終了した ILSVRC で最後に優勝したネットワークである．

図 7.7 の右に示すように，SE-Net で提案された SE-ResBlock では，ResBlock の出力を分岐して，グローバル平均プーリングでチャネル数と同じ次元数のベクトルを取り出し，全結合層で次元を $1/r$ にした後に，次の全結合層で元に戻すボトルネック構造を経て，さらにシグモイド関数に入力する．シグモイド関数は要素ごとに 0 から 1 の値を出力し，各チャネルに乗算すること

[*1] ResBlock が 16 層，最初の 7×7 畳込みと GAP の直後の全結合層で，ResBlock が二つの畳込みの場合 34 層，三つの場合 50 層となる．

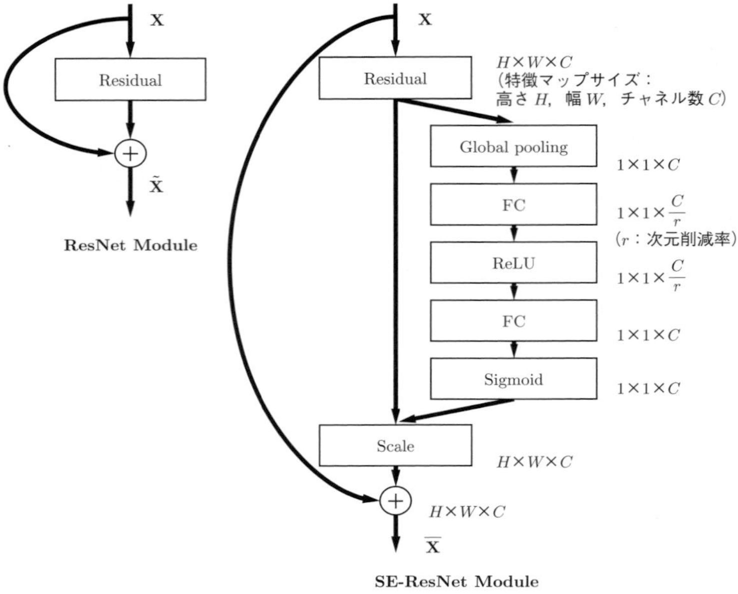

図 7.7　通常の ResBlock（左）と SE-ResBlock（右）

で，一つ前の畳込み層のフィルタ出力の強弱をチャネル単位で調整するゲート機構となる．これはチャネルアテンションと呼ばれる．SE-Net では，この SE-ResBlock を ResNet におけるすべての ResBlock の代わりに用いることで，画像分類性能を向上させた．

8．アーキテクチャ探索

ネットワークの構造は人手によって決められていた．それに対してアーキテクチャ探索（Neural Architecture Search；NAS）では，スキップコネクションを含むネットワークの構造，チャネル数，カーネルサイズなどのハイパーパラメータといったネットワーク設計時に人手で決めてきた要素は，探索によって最適な組合せを求める．実際には，一度ネットワークを学習しないと，その構造の良し悪しが評価できないため，強化学習や遺伝的アルゴリズムで構造を作り出し，実際に学習した後，検証データで評価する，というサイクルを繰

り返す必要がある．そのため，計算量が大きく，最初の研究[39]では800個の GPUで並列学習して12 800の候補を学習して人手による最高精度並みのネットワークを発見したと発表された．現在においては，セルと呼ばれるブロックごとに構造を求める方法，微分可能な方法で学習する手法，評価時に少ない学習回数で済ましたり，ネットワークの一部のみ学習する，などさまざまな高速化の方法が提案され，1個のGPUを数日間使うだけでも学習可能なくらいに大幅に計算量が削減されており，学習データに応じたネットワークチューニングを行うための手法として用いられることが多くなってきている．そのため，画像分類タスクのみではなく，後述する物体検出，領域分割や画像生成・変換系の画像関連タスク，さらには画像以外の自然言語や音声認識などでもアーキテクチャ探索が試みられている．

▌9．軽量ネットワーク

これまで紹介したネットワークは分類精度を向上させることに主眼が置かれていたが，性能の高いネットワークは深いネットワークとなり，パラメータ数が増大し，認識時間も掛かるのが一般的になっている．それに対して，メモリや計算リソースが限定されるスマートフォンやIoTデバイス上で実行することを目的に，パラメータを少なくし，メモリ使用量と認識速度を向上させた軽量ネットワークも提案されている．

MobileNetはスマートフォン等のモバイルデバイスで利用されることを想定して，パラメータ数と認識時の計算時間を減らすことを目的に考案された[40]．MobileNetでは，分離畳込み（separable convolution）を利用して，畳込み層のパラメータ数と計算量を削減している．分離畳込みでは，図7.8に示す

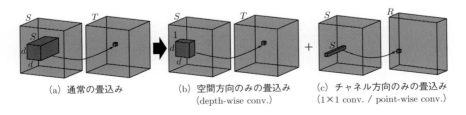

(a) 通常の畳込み　　　(b) 空間方向のみの畳込み　　　(c) チャネル方向のみの畳込み
　　　　　　　　　　　　　（depth-wise conv.）　　　　　（1×1 conv. / point-wise conv.）

図7.8 Separable convolution

ように，通常の畳込みを depth-wise convolution と，1×1 畳込みと等価の point-wise convolution に分解する．通常の畳込みは，各フィルタは入力と同じチャネル数であったが，depth-wise convolution では各フィルタは1チャネル分である．そうすると，チャネルごとに独立したフィルタリングしかできないので，その後に 1×1 畳込みでチャネル間の全結合演算を行い，チャネル間での情報交換を行う．つまり，通常の一つの畳込み層を，depth-wise と point-wise の組合せで近似するのが separable convolution であり，これによって特にチャネル数が多い場合，パラメータと計算の大幅な削減が可能となる．

図 7.9 が MobileNet の構造である．Depth-wise と point-wise が何段にも渡って繰り返されている．MobileNet の改良版の MobileNetV2 では，通常のチャネル数を増やすのとは逆の，チャネル数を減らすボトルネック構造 Inverted Residual Block を導入することで，depth-wise に比べて計算量が大きかった point-wise の計算量を削減している[41]．V3 では，SE-Block やアーキテクチャ探索が導入され，さらなる性能向上が図られている[42]．

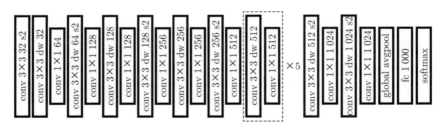

図 7.9 MobileNet

Separable convolution を用いたネットワークは，モバイル専用というわけではなく，通常の畳込みに比べて計算量が削減できるので，同じ計算量でもネットワークを深くすることが可能となる．EfficientNet では，MobileNetV3 で製餡された SE-block に基づくチャネルアテンション付きの Inverted Residual Block をベースとして，深さ，幅（チャネル数），解像度（特徴マップサイズ）のバランスをとってアーキテクチャの探索を行うことによって効率の良いネットワーク構造を探索し，高精度のネットワークを実現した[43]．

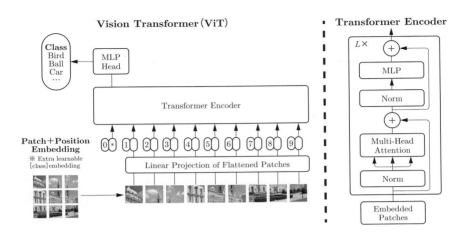

図 7.10 Vision Transformer（ViT）[44]

▌10. Vision Transformer

Transformer とは，第 6 章で説明したように，キー・クエリ・バリューの組合せからなるアテンション構造と全結合層のみを組み合わせたネットワークで，もともとは LSTM や 1 次元 CNN に代わる自然言語処理のアーキテクチャとして提案されたものである．それを画像認識に転用したのがビジョントランスフォーマー（Vision Transformer；ViT）である[44]．つまり，Vision Transformer は，畳込み層を一切用いずに Transformer のみで画像認識を行うネットワークである．ただし，正確には認識のみを行うので，6.2 節で説明したマルチヘッドセルフアテンションと単語ごと（画像の場合はパッチごと）の全結合層からなるブロックの繰返しから構成される，Transformer のエンコーダ部分だけを利用する．

図 7.10 に示すように，入力画像を分割（実際には 16 × 16 に分割）した画像パッチをそれぞれ単語とみなして，Transformer に入力し，その一つ目の出力を全結合層（図中では MLP として示されている）に入力し，最後にソフトマックス関数でクラス分類を行う．Transformer のアーキテクチャは自然言語用のエンコーダと完全に同一であり，入力された情報に位置情報を付加する positional encoding の方法も同一である．

図に示した Vision Transformer は最初期のものであるが，JFT-300M とい

う非公開の 3 億枚の巨大画像データセットを用いて事前学習しないと最高精度が出ない，また，最初から最後までにパッチのサイズが変わらず，階層的な特徴抽出ができないため物体検出や領域分割などのバックボーンとして利用が難しい，という問題点があった．そこで，その後，階層的に処理を行う Vision Transformer，例えば SWIN Transformer などが提案されており，物体検出，領域分割などさまざまなタスクのバックボーンとして使うことで，精度が向上することが示されている[45]．SWIN Transformer では学習データは非公開の JFT-300M ではなく，ImageNet のフルバージョンの 1 400 万枚からなる ImageNet-22k を事前学習に使うことで最高精度を達成している．また，セルフアテンションの代わりに全結合層を用いる MLP-Mixer という手法も提案され，ほぼ同等の性能が出せることが示されている[46]．このような CNN を用いない画像認識ネットワークの研究は本書執筆時点（2022 年 9 月時点）でのホットトピックであり，日々研究が進展している．

■7.2　画像認識ネットワーク内部の可視化

　AI 技術が高性能化し，実用的な応用が広がりつつある一方，特に深層ニューラルネットワークは内部が多層化され複雑な計算が行われるため，一般に出力結果の根拠を知ることが難しい．それに対して，画像認識ネットワーク内部の可視化とは，認識結果の判断根拠となる部分を示すことによって，ネットワークがなぜそのような結果を出したのかを視覚的に説明することを目的としている．つまり，画像中のどの部分が認識結果に大きく影響を与えているかを図示することが認識ネットワーク内部の可視化である．結果が正しくなかった場合，可視化によってなぜそうなったのか知ることが可能となる．この可視化技術は，説明可能 AI（explainable AI）の基本的な技術の一つである．
　最も古い画像認識ネットワークの可視化の方法は，Zeiler and Fergus の occluder（オクルーダー）による方法である[19]．画像の一部を中間輝度の矩形で塗りつぶして認識対象物体を隠したときの認識結果の変化を調べる（図 7.11(a)）．変化が最大の場所が，認識に寄与していると考えることができるため，単純な手法ではあるが簡単に可視化が実現できる．欠点としては，1 枚の画像を可視化するのに何百回もの認識を行わなくてはならない点がある．た

だし，利点もある．それは，ネットワークの中身を知る必要がない，ブラック
ボックス手法であるということである．ネットワーク内の活性化信号を直接取
得できない場合は，このブラックボックス手法が唯一の可視化手法となる．

(a) Zeiler and Fergus の可視化 　　　　 (b) LIME による可視化

図 7.11　ブラックボックス可視化手法（(a) は 19) から引用）

　ほかに，代表的なブラックボックスの可視化手法として LIME がある[47]．
LIME では，画像を細かい領域に分割[*2]し，領域のオン，オフ（灰色で塗りつ
ぶす）をランダムで行って，認識モデルの出力値を得る（図 7.11(b)）．この領
域のオンとオフを表すベクトルとモデルの出力値のペアを多数サンプリング
し，その関係を線形回帰で近似することで，回帰式の重みから各領域の認識結
果に対する重要度を推定することが可能となる．つまり，Zeiler and Fergus
の方法では多数の認識回数が必要であったのを線形モデルで近似することで，
より少ない認識回数で重要部分の推定が可能となった．
　一方，ネットワークの構造が既知で，中間信号も取得できる場合は，1 度だ
け認識して，活性化信号を調べるだけでよいので，高速な可視化が可能であ
る．こちらはホワイトボックスの可視化手法と呼ばれる．
　ホワイトボックスの可視化手法として最も簡単なものは，CAM（Class
Activation Map）と呼ばれる手法である[48]．認識のネットワークの最終部分
にグローバル平均プーリング層（GAP）と全結合層（FC）が必要で，FC の出
力は認識クラス数と等しい必要がある．アイディアは簡単で，図 7.12 に示す
ように，一度入力画像を認識し，出力クラスの GAP 直前の特徴マップを FC
の重みを利用して統合したマップを作成する．そのマップこそが，認識クラス
に関する可視化結果である．具体的には，GAP 層への入力となる全 K チャネ

[*2] 図 7.11 ではグリッドで分割しているが，論文では superpixel と呼ばれる細かい領域が単位として使われてい
る．

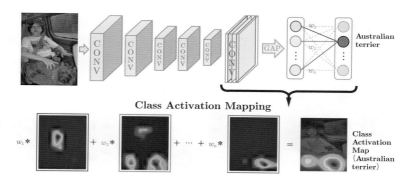

Class Activation Mapping

図 7.12　CAM（Class Activation Map）[48]

ルのうちの k チャネル目の特徴マップを A_k，k チャネル目の GAP 出力に関する GAP 層直後の FC 層の認識対象クラスへの重みを w_k とすると，

$$\text{CAM} = \sum_{i=1}^{K} w_k A_k \tag{7.1}$$

が Class Activation Map となる．

　CAM によっておおよその反応位置はわかるが，可視化に用いる層が GAP の直前層に固定されるため，一般に特徴マップの解像度が低いという問題点がある．図 7.13 に CAM による静止画の動作認識の可視化例を示す．動作に関係している人の体の一部と道具が反応していることがわかる．

　この CAM の問題点を解決したのが，GradCAM である[49]．CAM では，GAP 層の直後の FC 層の重みを使ってクラスに対応する特徴マップを統合していたため，GAP の直前の特徴マップしか可視化できなかった．そこで，GradCAM では，順伝播に加えて逆伝播計算を行って勾配（gradient）を可視化したい畳込み層について求めて，そのチャネル平均値を統合重みとして利用することで，どのレイヤの特徴マップであっても可視化可能とした．

　可視化の対象となる畳込み層出力の全 K チャネルのうちの k チャネル目の特徴マップを A_k，特徴マップに関する誤差勾配を Δ_A として，チャネル k，位置 (x, y) の勾配を $\Delta_{A_k}(x, y)$ とすると，GradCam は以下の式で計算できる．

Brushing teeth　　　　　Cutting trees

図 7.13　CAM による可視化の例[48)]

$$\alpha_k = \frac{1}{Z} \sum_{x,y} \Delta_{A_k}(x, y) \tag{7.2}$$

$$\mathrm{GradCAM} = \sum_{i=1}^{K} \alpha_k A_k \tag{7.3}$$

α_k は勾配をチャネルごとに平均した k 番目のチャネルの重みで，CAM の式 (7.1) の w_k の代わりに用いられている．

7.3　物体検出

1.　深層学習による急激な性能向上

　物体検出とは，画像中から物体の位置とカテゴリを特定するタスクである．図 7.14 に，物体認識（物体カテゴリ認識），物体検出，さらに後ほど説明する画像領域分割のそれぞれの例を示す．物体認識では，画像全体に一つのラベルを付けるため画像中に写っている物体は主要なものは 1 種類のみであるという仮定をしている．ここでは，「馬」という出力が期待される．一方，物体検出では，バウンディングボックス（bounding box；BB）と呼ばれる画像中の物体を囲む矩形およびその中の物体のカテゴリを推定するタスクである．推定位置とカテゴリが両方正しくないと正解とカウントされないので，画像全体の分

類タスクである物体認識よりも一段難しいタスクである．馬を囲む赤いバウンディングボックスで出力される．領域分割では「馬」に対応する画素が出力される．図の赤い領域が馬領域ということになる．

図 7.14　物体認識，物体検出，領域分割

　さらに，図7.15に示す，同一カテゴリの複数の物体が含まれる場合には，物体検出では物体のインスタンスがそれぞれ，別々のバウンディングボックスとして出力されるのに対して，領域分割では個々の物体のインスタンスは区別されない．両者を組み合わせた出力として，インスタンスごとの領域を出力するインスタンス領域分割というタスクが存在する．インスタンスごとのバウンディングボックスとその内部の領域が出力されるタスクである．

　深層学習以前から研究は行われていたが，難しいタスクで，PascalVOC2012と呼ばれる物体検出のデータセットの検出性能は2011年で33%程度に留まっていた．ところが2012年のAlexNetの登場後，2013年から物体検出にも深層学習が用いられるようになり，2017年には88%の検出が可能になってし

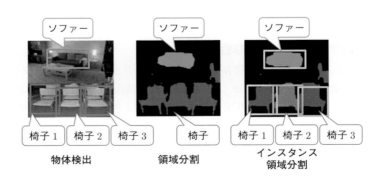

図 7.15　物体検出，領域分割，インスタンス領域分割[50]

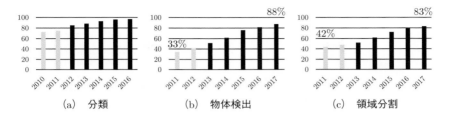

図 7.16 分類，検出，領域分割タスクにおける深層学習後の性能向上（薄灰色が深層学習以前，黒が深層学習による認識精度を示す）

まった．向上率は 2.7 倍で，これは ImageNet などの物体カテゴリ分類タスクをしのぐものである（図 7.16）．同様に領域分割でも，2011 年の 42% から 2017 年には 83% に向上し，物体検出と同様に深層学習によって大幅な性能向上が実現されている．

■2. 2 段階手法

物体検出には大きく分けて，**2 段階手法**（two-stage object detection）と **1 段階手法**（one-stage object detection）が存在する．2 段階手法では物体の候補領域を生成し，それぞれの領域に関してさらに認識を行う．一方，1 段階手法では，それらを同時に行う．一般には，2 段階のほうが性能は良いが，検出速度は 1 段階のほうが速く，両者にはトレードオフの関係がある．

図 7.17 に，2 段階手法の代表的な手法である，RCNN[51]，Fast RCNN[52]，Faster RCNN[53] を示す．

RCNN[51] は深層学習を用いた最初の物体検出手法である．最初に Selective Search と呼ばれる非深層学習の手法で 1 000 個程度の大量の**物体領域候補**（Region of Interest；**ROI**）のバウンディングボックスを出力する．次に，候補領域一つ一つについて画像を切り出し，正方画像に変形して学習済みの CNN（AlexNet）に入力し，画像特徴を出力し，SVM で物体の認識を行う．候補領域は互いに重なり合っているので，Non-Maximum Supression（NMS）と呼ばれる処理で最も出力値の高いバウンディングボックスのみを残す統合処理を行い最終出力とする．この RCNN では，すべての候補領域について認識を行うため，1 枚の画像に対して数分の処理時間が掛かることが欠点であった

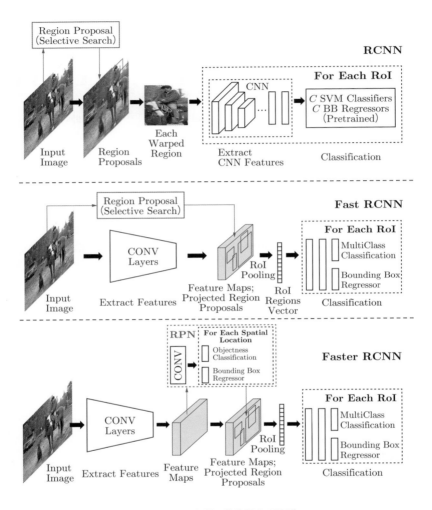

図 7.17　2 段階の物体検出手法[50]

　が，従来の非深層学習による物体検出の性能を大きく上回っており，CNN が物体カテゴリ認識のみならず，物体検出タスクにおいても有効であることを示したという意味において，重要な研究となっている．

　RCNN が登場して 1 年後に，同じ著者らによって **Fast RCNN**[52]が提案さ

れた．RCNN では，候補領域について個々に画像特徴抽出を CNN で行った
が，Fast RCNN では，最初に 1 回だけ CNN を用いて特徴マップを出力し，
それを ROI Pooling（Region of Interest Pooling）と呼ばれる手法によって
候補領域ごとに切り出して特徴ベクトルとする方法を提案した．これによって
CNN の演算が 1 回のみで済むようになったため，大幅に処理が高速化された．
さらに，ROI pooling 後の特徴の分類処理が複数の全結合層によるニューラル
ネットワークで行われるようになり，クラス分類に加えて，回帰によるバウン
ディングボックス位置とサイズの修正（bounding box regression）をマルチ
タスク学習することが提案された．Fast RCNN では，候補領域抽出に依然と
して非深層学習手法である Selective Search を用いていたため，学習がエンド
ツーエンドではないという問題があった．

　Faster RCNN[53]では，候補領域抽出のための Region Proposal Network
（RPN）が提案され，すべての処理が深層学習になった．そのため，物体検出
において初めてエンドツーエンドの学習が可能となり，性能が大幅に向上し
た．RPN では，CNN で抽出した特徴マップに対して，アンカーと呼ばれる物
体候補の領域を設定し，それぞれのアンカーに対して物体が含まれる確率とバ
ウンディングボックス回帰を出力する．そして，一定以上の確率のアンカーの
バウンディングボックス回帰出力を物体候補領域として，Fast RCNN と同様
の処理を行う．

▌3. 1 段階手法

　RCNN，Fast RCNN，Faster RCNN では，最初に領域候補を推定し，それ
らに対して個々に認識を行う 2 段階処理であった．それに対して，より高速
な 1 段階処理の手法が提案されている（図 7.18）．最も初期のものが，**YOLO**
（You Only Look Once）[54]である．YOLO では，ROI を求めて各 ROI に対し
て認識を行う 2 段階処理を，ROI を検出する代わりに画像にグリッドを設定
して，すべてのグリッドに対して認識と BB 回帰を行った．1 段階のため，処
理は高速に可能となったが，Faster RCNN よりも精度は低かった．

　YOLO の改良版が **SSD**（Single-Shot Detection）[55]である．SSD では，
RPN で導入されたアンカーを利用して，複数スケールの特徴マップに対して 1
段階で物体検出を行った．マルチスケールの導入によって検出性能は向上し，
リアルタイムに Faster RCNN とほぼ同等の精度で物体検出が可能となった．

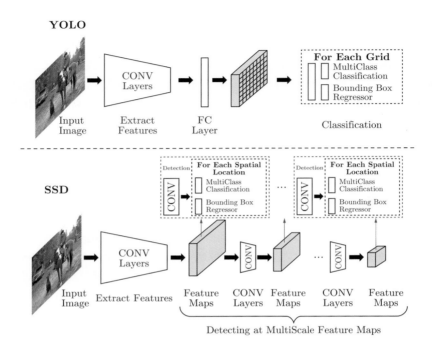

図 7.18　1 段階の物体検出手法[50)]

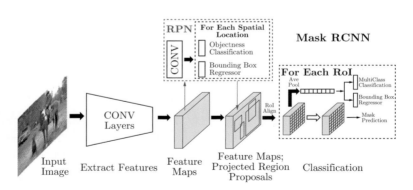

図 7.19　インスタンス領域分割 MaskRCNN[50)]

MaskRCNN（図 7.19）[56]では，Faster RCNN を拡張して，各領域候補に関して，領域分割も行うことで，インスタンス領域分割を実現した．ネットワークは Faster RCNN とほぼ同じであるが，2 段階目に領域マスク推定ブランチが追加され，各 ROI に対してインスタンス領域マスクを出力することが可能となっている．

物体検出の評価指標は，mean Average Precision（mAP）が一般的に用いられている．各カテゴリごとに，検出されたバウンディングボックス（BB）をクラスごとの信頼度の高い順に並べて平均適合率（average precision）を計算し，その平均が mAP である．なお，BB が正解か不正解かどうかは，テストデータの正解 BB と，Intersection over Union（IoU）によって重なり率を計算し，通常は 0.5 以上ならば正解と判定する．IoU は

$$\frac{(重なり面積)}{(正解 BB の面積) + (検出された BB の面積) - (重なり面積)}$$

によって計算する．すべて重なっていれば，1.0 となる．

■ 7.4 領域分割

深層学習での領域分割は，通常は意味的領域分割（semantic segmentation）と呼ばれ，対応するカテゴリの領域をピクセル単位で推定するタスクである．深層学習登場以前は，領域分割といえば，認識の前処理として互いに値が近い画素をグループ化する処理のことを指していて，カテゴリラベルの推定は含まれていなかった．深層学習以前の意味的領域分割は極めて困難なタスクであると考えられていたが，深層学習登場後は，画像から画像への変換ネットワークを用いることで，大規模な学習データさえあれば比較的容易に実現可能である．ネットワークの構成は，ROI 推定や BB 回帰など専用の処理を含んだ物体検出に比べると，比較的シンプルな画像変換ネットワークとなっている．

図 7.20 に示す SegNet[57]は，最も標準的な encoder-decoder 型ネットワークを採用した領域分割ネットワークである．通常の認識ネットワークと同様に，最大プーリングによるダウンサンプルで縮小された特徴マップを出力する encoder と，そのマップを入力として 3.4.7 項で説明した対応する最大プーリングと同じ位置に値を伝える最大アンプーリングによるアップサンプルと畳込

み層によって構成される decoder を組み合わせたネットワークになっている．入力が画像で，出力は領域カテゴリを表すマスク画像となる．マスク画像は，ピクセルごとに物体のカテゴリ番号が割り当てられており，背景の場合は通常 0 である．誤差関数は通常は，ピクセルごとのクロスエントロピー関数が利用され，背景クラスを含めた認識対象クラスのいずれかに各ピクセルを分類する．

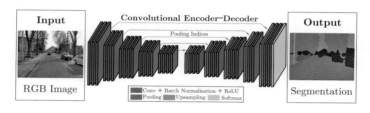

図 7.20　SegNet[57]

図 7.21 に示す U-Net[58] は，encoder と decoder の間にスキップ接続を追加した encoder-decoder 型のネットワークである．encoder のダウンサンプル直前の各特徴マップを，対応する decoder のレイヤにそのまま伝え，アップサンプルされた特徴マップと結合する．これによって，空間的な情報が保持されやすくなり，細かい部分まで正しく領域分割が行われることが期待できる．

　一般に，シーンのセグメンテーションのように多数の物体が存在する場合は，画像全体を考慮した情報も必要である．そこで，**PSP-NET**（Pyramid Scene Parsing Network）[59] では，特徴マップを 4 段階の異なるカーネルサイズで最大プーリングして四つの解像度の特徴マップを生成し，それぞれアッ

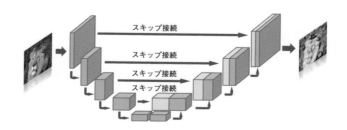

図 7.21　U-Net

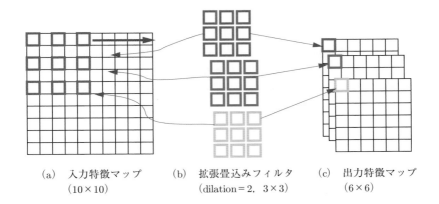

(a) 入力特徴マップ	(b) 拡張畳込みフィルタ	(c) 出力特徴マップ
(10×10)	(dilation $= 2$, 3×3)	(6×6)

図 7.22 拡張畳込み（フィルタのサイズは 3×3 であるが，dilation $= 2$ のため，5×5 の範囲で畳込みを行う）

プサンプリングしてチャネル方向に結合する Pyramid pooling module を導入することで精度を向上させた．DeepLab では，図 7.22 に示す拡張畳込み（dilated convolution, atrous convolution）[60] を利用した領域分割を提案した．拡張畳込みでは，フィルタの間に隙間を入れて畳み込むことで，ダウンサンプリングすることなく，より空間的に広範囲な情報を集約可能な畳込みを可能としている．図では，dilation 2 の畳込み，つまり 1 画素ずつ空けてフィルタリングすることで，3×3 のフィルタで 5×5 の範囲の情報を集約することが可能となっている．これによって，特徴マップの解像度を大きく下げることなく，画像のより広い範囲の情報を集約することが可能となり，領域分割の性能向上に寄与することが確認されている．なお，この拡張畳込みは通常の画像カテゴリ分類に用いても性能は向上せず，通常は領域分割のときのみに利用される．DeepLabV2[60] では，Pyramid Pooling を拡張畳込みと組み合わせることで，さらに性能を向上させている．

　領域分割の指標は，mean IoU（mIoU）が用いられる．前節の物体認識で説明した IoU の値をカテゴリごとに平均し，さらに全カテゴリについて平均をとったものが mIoU となる．

■ 7.5　人物姿勢推定

　物体検出，領域分割以外の深層学習の画像認識への応用に，人物姿勢推定がある．人物姿勢推定とは，画像中の人物の関節位置をキーポイントとして推定し，図 7.24 に示すような人物の骨格スケルトンを推定することである．キーポイントは肩，肘，手首，腰，膝，足首，鼻など，人間の身体全体の約 20 点ほどの部位に対応する．

　DeepPose[61] では，図 7.23 に示すように，AlexNet の 4 096 次元出力から直接回帰によって大まかなキーポイント座標を推定し，さらに 2 段階目で，各キーポイント周辺の画像をネットワークに入力し誤差を推定し座標を修正することを行う．この DeepPose が，深層学習を用いた最初の人物姿勢推定の手法である．一方，OpenPose[62] では，Part Affinity Fields という部位間のベクトルの学習をし，さらにグラフマッチングで部位間の関係を考慮した骨格推定を

図 7.23　DeepPose のネットワーク[61]

図 7.24　OpenPose による人物ポーズ検出例[62]

行っている．そのため，図 7.24 のように多くの人物が画像に含まれていても，対応を間違えることなく 1 人ずつ正しく骨格推定を行うことができている．

■ 7.6　動画認識

　前節までは静止画像を対象としてきたが，ここでは動画像の認識について説明する．動画像は，多数の静止画像のシーケンスとして表現されるため，短時間であっても静止画像に比べて膨大なデータ量となる．一般的な 30 fps のフレームレートの場合，1 秒間の映像が 30 枚の画像列で表現されるため，1 分間で 1 800 枚，1 時間では 108 000 枚もの画像列となる．ただし，まったく異なる画像が多数集まっているわけではなく，一般に隣接するフレーム間の変化は小さく，表現する内容はほぼ同じであるが，その変化は映像中の対象の「動き」を表す．そのため，映像の認識では，個々の画像の認識に加えて，映像における「動き」を認識する必要がある．

　映像を認識する場合，動作認識（action recognition）がその中心的タスクとなる．映像中の動作主体がどのような動作をしているか認識するタスクである．動作主体は多くの場合は人間であるが，動物や自動車など動く物体は動作主体となり得る．動作は「走る」「切る」「混ぜる」などの単体の動作で，数秒間の短い映像で認識が可能な動作である．複数の動作の連鎖によって成立する複合的な動作，例えば，「卵焼きを作る」「タイヤを交換する」などを認識することは，イベント認識（event recognition）と呼ばれる．イベント認識には，より抽象的な「卒業式」や「運動会」などのイベントを認識する場合も含まれる．

　動作認識は，物体認識と同様で，映像中のある瞬間には主な動作主体が一つだけ存在することを暗に仮定するが，物体検出と同様に，一つの映像に複数の動作主体が含まれて，別々の動作を行う場合もある．その場合は，動作主体の位置と動作内容を同時に推定する必要がある．これは，空間的な動作検出（spatial action localization）と呼ばれる．また，同じ検出でも，長時間のビデオの中から動作の時間を検出する時間方向の動作検出（temporal action localization）もあり，さらにその両方を組み合わせたタスクも存在する．このように動画像認識といってもさまざまなタスクが存在するが，以下では，あらかじめ一つの動作に切り分けられた短い動画を動作カテゴリ分類するタスク

に限定して，その深層学習による手法について説明する．

　深層学習登場以前は，局所特徴量を時間方向に拡張した時空間局所特徴量とその BoF 表現が動作認識に利用されたが，静止画像と異なり，当初は深層学習の導入によって大幅な認識精度の向上が起こることはなかった．これは，深層学習が登場した初期の頃は，大規模データセットが静止画の ImageNet しかなく，動画像の大規模動画データセットが存在していなかったことが大きな原因であると考えられている．現在では，最大 700 動作クラスがラベル付けされた 65 万本のショート動画からなる Kinetics*3 などの大規模データセットの登場によって，大規模動画データセットで学習した深層学習ネットワークが，従来手法に比べて有意に性能を向上させることが確認されている．

　深層学習で最初に動作認識モデルとして提案されたのが，Two-stream Network[63] である．図 7.25 に示すように，フレーム画像 1 枚だけを入力とする空間ストリーム（spatial stream）と，縦方向と横方向のオプティカルフロー画像を L 枚重ねて $2L$ チャネルの画像を入力とする時間ストリーム（temporal stream）の，二つの畳込みネットワークから構成される．各ネットワークは AlexNet とほぼ同一の構成である．それぞれのストリームで softmax 出力を計算し，その平均出力，もしくはその出力値でさらに SVM を学習してマルチクラス分類することで，最終的なクラスを決定した．空間ストリームは ImageNet で pre-training したが，時間ストリームは ImageNet に相当する two-stream 提案当時（2014 年頃）に大規模データセットがなかったため，二つの 1 万本規模の動画データセットを合わせて事前学習を行っている．

　Two-stream の後には，3 次元畳込みネットワークが提案された[64]．通常の畳込みは入力に RGB 画像を想定するため，縦横の空間方向にチャネル方向を加えた 3 次元特徴マップを利用するが，3 次元畳込みでは動画を扱えるよう 3 次元特徴マップに時間方向を追加した 4 次元特徴マップが入出力となる．フィルタも 4 次元となり，縦横の空間方向に加え時間方向にもスライドさせて畳込み演算を行う（図 7.26）．3 次元畳込みは，静止画像への 2 次元畳込みの，映像への自然な拡張であるが，次元が一つ増えるため演算量が増える問題がある．そのため，論文[64]では，3 次元畳込みが 8 層のみ使われている．提案当初は時空間局所特徴量を FV 表現する従来手法や Two-stream に性能が劣っていた

---

*3　https://www.deepmind.com/open-source/kinetics

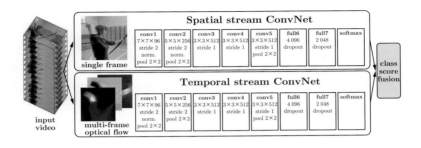

図 7.25 Two-stream network[63]

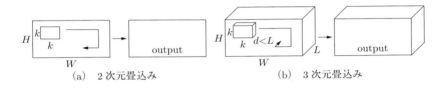

(a) 2 次元畳込み　　　　　　(b) 3 次元畳込み

図 7.26 3D 畳込み[64]

ため，その有効性に疑問が呈されていたが，Kinetics などの大規模映像データによる事前学習で高い性能が得られることが後に示された．

　Two-stream に 3 次元畳込みを組み合わせる方法も提案されている．Two-stream の二つの stream を 3D CNN に置き換えた I3D（Inflated 3D）CNN[65] である．最初に 2D CNN を ImageNet で事前学習し，その畳込みを時間方向に膨らませて（inflated）3D CNN にし，さらに Kinetics で事前学習することで，時空間局所特徴量を FV 表現する従来手法や Two-stream を大きく上回る性能を実現した．なお，I3D CNN では，依然オプティカルフローを用いているが，オプティカルフローを用いないモデル SlowFast network[66] が 2018 年に提案されている．SlowFast network では，空間解像度は高いが時間解像度は低い slow pathway と，時間解像度は高いが空間解像度は低い fast pathway の，フレーム画像列を入力とする二つの stream から構成されている．これは人間の網膜神経細胞の構造から着想を得ている．SlowFast network は，オプティカルフローを使わずに I3D よりも高い性能を実現している．

演 習 問 題

問 1　AlexNet や VGG では全結合層が学習パラメータの大半を占めていたが，最近のネットワークでは全結合層は最終層以外では利用しなくなっている．全結合層を減らす工夫として ResNet や SE-Net の最終層付近に取り入れられているネットワークの構造について説明せよ．

問 2　認識結果の可視化手法には認識モデルの中身が既知の場合と未知の場合があるが，それぞれ何と呼ばれているか説明せよ．

問 3　物体検出と領域分割の評価指標について説明せよ．

問 4　深層学習による動画認識は当初，時空間局所特徴量を FV 表現する従来手法と同程度の性能しか発揮できなかったが，その主な理由について述べよ．

第8章

画像生成・変換への適用

深層学習は高精度なパターン認識手法であるが，実際には，認識に限らずあらゆる変換関数を高精度に学習することができる．実際に，画像から画像への画像変換，低次元ベクトルからの画像生成など，第2章で説明した従来の機械学習手法では学習不可能であった画像への新しい応用が近年の研究の進歩によって可能になっている．本章では，まず画像変換の基本形であるオートエンコーダについて説明し，続いて4種類の生成モデル，変分オートエンコーダ，敵対的学習，フローモデル，拡散モデルについて説明する．また，画像最適化による画像変換についても説明し，最後に画像スタイル変換を紹介する．

■8.1　エンコーダ・デコーダ型ネットワーク

　深層畳込みネットワーク（Convolutional Neural Network；CNN）が提案された当初は画像を認識するのが目的であった．画像認識用の CNN は，多数の画素の集合，つまり高次元データで表現される画像を入力とし，出力はクラス確率などの低次元ベクトルであることが一般的である．プーリングやストライド付きの畳込み，次元を下げる全結合層の組合せによって，高次元データを徐々に低次元データに情報を集約していくのが認識ネットワークである．これは，エンコーダ型ネットワーク（図8.1(a)）と呼ばれている．

　一方，3.4.7 項で説明したアップサンプリングを行うレイヤを用いることで，

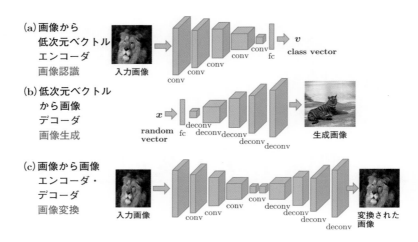

(a)画像から
　低次元ベクトル
　エンコーダ
　画像認識　　入力画像

(b)低次元ベクトル
　から画像
　デコーダ
　画像生成

(c)画像から画像
　エンコーダ・
　デコーダ
　画像変換　　入力画像

図 8.1　3 種類の CNN

　認識用の CNN とは逆に，低次元データを徐々に拡大し，一般的な画像サイズの特徴マップを出力することもできる．これは，デコーダ型ネットワーク（図 8.1(b)）と呼ばれ，低次元情報から画像を生成するためのネットワークとして利用される．CNN が登場した当初は，画像生成が CNN で可能とは考えられていなかったが，敵対的学習を始めとする技術の進歩によって現在では CNN は画像生成にも広く用いられている．

　さらに，その両者の合わせた形の，入力画像を一度エンコードしてからデコードして異なる画像を出力するエンコーダ・デコーダ型ネットワーク（図 8.1(c)）は，画像変換のためのネットワークとして広く用いられている．7.4 節で触れた意味的領域分割タスクにおいて，このエンコーダ・デコーダ型ネットワークはすでに説明したが，そこでは画像を入力して，領域分割結果のマスク画像を出力としていた．これも一種の画像変換であるが，実際には白黒画像をカラー画像にしたり，馬の画像をシマウマの画像にしたりなど，学習によってさまざまな画像変換を行う CNN として利用することが可能である．なお，エンコーダ・デコーダ型ネットワークは，Conv-Deconv ネットワーク，砂時計型ネットワーク（hourglass network），ボトルネック型ネットワーク（bottleneck network）などと呼ばれることもある．

　このように CNN は画像認識のみならず，画像生成，画像変換のさまざまなタスクに利用可能であり，CNN の応用範囲は認識以外にも大きく広がっている．本章では，画像認識以外の CNN の応用である，画像生成，画像変換について基礎的な技術について説明する．

■8.2　オートエンコーダ

　入力信号と出力信号が同じとなるように学習したエンコーダ・デコーダ型ネットワークをオートエンコーダ（AutoEncoder；AE）という（図 8.2）．オートエンコーダは，もともとは全結合層だけで構成され，入力ベクトルをそれよりも低次元のベクトルにエンコードしてから，さらに元の入力ベクトルにデコーダで復元するネットワークであった．中間層の活性化信号は潜在変数と呼ばれ，通常は入出力よりも低次元な表現となっていて，圧縮表現として利用可能である．オートエンコーダによる信号圧縮は，非線形活性化関数がない場合は，主成分分析で圧縮するのと等価であることが示されている．

　画像に対しては，現在においては畳込み層から構成されたエンコーダ・デコーダ型ネットワークを用いる畳込みオートエンコーダ（Convolutional Auto Encoder；CAE）を用いることが一般的である．

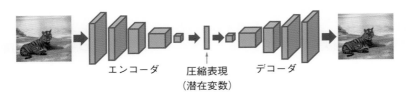

エンコーダ　　　　　圧縮表現　　　デコーダ
　　　　　　　　（潜在変数）

図 8.2　オートエンコーダ

　オートエンコーダの学習は，入力と出力が同じになるよう再構成誤差を最小化するように行われる．具体的には，4.2 節で説明した**最小二乗誤差損失（L2 損失）**もしくは**平均絶対誤差損失（L1 損失）**，2 値の場合は要素ごとのクロスエントロピー損失であるバイナリクロスエントロピー損失関数が用いられる．入力と出力が等価なので，学習ラベルが不要でデータさえあれば学習可能な点

が特徴である．畳込みオートエンコーダは大量の画像さえあれば学習可能である．教師信号なしで学習可能なため，**教師なし学習**（unsupervised learning）もしくは**自己教師学習**（self-supervised learning）と呼ばれることもある．深層学習の初期は，オートエンコーダによる自己教師学習によってエンコーダの事前学習を行うこともあったが，やがて ImageNet のラベル付き学習に取って代わられた．しかしながら，近年は大規模ラベルなし画像データを用いた自己教師学習が事前学習に，一部をマスクした画像を入力して元の画像を復元するマスクトオートエンコーダ[67)]が使われるなど，オートエンコーダベースの事前学習が見直されつつある．また，エンコーダに学習済みの認識ネットワークの前半の一部を利用して，デコーダだけを学習することで，認識ネットワークの中間信号から元の画像を復元するネットワークを学習することもできる．

　なお，畳込みオートエンコーダのデコーダ部分には，特徴マップを拡大する操作が必要となる．3.7 節で説明したアンプーリング層，転置畳込み層，サブピクセル畳込み層のいずれかを利用することになる．

　基本形のオートエンコーダには，入力と出力が同一になるという制約しかないため，必ずしも効率の良い圧縮とはなるとはいえない．そこで，中間層の圧縮表現の平均活性値を小さくするという制約を導入して，圧縮表現がよりスパースとなるようにしたスパースオートエンコーダという手法が存在する．

　全部で N 個の学習データのうち，i 番目の学習データ $\boldsymbol{x}_i$ を入力したときの D 次元の圧縮表現ベクトルの j 番目の要素を $y_j(\boldsymbol{x}_i)$ とすると，平均活性度は $\rho_j = \frac{1}{N}\sum_{i=1}^{N} y_j(\boldsymbol{x}_i)$ で算出するものとする．このとき，基本形のオートエンコーダの損失関数を E とすると，スパースオートエンコーダの損失関数 E_{sparse} は次のとおりになる．

$$E_{sparse} = E + \beta \sum_{j=1}^{D} \mathrm{KL}(\rho \| \hat{\rho}_j) \tag{8.1}$$

$\mathrm{KL}(\rho \| \hat{\rho}_j)$ は，確率分布間の距離を表すカルバック・ライブラー・ダイバージェンス（Kullback–Leibler divergence，KL 距離）である．ここでは，事前に与えるハイパーパラメータである ρ（通常は 0.05 を用いる）と平均活性度 ρ_j を近づける制約となる．具体的な計算式は，次のとおりである．

$$\mathrm{KL}(\rho \| \hat{\rho}_j) = \rho \log \frac{\rho}{\hat{\rho}_j} + (1 - \rho) \log \frac{1 - \rho}{1 - \hat{\rho}_j} \tag{8.2}$$

もともとは圧縮表現出力の非線形活性化関数にシグモイド関数が仮定されていたため，確率 ρ で 1，確率 $1 - \rho$ で 0 となるベルヌーイ分布間の距離を近づけるということで，式 (8.2) が用いられる．log が使われているため ρ, ρ_j は正である必要があるが，ReLU 関数など出力が正であれば，式 (8.2) でのスパース化は可能である．

　基本形のオートエンコーダは入出力が同じであるが，入力画像にノイズを加えて，それを入力として，出力をノイズがない画像として学習するオートエンコーダも存在する．これはデノイジングオートエンコーダ（ノイズ除去オートエンコーダ）と呼ばれる．ノイズが付与された画像以外にも簡単な画像処理で画像を変形して，それを元画像に戻すことで，さまざまな画像処理の逆変換を行うことが可能である．実際にはノイズに限らず，簡単な画像変換処理，例えば，グレースケール変換，平滑化，低解像度への変換，画像の一部のマスキングなどを施された画像を元の処理前に復元するネットワークを学習することが可能である（図 8.3）．このように，エンコーダ・デコーダ型ネットワークを用いたオートエンコーダは画像変換の基本的なネットワークであり，画像変換処理前の画像に復元するように通常のオートエンコーダと同様に，L2/L1 損失，2 値の場合はバイナリクロスエントロピー損失などの再構成誤差損失関数を用いて学習することで，通常は難しい画像処理の逆変換を行うネットワークを容易に学習可能である．なお，この逆変換を高精度に行うには，8.4.1 項で説明する敵対的な学習を用いた Pix2Pix[68] という手法がより適している．

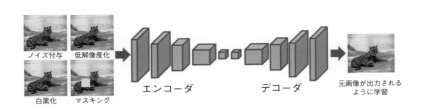

図 8.3　デノイジングオートエンコーダ

■8.3　深層生成モデル

　生成モデルとは，データ集合 x の分布を表す確率分布 $p(x)$ を表現するモデルのことである．ニューラルネットワークを用いてそれを表現するのが，深層生成モデルということになる．生成モデルとは，図 8.4 に示すように，学習画像データの分布 $p(x)$ と，出力するデータの分布 $\hat{p}(x)$ が一致するように学習されたモデルのことをいう．生成モデルはニューラルネットワークに限定されるものではないが，ここではモデルはニューラルネットワークで表現されることを前提に説明を行う．

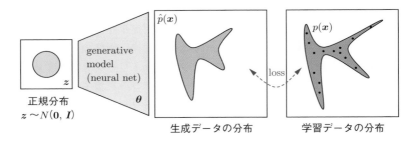

図 8.4　生成モデル（https://openai.com/blog/generative-models/ の図を改変）

　生成ネットワークは，低次元データを高次元に変換するデコーダ型のネットワークとなっている．入力は通常，多次元正規分布に基づく潜在変数を仮定する．生成ネットワークが理想的に学習されているならば，潜在変数 z を平均がゼロベクトル，分散共分散行列が単位行列である標準多次元正規分布 $N(0, I)$ からサンプリングし，生成ネットワークに入力すると，出力は学習データの分布 $p(x)$ とほぼ同一の生成分布 $\hat{p}(x)$ に含まれるデータ $\hat{x}$ が生成される．これは画像の場合，単位多次元正規分布からサンプルされた潜在変数を入力とすると必ず，学習データに含まれるような（ノイズ画像ではなく）意味のある画像が生成されることを表す．つまり，生成ネットワークとは，標準正規分布からサンプリングされた z を学習データ分布とほぼ同一の生成分布 $\hat{p}(x)$ 内に写像するネットワークであるといえる．この生成ネットワークを学習する方法が，生成モデルの学習ということになる．

　CG のような人工画像は，入力潜在ベクトルと出力画像のペアデータを用

意して L2 損失で学習することで，デコーダ型ネットワークを画像生成ネットワークとして直接学習することがある程度は可能であるが，自然画像については L2 損失では学習が困難で，ぼやけた画像しか生成できないことが知られている．そのため，より本物らしい画像を生成するための生成モデルに関する研究が続けられている．本節では，代表的なニューラルネットワークを用いた生成モデルとして，変分オートエンコーダ（Variational Autoencoder；VAE），敵対的生成モデル（Generative Adversarial Network；GAN），フローモデル（flow model），拡散モデル（diffusion model）を扱う．

▮ 1. 変分オートエンコーダ

前節で述べたオートエンコーダでは，画像を潜在変数に符号化するエンコーダと，符号化したベクトルを画像に復号化するデコーダを，入力と出力が等価になるという制約を利用して学習した．しかしながら，通常のオートエンコーダでは中間層出力の潜在変数は，分布に関する制約がないため，図 8.4 に示した，標準正規分布に基づく潜在ベクトルをデコーダに入力して，学習データ分布に近い分布に基づくデータ生成を実現することはできない．そこで，制約を加えたのが，変分オートエンコーダ（VAE）である[69]．潜在変数は標準多次元正規分布に基づくと仮定されている．VAE はオートエンコーダではあるが，通常のオートエンコーダとは異なり，確率モデルとしてモデル化されている．

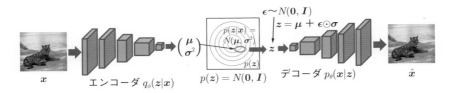

図 8.5 変分オートエンコーダ

図 8.5 に示すように，画像 x を入力するとエンコーダは潜在ベクトルではなく，入力画像に対応する潜在変数 z の正規分布 $N(\mu, \sigma^2)$ の平均ベクトル μ，対角行列で近似した分散共分散行列の対角成分ベクトル σ^2 を出力する．この正規分布は，標準正規分布 $p(z)$ の x に関する条件付き確率分布 $p(z|x)$ となっており，$p(z)$ 中の x に対応する一部分を示している．この分布から z をサン

プリングしてデコーダに入力すると，入力 $\boldsymbol{x}$ とほぼ同じ画像である出力 $\hat{\boldsymbol{x}}$ が得られ，オートエンコーダとしての特性をもつ．生成モデルとして利用する際には，標準正規分布 $N(\boldsymbol{0}, \boldsymbol{I})$ からサンプリングした $\boldsymbol{z}$ をデコーダに入力すれば，生成データ分布 $\hat{p}(\boldsymbol{x})$ に含まれるサンプル出力 $\hat{\boldsymbol{x}}$ が得られる．

　このようなネットワークを学習するために，確率モデルである VAE では最尤推定で学習を行う．最尤推定とは，学習サンプル全体の生起確率が最大になるように，学習パラメータを推定する学習方法である．学習データ $\boldsymbol{x}_i$ $(i = 1, \cdots, N)$ に対する尤度を $p(\boldsymbol{x}_i)$ とすると，最大化する対数尤度は次のとおりになる．

$$\log \prod_{i=1}^{N} p(\boldsymbol{x}_i) = \sum_{i=1}^{N} \log p(\boldsymbol{x}_i) = \sum_{i=1}^{N} \log \int p(\boldsymbol{x}_i | \boldsymbol{z}) p(\boldsymbol{z}) d\boldsymbol{z} \tag{8.3}$$

この式の右辺はデコーダネットワーク出力 $p(\boldsymbol{x}|\boldsymbol{z})$ を潜在変数 $\boldsymbol{z}$ で周辺化しているが，$p(\boldsymbol{z})$ の事後分布である $p(\boldsymbol{z}|\boldsymbol{x})$ を求めることができないため，実際に計算することは困難（intractable）である．そこで，VAE では変分法の考え方を用いて尤度を近似することを行う．エンコーダモデル $q(\boldsymbol{z}|\boldsymbol{x})$ を用意し，$p(\boldsymbol{z})$ の事後分布である $p(\boldsymbol{z}|\boldsymbol{x})$ を近似することとする．

$$\begin{aligned}
\log p(\boldsymbol{x}) &= \log \int p(\boldsymbol{x}|\boldsymbol{z}) p(\boldsymbol{z}) d\boldsymbol{z} \\
&= \log \int q(\boldsymbol{z}|\boldsymbol{x}) \frac{p(\boldsymbol{x}|\boldsymbol{z}) p(\boldsymbol{z})}{q(\boldsymbol{z}|\boldsymbol{x})} d\boldsymbol{z} \\
&\geq \int q(\boldsymbol{z}|\boldsymbol{x}) \log \frac{p(\boldsymbol{x}|\boldsymbol{z}) p(\boldsymbol{z})}{q(\boldsymbol{z}|\boldsymbol{x})} d\boldsymbol{z} \\
&= \mathcal{L}(\boldsymbol{x}, \boldsymbol{z})
\end{aligned} \tag{8.4}$$

2 行目から 3 行目への式変形は，$f(x)$ が上に凸の関数であるときに成り立つイエンセンの不等式 $f(\int q(x)p(x)dx) \leq \int f(q(x))p(x)dx$ を利用している（log は下に凸なので，不等号が反転している）．log が積分の内側に入ることにより式変形が容易になる．式 (8.4) の右辺の $\mathcal{L}(\boldsymbol{x}, \boldsymbol{z})$ は，対数尤度の下限を表しており，ELBO（Evidence Lower BOund）と呼ばれている．VAE の学習はこの ELBO を最大化することで行う．

　なお，対数尤度と ELBO の差は次のように，$p(\boldsymbol{z}|\boldsymbol{x})$ の近似である $q(\boldsymbol{z}|\boldsymbol{x})$ と，$p(\boldsymbol{z})$ の事後分布 $p(\boldsymbol{z}|\boldsymbol{x})$ の KL 距離となる．つまり，ELBO を最大化する

ことで，$q(z|x)$ を $p(z|x)$ に近づけることができると考えることができる.

$$\log p(x) - \mathcal{L}(x, z) = KL[q(z|x)\|p(z|x)] \tag{8.5}$$

さらに，式 (8.4) から ELBO は

$$
\begin{aligned}
\mathcal{L}(x, z) &= \int q(z|x) \log \frac{p(x|z)p(z)}{q(z|x)} dz \\
&= \int q(z|x) \log p(x|z) dz - \int q(z|x) \log \frac{q(z|x)}{p(z)} dz \\
&= E_{z \sim q(z|x)}[\log p(x|z)] - KL[q(z|x)\|p(z)]
\end{aligned} \tag{8.6}
$$

と書くことができる. これを最大化することで，VAE の学習が可能となる.

式 (8.6) の右辺第 1 項はエンコーダ $q(z|x)$ とデコーダ $p(x|z)$ を組み合わせた確率モデルの x に関する対数尤度の期待値であり，この符号を反転させた値がオートエンコーダでの再構成誤差損失に相当する. 出力がシグモイド関数で値域が $(0, 1)$ であれば，バイナリクロスエントロピー損失で表現可能である. エンコーダとデコーダをエンドツーエンドでまとめて学習する必要があるが，図 8.5 に示したようにエンコーダの出力が $q(z|x)$ の分布，具体的には正規分布のパラメータであるので，ϵ を $N(0, I)$ からサンプリングした値（$\epsilon \sim N(0, I)$）として，$z = \mu + \epsilon \odot \sigma$ として具体的な z の値を求めて，これをデコーダの入力とする. これは再パラメータ化トリック（reparametrization trick）と呼ばれていて，エンコーダ q とデコーダ p をエンドツーエンドで誤差逆伝播法で学習するためのテクニックとなっている.

式 (8.6) の右辺第 2 項は x を符号化した z の分布に関する制約で，$q(z|x)$ を $p(z)$，つまり標準正規分布 $N(0, I)$ に近づけようとする制約である. これは，エンコーダのみに関係する制約であり，この第 2 項が通常のオートエンコーダとの違いということになる. 二つの正規分布がそれぞれ $q(z|x) = N(\mu, \sigma^2)$，$p(z) = N(0, I)$ であることより，KL 距離は式 (8.7) のようになる.

$$
\begin{aligned}
KL[q(z|x)\|p(z)] &= KL[N(\mu, \sigma^2)\|N(0, I)] \\
&= \frac{1}{2}\sum_{i=1}^{D}(\mu_i^2 + \sigma_i^2 - \log \sigma_i^2 - 1)
\end{aligned} \tag{8.7}
$$

まとめると，L_{recon} を再構成損失とすると，VAE の学習に必要な損失関数は

$$L_{\mathrm{vae}} = L_{\mathrm{recon}} + \frac{1}{2}\sum_{i=1}^{D}(\mu_i^2 + \sigma_i^2 - \log \sigma_i^2 - 1) \tag{8.8}$$

ということになる．式の導出は複雑であったが，実際の利用は通常のオートエンコーダでわずかな改変を加えるだけで容易に可能である．エンコーダ出力を正規分布のパラメータとして，式 (8.8) の右辺第 2 項を損失関数に追加するだけで，VAE を利用することが可能である．

　図 8.6 は，手書き文字 0 と 1 のそれぞれの潜在分布からサンプルした二つの潜在変数を線形補間によって連続的に変化させて 8 枚の画像を生成した例である．0 から 8 を経て 1 に変化する様子が示されている．このように潜在変数を連続変化させると，生成される画像も連続的に変化するのが生成モデルによる生成画像の特徴である．

図 8.6　変分オートエンコーダの生成例

■ 2.　敵対的生成ネットワーク

　VAE では，オートエンコーダをベースに潜在空間に制約与えてデコーダが生成モデルとなるように学習を行った．一方，敵対的生成モデル（GAN[*1]）では，図 8.7 に示すように，生成ネットワーク（generator）と，生成ネットワークが出力した生成画像が本物（real）か偽物（fake）かを見分ける判別ネットワーク（discriminator）を敵対的に競わせて学習するのが特徴である．

　識別ネットワークを生成された画像が fake，学習用画像が real と認識するように学習しつつ，生成ネットワークをその画像出力が real と識別ネットワークに認識されるように，交互に学習を行う．つまり，生成ネットワークと識別ネットワークは目的が正反対で敵対しており，生成ネットワークがいくら real な画像を認識するようになっても，識別ネットワークは生成画像と学習画像のわずかな違いを見つけて生成画像を fake と認識しようとする．このような

---

*1　ギャンもしくはガンと発音する．

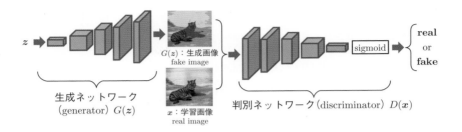

図 **8.7**　Deep Convolutional Generative Adversarial Network（DCGAN）

学習を敵対的学習（adversarial training）という．敵対的学習を行うことで，生成ネットワークと識別ネットワークの性能が互いに向上し，最終的に学習データに近い画像を生成できるネットワークが学習できる．L2 誤差損失のような**再構成損失関数**を用いることでも，画像生成ネットワークはある程度学習可能であるが，均一な背景など学習が容易な部分が優先されて学習され，重要な箇所である物体の輪郭や細部の構造が学習されず，全体的にぼやけた画像しか生成できないネットワークが学習されることが知られている．それに対して，敵対的学習では real/fake を見分けるのに重要な箇所を優先的に学習することが可能となるため，より real な画像生成を行う生成ネットワークの学習が可能となる．

　GAN では，VAE と異なりエンコーダはないため，学習時に，学習画像に対してある一定の大きさの次元（例えば 128 次元）の多次元標準正規分布に基づくランダムベクトルを割り当て，それを入力として学習を行う．学習時に与えていないベクトル値の入力であっても，多次元標準正規分布に基づくランダムベクトルであれば，必ず何らかの意味のある画像を出力できるように学習することが目的となる．その際に，損失関数は再構成損失は利用せず，判別ネットワークとその出力のクロスエントロピー関数を生成ネットワークの損失関数とする．別のネットワークが学習時の損失関数となるという従来の深層学習とは異なる考え方で学習を行うのが，敵対的学習の特徴である．なお，判別ネットワークについては，通常は図 8.7 に示すように出力関数が 1 値のみを出力するシグモイド関数になっており，real の場合は出力が 1，fake の場合は出力が 0 にそれぞれ近づくように，クロスエントロピー損失関数を用いて学習を行う．

G を生成ネットワーク，D を識別ネットワークとすると，GAN の損失関数は以下の式で表現される．

$$L_{\text{GAN}} = \arg \min_G \max_D (\boldsymbol{E}_{\boldsymbol{x} \sim p_{\text{data}}(\boldsymbol{x})}[\log D(\boldsymbol{x})] + \boldsymbol{E}_{\boldsymbol{z} \sim p(\boldsymbol{z})}[\log(1 - D(G(\boldsymbol{z})))]) \tag{8.9}$$

なお，この式は G, D の二つの敵対するネットワークの学習を同時に表現していて，G の学習時には最小化，D の学習時には最大化する損失関数となっている．右辺 ( ) 内の第 1 項は D の学習だけに関係していて，学習データが D に入力されたときに大きな値（D の値域が $(0,1)$ であるため実際には 1 に限りなく近い値）を出力するように学習する．右辺 ( ) 内の第 2 項は D に関しては生成画像 $G(\boldsymbol{z})$ が入力されたときに $1 - D(G(\boldsymbol{z}))$ が大きく，つまり D が小さな値（実際には 0 に限りなく近い値) を出力するように学習する．また，右辺 ( ) 内の第 2 項は G にも関係しており，$1 - D(G(\boldsymbol{z}))$ が小さく，つまり生成画像を入力したときに D が大きな値（1 に限りなく近い値）を出力するように G を学習することになる．

　まとめると，D の出力が 1 のときは入力が real（学習画像），D の出力が 0 のときは fake（生成画像）となるように D を学習し，同時に G の生成画像を D が real と認識するように G を学習する，ということになる．実際の学習では，D, G どちらも誤差逆伝播法で学習するが，G の学習時には，D は損失関数として利用するだけで，誤差逆伝播は行うものの，D の学習パラメータは更新せずに，G のパラメータのみ更新を行う．なお，詳細は省くが，このような敵対的学習は，生成器の生成する分布 Q と学習データの分布 P の間の KL 距離 $KL[Q\|P]$ を最小化するように学習していると考えることができる．

　GAN は，登場当初は二つのネットワークを敵対させるため安定した学習が難しく小さい画像しか生成できなかったが，Deep Convolutional GAN (DCGAN)[70)] の登場によって，64×64 程度の大きさの高品質な画像が生成可能となった．図 8.7 に一般的な DCGAN のネットワークを示す．DCGAN では，デコーダ型ネットワークを転置畳込み層とバッチ正規化で構成することによって高画質な画像の生成を実現している．また，プーリングの代わりにストライドありの畳込みを用いる，全結合層はできるだけ使わない，識別器では ReLU ではなく Leaky ReLU を用いる，などの高画質な生成のためのコツを示した．さらに，入力のランダムベクトルの演算ができることでも注目され

た．図 8.8 に示すように，例えば，眼鏡の男性の写真に対応するベクトルから男性の写真のベクトルを引いて，女性の写真のベクトルを足すと，眼鏡の女性の画像が生成される，という具合である．

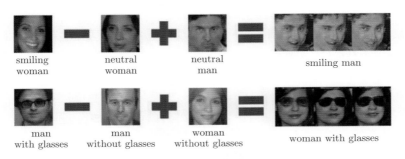

smiling woman − neutral woman + neutral man = smiling man

man with glasses − man without glasses + woman without glasses = woman with glasses

図 8.8 DCGAN による潜在変数の演算例[70)]

DCGAN では学習画像に学習時に生成したランダムベクトルを割り当てていたが，条件付き GAN（conditional GAN；cGAN）[71)]では属性をバイナリ値として条件ベクトルに割り当て，それをランダムベクトルと結合して GAN で生成ネットワークを学習することによって，特定の属性をもった，例えば，メガネを掛けた髭の生えた顔など，を生成することが簡単にできる．例えば，条件ベクトルを (性別，サングラス，笑顔) とすると，$(0, 1, 0)$ でサングラスをした男性，$(1, 0, 1)$ で笑顔の女性の画像を生成できる．

図 8.9 は条件付き GAN の構成図である．通常の DCGAN との違いは，生成ネットワークの入力がランダムベクトル z と条件ベクトル c を結合させたベクトルに変わり，さらに判別ネットワークの入力画像に条件ベクトルが付加されたものに変わっている，という点である．変更点はこの 2 か所だけである．なお，画像は 3 次元の特徴マップであるため，条件ベクトルを結合するために空間方向に条件ベクトルをコピー（broadcast）して，それをチャネル方向に結合する．例えば，条件ベクトルが 10 次元で，入力画像が $64 \times 64 \times 3$ であったなら，条件ベクトルを 64×64 個コピーして $64 \times 64 \times 10$ の特徴マップとして，画像と結合して最終的に $64 \times 64 \times 13$ の特徴マップとして判別ネットワークの入力とする．この条件ベクトルの結合は入力時で行う以外に，判別ネットワークの中間の特徴マップに結合する方法もある．DCGAN と条件付

き GAN の損失関数は以下の式で表現される．

$$L_{\mathrm{cGAN}} = \arg\min_G \max_D (\boldsymbol{E}_{\boldsymbol{x} \sim p_{\mathrm{data}}(\boldsymbol{x})}[\log D(\boldsymbol{x}, \boldsymbol{c})]$$
$$+ \boldsymbol{E}_{\boldsymbol{z} \sim p(\boldsymbol{z})}[\log(1 - D(G(\boldsymbol{z}, \boldsymbol{c}), \boldsymbol{c}))]) \tag{8.10}$$

生成ネットワーク G，識別ネットワーク D のそれぞれの入力に条件ベクトル $\boldsymbol{c}$ が追加されただけである．

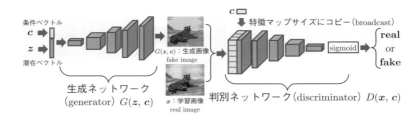

図 8.9　Conditional GAN（cGAN）

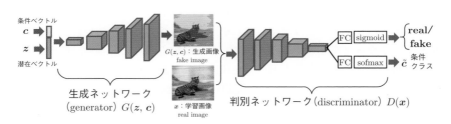

図 8.10　Auxiliary Classifier GAN（AC-GAN）

cGAN では，判別ネットワークの入力として条件ベクトルを利用していたが，判別ネットワークで real/fake に加えて，条件ベクトルを推定する，AC-GAN（Auxiliary Classifier GAN）という方法もある（図 8.10）．AC-GAN では，通常のクラス分類ネットワークと同様のソフトマックス出力を判別ネットワークに枝分かれさせて追加し，条件ベクトルが one-hot の場合はクロスエントロピー損失，multi-hot の場合はバイナリークロスエントロピー損失で学習を行う．

cGAN はテキストから生成したベクトルを条件とすると，テキストからの画像生成も実現可能である．Reed ら[72]は文章を Recurrent Neural Network で

ベクトル化し cGAN の条件ベクトルとすることによって，入力テキストに応じた画像生成を実現した．これについては，11.2.5 項でマルチモーダル学習の例として説明する．

DCGAN で生成画像の質が向上したが，解像度は 64×64 であった．**Stack GAN**[73]では，超解像処理を行うネットワークと組み合わせることによって 256×256 の画像生成を可能とした．さらに，**ProgressiveGAN** では，4×4，8×8，16×16，$\cdots$ のように生成する画像のサイズを徐々に拡大するようにネットワークを学習することによって，最大 2048×2048 のような巨大な画像の生成を実現した[74]．さらに，**StyleGAN** では，Generator に AdaIN（Adaptive Instance Normalization）を導入することによって，高解像度でよりリアルな高解像度画像の生成を可能とした[75]．

なお，GAN は二つのネットワークを敵対的に競わせて学習するため，生成ネットワーク G と判別ネットワーク D は同程度の強さで，徐々に学習していく必要がある．そのため，学習に失敗しやすいことが知られている．最も起こりやすいのがモード崩壊（mode collapse）と呼ばれる現象で，異なる z を入力しても同じ画像ばかり生成されてしまう．そうした学習の失敗を回避するために，さまざまな学習の工夫が提案されている．例えば通常の GAN の交差エントロピーに基づく損失関数の代わりに最小二乗誤差を用いる **LS-GAN**（Least Square GAN），学習重みをスペクトラル正規化する **SN-GAN**（Spectral Normalization GAN），生成分布と学習データ分布を Wasserstein 距離で評価して最小化する **W-GAN**（Wasserstein-GAN）などがある．

■ 3. フローモデル

VAE では対数尤度の最大化によってモデルを学習したが，事後確率分布 $p(z|x)$ が求められないために，変分法による近似を用いて学習を行った．それに対して，フローモデル（flow model）では，可逆変換を用いて生成モデル $p(x|z)$ を記述することによって，その逆変換で $p(z|x)$ を表現可能になる．

データ x を潜在変数 z から生成する可逆関数 $x = f(z)$ を考えると，逆関数は $z = f^{-1}(x)$ である．図 8.11 のように f を K 個の合成関数で記述すると，

$$x = f_1 \circ f_2 \circ \cdots \circ f_K(z) \tag{8.11}$$
$$z = f_K^{-1} \circ f_{K-1}^{-1} \circ \cdots \circ f_1^{-1}(x) \tag{8.12}$$

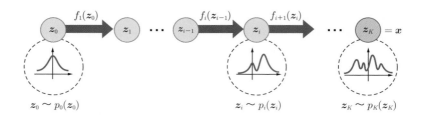

図 8.11 フローモデルによる生成

となる．ここで，

$$p(\boldsymbol{x}) = p(\boldsymbol{z}) \left| \det \frac{\partial \boldsymbol{z}}{\partial \boldsymbol{x}} \right| \tag{8.13}$$

の関係から，$p(\boldsymbol{x})$ の負の対数尤度は，$\boldsymbol{z}_{i-1} = \boldsymbol{f}_i^{-1}(\boldsymbol{z}_i)$ と式 (8.12) より，

$$
\begin{aligned}
-\log p(\boldsymbol{x}) &= -\log p(\boldsymbol{z}) - \log \left| \det \frac{\partial \boldsymbol{z}}{\partial \boldsymbol{x}} \right| \\
&= -\log p(\boldsymbol{z}) - \sum_{i=1}^{K} \log \left| \det \frac{\partial \boldsymbol{f}_i^{-1}}{\partial \boldsymbol{z}_i} \right|
\end{aligned}
\tag{8.14}
$$

となる．ここで，det は行列式，$\partial \boldsymbol{f}_i^{-1}/\partial \boldsymbol{z}_i$ はヤコビ行列を表す．フローモデルでは，この $\boldsymbol{f}_i$ をニューラルネットワークで表すこととする．$p(\boldsymbol{x})$ の負の対数尤度である式 (8.14) を学習データ $\{\boldsymbol{x}_1, \cdots, \boldsymbol{x}_N\}$ に関して最小化するように $\boldsymbol{f}_i$ の学習パラメータを学習すればよい．

　ただし，一般に式 (8.14) の第 2 項は計算コストが大きいため工夫が必要である．そのための $\boldsymbol{f}_i$ に関する工夫がアフィンカップリング層（affine coupling layer）と呼ばれるものである[76]．可逆な変換関数 $\boldsymbol{z}_{i-1} = \boldsymbol{f}_i^{-1}(\boldsymbol{z}_i)$ を次の方法で表現する．以下，$\boldsymbol{z} = \boldsymbol{f}^{-1}(\boldsymbol{x})$ とおく．$\boldsymbol{z}_{1:d}, \boldsymbol{z}_{d+1:D}$ をそれぞれ $\boldsymbol{z}$ の最初の d 次元の要素からなるベクトル，$d+1$ 次元目から D 次元までの要素からなるベクトルとする．D は $\boldsymbol{z}$ の次元数である．次の式で $\boldsymbol{f}^{-1}$ を表現する．

$$\boldsymbol{z}_{1:d} = \boldsymbol{x}_{1:d} \tag{8.15}$$

$$\boldsymbol{z}_{d+1:D} = \boldsymbol{x}_{d+1:D} \odot \exp(s(\boldsymbol{x}_{1:d})) + t(\boldsymbol{x}_{1:d}) \tag{8.16}$$

s, t は，d 次元のベクトルを $D-d$ 次元に写像する関数で，通常はそれぞれ，

学習によって推定される $(D-d) \times d$ の行列で表される．これらの逆関数は容易に書き下すことができ，次のようになる．

$$x_{1:d} = z_{1:d} \tag{8.17}$$

$$x_{d+1:D} = (z_{d+1:D} - t(z_{1:d})) \odot \exp(-s(z_{1:d})) \tag{8.18}$$

次に，式 (8.14) の計算に必要なヤコビ行列 $J = \partial f^{-1}/\partial x$ とその行列式について考える．

$$J = \frac{\partial f^{-1}}{\partial x} = \begin{bmatrix} I & 0 \\ \frac{\partial z_{d+1:D}}{\partial x_{1:D}} & \mathrm{diag}(\exp(s(x_{1:d}))) \end{bmatrix} \tag{8.19}$$

より，行列式は

$$\det J = \det \mathrm{diag}(\exp(s(x_{1:d}))) = \exp\left(\sum_{i=1}^{D-d} s(x_{1:d})_i\right) \tag{8.20}$$

と容易に計算可能な式となる．これを式 (8.14) に代入して最小化することで，フローモデルの学習が可能となる．

アフィンカップリング層に，1×1 可逆畳込み層（invertible convolution）を追加した **Glow** というモデルもある[77]．なお，9.2.3 項の音声合成モデル WaveGlow も同様のフローモデルに基づく生成モデルである．

■ 4. 拡散モデル

拡散モデル（diffusion model）では，画像にノイズを加えて拡散させていく過程の逆変換，つまりノイズを除去していく過程をニューラルネットで推定し，ノイズから画像を生成するモデルである．GAN よりも高品質な画像が生成可能で，学習も安定しているということで，2020 年頃から注目を浴びている生成モデルである[78]．

図 8.12 は，右から左に x_0 から x_T に向かって徐々にノイズを付加して最終的に入力画像が完全なノイズになる拡散過程を表していて，次のように徐々にガウスノイズを付加する過程として定義される．

$$x_t = \sqrt{1-\beta_t} x_{t-1} + \sqrt{\beta_t} \epsilon \tag{8.21}$$

ϵ は，標準正規分布 $N(\mathbf{0}, I)$ からサンプルしたノイズであるとする．β_t（$t = $

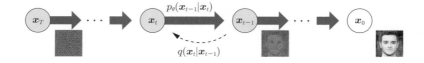

図 8.12　拡散モデル[78]

$1, \cdots, T)$ は時間によって変化する定数で，通常は時間に対して単調増加するものとして定義される．このように拡散過程には学習パラメータは含まれていない．なお，式 (8.21) は，

$$q(\boldsymbol{x}_t | \boldsymbol{x}_{t-1}) = N(\boldsymbol{x}_t; \sqrt{1 - \beta_t}, \beta_t \boldsymbol{I}) \tag{8.22}$$

としても表現できる．時刻 t の潜在変数 x_t が時刻 $t-1$ のみに依存するマルコフ連鎖になっている．次に，式 (8.21) から，入力画像 x_0 と x_t の関係は，

$$
\begin{aligned}
\boldsymbol{x}_t &= \sqrt{1 - \beta_t} \boldsymbol{x}_{t-1} + \sqrt{\beta_t} \epsilon \\
&= \sqrt{1 - \beta_t}(\sqrt{1 - \beta_{t-1}} \boldsymbol{x}_{t-2} + \sqrt{\beta_{t-1}} \epsilon') + \sqrt{\beta_t} \epsilon \\
&= \sqrt{1 - \beta_t} \sqrt{1 - \beta_{t-1}} \boldsymbol{x}_{t-2} + \sqrt{1 - (1 - \beta_t)(1 - \beta_{t-1})} \epsilon \\
&= \cdots \\
&= \sqrt{\bar{\alpha}_t} \boldsymbol{x}_0 + \sqrt{1 - \bar{\alpha}_t} \epsilon
\end{aligned}
\tag{8.23}
$$

と書くことができる．ただし，$\bar{\alpha}_t = \prod_{i=1}^{t}(1 - \beta_i)$ とする．なお，2 行目から 3 行目への式変形では分散 σ_1^2 と分散 σ_2^2 の二つの正規分布の和が分散 $\sigma_1^2 + \sigma_2^2$ の正規分布に従うという正規分布の加法性を利用している．

　一方，その逆の**逆拡散過程**は

$$p_\theta(\boldsymbol{x}_{t-1} | \boldsymbol{x}_t) = N(\boldsymbol{x}_{t-1}; \boldsymbol{\mu}_\theta(\boldsymbol{x}_t, t), \boldsymbol{\Sigma}_\theta(\boldsymbol{x}_t, t)) \tag{8.24}$$

として正規分布で表現できると仮定する．β が小さい場合はこの仮定が成り立つとみなすことができる．ただし，$\boldsymbol{\mu}_\theta, \boldsymbol{\Sigma}_\theta$ は θ をパラメータとしてもつニューラルネットワークで表現される．なお，ここで説明する DDPM (Denoising Diffusion Probabilistic Model)[78] では，$v\Sigma_\theta(\boldsymbol{x}_t, t) = \sigma_t \boldsymbol{I}$ として時間 t にのみ依存する定数で近似することとして，さらに $\sigma_t = \beta_t$ とする．よって，$\boldsymbol{\mu}_\theta$ のみを推定することとする．

　次に，学習について考える．VAE と同様に対数尤度 $\log p_\theta(\boldsymbol{x}_0)$ を学習パラメータ θ に関して最大化することによって学習を行うが，拡散モデルでも VAE と同様に変分近似を行う．ここでは，負の対数尤度の最小化を考える．

$$
\begin{aligned}
-\log p_\theta(x_0) &= -\log\left(\int p_\theta(\boldsymbol{x}_{0:T})d\boldsymbol{x}_{1:T}\right) \\
&= -\log\left(\int \frac{p_\theta(\boldsymbol{x}_{0:T})}{q(\boldsymbol{x}_{1:T}|\boldsymbol{x}_0)}d\boldsymbol{x}_{1:T}\right) \\
&\leq -\int q(\boldsymbol{x}_{1:T}|\boldsymbol{x}_0)\log\frac{p_\theta(\boldsymbol{x}_{0:T})}{q(\boldsymbol{x}_{1:T}|\boldsymbol{x}_0)}d\boldsymbol{x}_{1:T} \\
&= -\boldsymbol{E}_q\left[\log\frac{p_\theta(\boldsymbol{x}_{0:T})}{q(\boldsymbol{x}_{1:T}|\boldsymbol{x}_0)}\right]
\end{aligned}
\tag{8.25}
$$

2 行目から 3 行目への式変形には VAE と同様にイエンセンの不等式を用いている．この右辺を L とすると，次のように書くことができる*2．

$$
\begin{aligned}
L = \boldsymbol{E}_q\bigg[&\mathrm{KL}(q(\boldsymbol{x}_T|\boldsymbol{x}_0)\|p_\theta(\boldsymbol{x}_T)) - \log p_\theta(\boldsymbol{x}_0\|\boldsymbol{x}_1) \\
&+ \sum_{t=2}^{T}\mathrm{KL}(q(\boldsymbol{x}_{t-1}|\boldsymbol{x}_t,\boldsymbol{x}_0)\|p_\theta(\boldsymbol{x}_{t-1}|\boldsymbol{x}_t))\bigg]
\end{aligned}
\tag{8.26}
$$

ここで，

$$
q(\boldsymbol{x}_{t-1}|\boldsymbol{x}_t,\boldsymbol{x}_0) = N(\boldsymbol{x}_{t-1};\tilde{\boldsymbol{\mu}}_t(\boldsymbol{x}_t,\boldsymbol{x}_0),\tilde{\beta}_t\boldsymbol{I})
\tag{8.27}
$$

とすると，式 (8.27) と式 (8.24) より分散固定のガウス分布同士の KL 距離は二つの平均の二乗誤差に相当するので，式 (8.26) の右辺 [ ] 内の第 3 項は，

$$
\boldsymbol{E}_q\left[\frac{1}{2\sigma_t^2}\|\tilde{\boldsymbol{\mu}}_t(\boldsymbol{x}_t,\boldsymbol{x}_0) - \boldsymbol{\mu}_\theta(\boldsymbol{x}_t,t)\|^2\right] + C
\tag{8.28}
$$

と書くことができる．この式は，ノイズを 1 ステップ除去した場合の q が真の結果，p が予測結果なので，デノイジングの予測誤差を最小化することに相当している．なお，式 (8.26) の右辺 [ ] 内の第 1 項は定数，第 2 項は次式で $t=1$ のときに含まれているとみなすことができる．式 (8.23) などを用いて，最終的に最大化するべき式は，

---

*2　78) の Appendix A に詳細な式変形の記述がある．

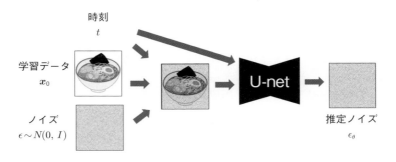

図 8.13　ノイズ付加画像から付加されたノイズを推定するモデルを学習する

$$L_{\mathrm{simple}}(\theta) = \boldsymbol{E}_{t, \boldsymbol{x}_0, \epsilon}[\|\epsilon - \boldsymbol{\epsilon}_\theta(\sqrt{\bar{\alpha}_t}\boldsymbol{x}_0 + \sqrt{1 - \bar{\alpha}_t}\epsilon, t)\|^2] \tag{8.29}$$

となる. $\boldsymbol{\epsilon}_\theta$ は図 8.13 に示すように, ノイズが付加された画像と時刻情報を入力として, 付加された画像を推定するニューラルネットワークによって表現される. なお, ハイパーパラメータに関して, DDPM の論文[78]では, $T = 1\,000$ であり, また β_t は, $\beta_1 = 10^{-4}$ から $\beta_T = 0.02$ まで線形に増加させるように設定されている. $\boldsymbol{\epsilon}_\theta$ については U-net を用いたと述べられている.

学習は, 学習データ $\boldsymbol{x}_0$, 時刻 $t \sim \mathrm{Uniform}(1, \cdots, T)$, 画像と同じサイズのノイズ $\epsilon \sim N(\boldsymbol{0}, \boldsymbol{I})$ からサンプリングして, 式 (8.29) を最小化するように $\boldsymbol{\epsilon}_\theta$ の学習パラメータをアップデートすることで行う.

生成時は, $\boldsymbol{x}_T \sim N(\boldsymbol{0}, \boldsymbol{I})$ としてサンプルして,

$$\boldsymbol{x}_{t-1} = \frac{1}{\sqrt{\alpha_t}}\left(\boldsymbol{x}_t - \frac{1 - \alpha_t}{\sqrt{1 - \alpha_t}}\boldsymbol{\epsilon}_\theta(\boldsymbol{x}_t, t)\right) + \sigma_t \boldsymbol{z} \tag{8.30}$$

で更新する. なお, $t = 1$ のときは $\boldsymbol{z} = \boldsymbol{0}$, それ以外は $\boldsymbol{z} \sim N(\boldsymbol{0}, \boldsymbol{I})$ とする. この生成過程は, $\boldsymbol{\epsilon}_\theta$ によって予測されたノイズを繰り返し除去していく過程として実現されている.

なお, 拡散モデルによる画像生成結果は, テキストからの画像生成の結果として, 11.2 節で示す.

▌5．画像生成結果の評価指標

画像生成結果の評価には, 画像分類のように正解枚数をカウントするといった自明な方法がない. そのため, さまざまな手法が提案されているが, ここで

は広く用いられているインセプションスコア（Inception Score；IS）とフレシェインセプション距離（Fréchet Inception Distance；FID）について取り上げる．なお，IS と FID は自動的に計算できるが，人間の見た目とスコアが必ずしも一致しない場合があるので，ユーザによる主観評価（ユーザスタディ）もしばしば行われる．

IS は生成画像を ImageNet 1k で事前学習済の Inception V3（GoogleNet の改良版の画像認識ネットワーク）で認識して，その結果がどの程度偏っているか，つまり，1000 種類のうちのどれかに認識されている度合いで，生成結果の良し悪しを評価する．もし画像が本物に近く生成されていれば 1000 種類のうちのどれかに分類され，生成に失敗してぼやけたような画像になっていればソフトマックス出力の確率値が複数のクラスに分散する，という経験則に基づいている．計算式は以下のとおりである．

$$\text{IS} = \exp\left(\frac{1}{N}\sum_{i=1}^{N} KL[p(\boldsymbol{y}|\boldsymbol{x}_i)\|p(\boldsymbol{y})]\right) \tag{8.31}$$

$$p(\boldsymbol{y}) = \frac{1}{N}\sum_{i=1}^{N} p(\boldsymbol{y}|\boldsymbol{x}_i) \tag{8.32}$$

$$KL[p(\boldsymbol{y}|\boldsymbol{x}_i)\|p(\boldsymbol{y})] = \sum_{j=1}^{D} p(y_j|\boldsymbol{x}_i) \log \frac{p(y_j|\boldsymbol{x}_i)}{p(y_j)} \tag{8.33}$$

なお，評価画像は $\boldsymbol{x}_i$ $(i = 1,\cdots,N)$，$\boldsymbol{y}$ は Inception V3 のソフトマックス出力で，y_j $(j = 1,\cdots,D)$ はその各要素を表す．KL は KL 距離で分布間の距離を表す．つまり，評価画像個々の分類結果のクラス確率ベクトル $p(\boldsymbol{y}|\boldsymbol{x}_i)$ が評価画像全体のクラス確率ベクトルの平均 $p(\boldsymbol{y})$ と離れていればスコアが高くなり，近ければ低くなる．IS スコアが高いほど生成結果が良いということができる．

IS は ImageNet 1k で学習したネットワークで分類した結果に基づいているので，ImageNet 1k に含まれないカテゴリの物体はうまく生成できたとしても分類されないためスコアに反映されない可能性がある．また，モード崩壊が発生し生成器が数パターンの同じ画像ばかり出力したときでも，高いスコアになってしまう場合があり，生成結果の多様性に関してはスコアに反映されない問題点がある．それに対して，FID は評価用の実画像の分布と生成画像の分布

感距離をスコアとするため，そのような問題が起きにくくなっている．

　FID の計算でも IS 同様に学習済の Inception V3 を用いる．FID では分類結果ではなく，最後の Pooling 層から出力した 2048 次元の CNN 特徴量を画像表現として利用する．評価用画像と生成画像の分布はそれぞれ多変量正規分布に従うとして，それぞれの平均ベクトルと共分散行列で分布を表現し，その二つの正規分布間の距離をフレシェ距離で求める．これが FID である．分布が近いほど生成結果が本物らしいということになるので，FID が小さいほど生成結果が良いことになる．FID での計算式は，生成結果 X，評価画像 Y の平均，共分散をそれぞれ (μ_X, Σ_X), (μ_Y, Σ_Y) とすると，

$$\mathrm{FID} = \|\mu_X - \mu_Y\|^2 + \mathrm{Tr}(\Sigma_X + \Sigma_Y - 2\sqrt{\Sigma_X \Sigma_Y}) \tag{8.34}$$

となる．なお，$\mathrm{Tr}(X)$ は行列 X の対角成分の和（トレース）を表す．分布同士の比較なので，できるだけ多くの画像で評価することが望ましく，1 万枚以上あることが望ましいとされている．

■ 8.4　画像変換

　ここまでで述べたように，エンコーダ・デコーダ型ネットワークによって画像変換が実現できる．オートエンコーダが基本となっており，画像を一度エンコードして低次元の中間表現に変換して，それをデコードすることによって，入力画像に何らかの処理を施した画像を生成することができる（図 8.14(a)）．もともとは前章で触れた領域分割の手法として提案された SegNet[57] が最初の画像変換のためのエンコーダ・デコーダ型ネットワークであるとされている．SegNet ではエンコーダは学習せずに pre-train 済の VGG-16 ネットワークが利用された．一方，**U-Net**[58] では，エンコードによる低次元化で細部の情報が失われて，生成される出力画像の解像度が劣化するのを防ぐために，エンコーダの各中間特徴マップと対応するサイズのデコーダの特徴マップを直接結合する skip connection をエンコーダデコーダネットに導入した（図 8.14(b)）．実際これによって細部の構造が保持されたまま，最終出力にそれを反映させることが可能となった．また，表現力を向上させるために，エンコーダとデコーダの間に ResNet で提案された**残差ブロック（ResBlock）**を挿入したエンコー

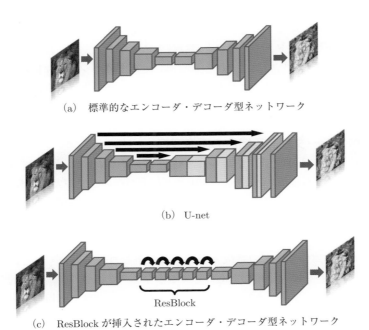

(a) 標準的なエンコーダ・デコーダ型ネットワーク

(b) U-net

ResBlock

(c) ResBlock が挿入されたエンコーダ・デコーダ型ネットワーク

図 8.14 画像変換ネットワーク

ダ・デコーダ型ネットワークも画像変換ではよく利用される（図 8.14(c)）.

変換ネットワークの学習の基本は，図 8.3 で示したようなオートエンコーダである．そこでは，学習画像をノイズ付与など簡単な画像処理によって変形させて，変形画像を入力，元画像を出力のペアデータとして，L2 損失などの再構成誤差損失でネットワークを学習した．入力画像は必ずしも元画像から簡単な画像処理で生成する必要はなく，7.4 節で説明した意味的領域分割で入力となる画像と出力になる領域マスク画像がペアになっているように，入力画像と出力画像のペアから構成される学習データがあれば，学習が可能である．ただし，入力と出力の画像が大きく異なる場合は，再構成誤差損失のみの学習では限界があり，敵対的学習を組み合わせて学習することが必須である．その代表的な方法に **Pix2Pix**[68] という方法がある．また，入力画像の集合と出力画像の集合の間に対応がなくペアになっていなくても学習可能な手法である

CycleGAN[79] も存在する．この場合は，画像集合から異なる種類の画像集合への変換となり画像ドメイン変換と呼ばれることもある．例えば，馬をシマウマに変換する場合，馬画像とそれと全く同じで馬だけがシマウマになっている画像というものは実際には入手不可能であるので，そのような画像変換を学習する場合がペアデータがない場合の画像変換に相当する．

▌1.　ペアデータがある場合の画像変換

　もともとは領域分割用に提案された画像変換用のエンコーダ・デコーダ型ネットワークであるが，その後，入力画像と出力画像のペアが大量にあれば，あらゆる画像変換タスクに適用できることがわかった．白黒画像のカラー化[80]，超解像度処理[81]，単一画像からの奥行き推定[82]，2 枚の画像からのオプティカルフローの推定 FlowNet[83]，高速スタイル変換ネットワーク[84]，HOG, BOF, AlexNet の中間信号などの特徴表現ベクトルからの画像復元[85]など，入出力画像のペアが容易に入手可能であるさまざまなタスクについて，標準的なエンコーダ・デコーダ型ネットワークをそのまま利用するだけで応用可能であることが示された．

　このエンコーダ・デコーダ型ネットワークは，入力と出力のペアさえあればさまざまな変換が学習可能であることから，特に従来のコンピュータビジョンが対象としてきた，一般には逆問題であるとされる 2 次元画像からの 3 次元物理世界の推定に利用することが可能である．大量の入出力のペアは順問題のモデルで生成可能であるので，順問題で生成した大量データでエンコーダ・デコーダ型ネットワークを学習すれば，逆問題のモデルを容易に構築できることになる．そのため，認識分野だけではなく，3 次元復元や光学推定分野にも CNN が広く利用されるようになってきている．

　一見，万能と思えるエンコーダデコーダネットであるが，従来は領域分割結果の領域マスク画像から元画像を生成するなどの，入力画像が出力に比べて著しく情報量が縮退している場合は変換モデルの学習が困難であった．ところが 2016 年末に，それも画像生成の GAN の枠組みで提案された**敵対的学習**（**Adversarial Training**）を利用することで解決できることが示された[68]．その手法が Pix2Pix と呼ばれるものである．図 8.15 に示すように，エンコーダデコーダ型の画像変換ネットワーク G に画像 x を入力して，識別器 D を用いて敵対学習を行う．D には生成画像もしくは学習画像だけでなく，変換前の

画像も条件付き GAN の条件ベクトルと同じように入力する.

$$L_{\mathrm{GAN}} = \boldsymbol{E}_{\boldsymbol{x},\boldsymbol{y}}[\log D(\boldsymbol{x},\boldsymbol{y})] + \boldsymbol{E}_{\boldsymbol{y}}[\log(1 - D(G(\boldsymbol{y}),\boldsymbol{y}))] \tag{8.35}$$

敵対損失に加えて,通常の再構成損失(Pix2Pix では,L1 損失を利用)$L_{\mathrm{L1}} = \boldsymbol{E}_{\boldsymbol{x},\boldsymbol{y}}[\|\boldsymbol{x} - G(\boldsymbol{y})\|_1]$ も合わせて利用する.

$$\min_G \max_D (L_{\mathrm{GAN}} + \lambda L_{\mathrm{L1}}) \tag{8.36}$$

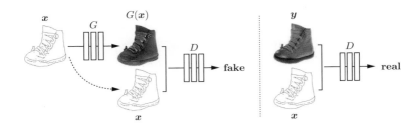

図 8.15 Pix2Pix(ブーツのエッジ画像からブーツの写真画像を生成するネットワークを学習している例)[68]

GAN はエンコーダネットワークにおいて低次元ベクトルから画像生成するための手法であるので,学習において再構成損失に加えて敵対損失も利用すると,画像生成的な要素がネットワークに導入され,情報量が少ない画像から多い画像への変換,例えば地図から航空写真,エッジ画像から写真画像,領域分割結果のマスク画像から元画像など,従来は難しかった逆変換も自由自在に学習可能となることが示された(図 8.16).また,この方法は画像の一部を消去して描画するインペインティングにも利用可能である.

2. 画像ドメイン変換

これまで説明した画像変換は入出力のペアデータが入手できることが前提であった.しかしながら,ある夏の風景画像を冬の風景に変換したい,写真中のりんごをみかんに変換したいなどのような,ペアデータを入手することが難しい画像変換を行う方法も提案されている.こうした方法は,ペアデータが不要であることから教師なし画像変換(unsupervised image translation)と呼ばれる.また,二つの異なる画像ドメインの相互変換を学習することから,画像

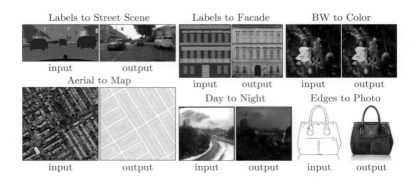

図 8.16　Pix2Pix による画像変換の例[68]

ドメイン変換と呼ばれることもある.

　その代表的な手法は, CycleGAN[79]である. どちらも図 8.17 に示すように, ドメイン X (ここではカレーライス) からドメイン Y (ここではライス) に変換するネットワーク G と, Y から X に変換するネットワーク F を用意し, 二つの変換ネットワークを連続して適用すると, $X \xrightarrow{G} Y \xrightarrow{F} X,\ Y \xrightarrow{F} X \xrightarrow{G} Y,$ と変換され元の画像に戻る, という次の式で表される cycle consistency loss (循環一貫性損失) を用いている点が大きな特徴である.

$$L_{\mathrm{cycle}} = \boldsymbol{E_x}[\|F(G(\boldsymbol{x})) - \boldsymbol{x}\|_1] + \boldsymbol{E_y}[\|G(F(\boldsymbol{y})) - \boldsymbol{y}\|_1] \tag{8.37}$$

また, GAN と同様に, $X \xrightarrow{G} Y,\ Y \xrightarrow{F} X$ に変換したところで, ドメイン Y の判別器 D_Y, ドメイン X の識別器 D_X を用いて敵対的学習も行っている.

$$
\begin{aligned}
L_{\mathrm{GAN}} = &\ \boldsymbol{E_x}[\log D_x(\boldsymbol{x})] + \boldsymbol{E_y}[\log(1 - D_x(G(\boldsymbol{y})))] \\
&+ \boldsymbol{E_y}[\log D_y(\boldsymbol{y})] + \boldsymbol{E_x}[\log(1 - D_y(G(\boldsymbol{x})))]
\end{aligned}
\tag{8.38}
$$

この一貫性損失と敵対的損失を組み合わせることで, 図 8.18 に示すような画像ドメイン変換が学習可能となる.

$$\min_{G,F} \max_{D_x, D_y} (L_{\mathrm{GAN}} + \lambda L_{\mathrm{cycle}}) \tag{8.39}$$

なお, CycleGAN は二つのドメイン間の変換しかできなかったが, 複数のドメイン間を相互に変換する条件付きの CycleGAN ともいえる StarGAN[86]も

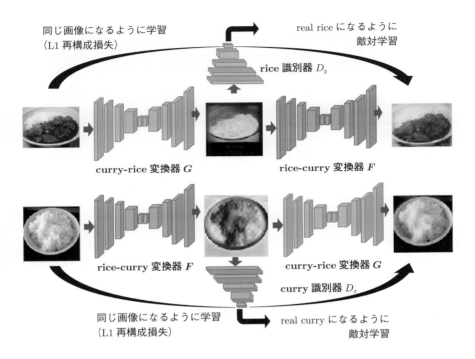

同じ画像になるように学習
（L1 再構成損失）

real rice になるように
敵対学習

rice 識別器 D_y

curry-rice 変換器 G

rice-curry 変換器 F

rice-curry 変換器 F

curry-rice 変換器 G

curry 識別器 D_x

同じ画像になるように学習
（L1 再構成損失）

real curry になるように
敵対学習

図 8.17 CycleGAN の学習の概念図[79)

提案されている．StarGAN では，三つ以上のドメイン間で自由に画像変換が可能である．StarGAN では，画像に加えて変換先のドメインを指定する条件ベクトル c も合わせて入力するため，生成ネットワークは一つのみで，$G(\boldsymbol{x}, \boldsymbol{c})$ と表現できる．変換前，後のドメインをそれぞれ $\boldsymbol{c}_0, \boldsymbol{c}_1$ とすると

$$L_{\text{cycle}} = \boldsymbol{E}_{\boldsymbol{x}}[\|G(G(\boldsymbol{x}, \boldsymbol{c}_1), \boldsymbol{c}_0) - \boldsymbol{x}\|_1] \tag{8.40}$$

となる．一方，識別器は AC-GAN と同じとなり，クラス識別の出力 D_{class} が追加される．

$$L_{\text{GAN}} = \boldsymbol{E}_{\boldsymbol{x}}[\log D(\boldsymbol{x})] + \boldsymbol{E}_{\boldsymbol{y}}[\log(1 - D(G(\boldsymbol{y}, \boldsymbol{c}_1)))] \tag{8.41}$$

$$L_{\text{ce}} = \boldsymbol{E}_{\boldsymbol{x}}[\text{CE}(D_{\text{class}}(\boldsymbol{x}, \boldsymbol{c}_1)) + \text{CE}(D_{\text{class}}(G(\boldsymbol{x}, \boldsymbol{c}_1), \boldsymbol{c}_1))] \tag{8.42}$$

$\text{CE}(\boldsymbol{y}, \boldsymbol{c})$ は，出力値 $\boldsymbol{y}$ と理想値 $\boldsymbol{c}$ の間のクロスエントロピー関数である．な

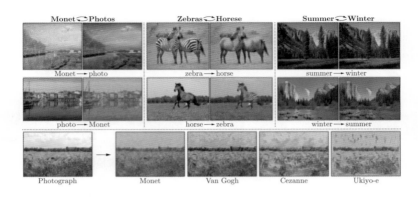

図 8.18　CycleGAN による画像変換の例[79)]

お，ドメインが三つ以上の場合は，$c_2, c_3, \cdots$ に関しても同様の損失関数を用意する．

■ 3. 形状とスタイルの特徴分離による画像操作

Pix2Pix や CycleGAN では，画像変換にエンコーダデコーダ型ネットワークを用いていたが，エンコーダとデコーダは一体化しており，中間の潜在変数は特に利用していなかった．それに対して，DRIT（Disentangled Representation for Image-to-Image Translation）では，画像変換においてエンコーダとデコーダを別々に用意し，エンコードされた潜在情報の一部を入れ替えることで，2枚の画像の形状とスタイルを組み合わせた画像の生成を実現した．2 種類のエンコーダによって，主に形を表現するコンテンツ特徴と，主にテクスチャや色合いなどを表現するスタイル特徴の性質の異なる二つの特徴を分離して抽出することが可能となる．これを特徴分離（feature disentanglement）[*3]という．

図 8.19(a) に DRIT の学習について示す．CycleGAN と同様に二つのドメイン x, y があることを仮定している．CycleGAN ではドメイン間の変換のみ可能で，どのような変換結果になるかは制御できなかった．DRIT では，コンテンツエンコーダ E^c とスタイルエンコーダ E^a[*4]の 2 種類のエンコーダを二

[*3] "disentanglement" には，もつれを紐解く，という意味があり，混ざっている特徴成分を，もつれを紐解いて分離する，というニュアンスが含まれている．

[*4] 図 8.19 では，属性エンコーダ（Attribute encoder）となっているが，ここではより一般的な「スタイルエンコーダ」という呼び方を用いる．

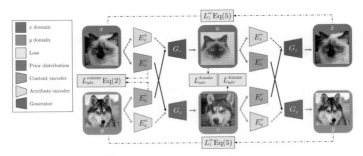

(a) Training with unpaired images

(b) Testing with random attributes　(c) Testing with a given attribute

図 8.19 DRIT の学習 (a)，ランダム属性による生成 (b)，2 枚の画像の形状と
スタイルの合成 (c)[87]

つのドメインそれぞれに対して用意し，コンテンツ特徴とスタイル特徴の 2 種
類の特徴を分離して抽出する．コンテンツ特徴は二つのドメインで共通の空間
に写像され，一方スタイル特徴はドメインごとに独立とするが，標準多次元正
規分布に従うとする．一方，ドメインごとに用意されたデコーダ G はコンテ
ンツ特徴とスタイル特徴の二つの特徴を入力として受け取り，それらを反映さ
せたドメインごとの画像を出力する．

　学習では，二つのドメインの画像 x, y に対してそれぞれコンテンツ特徴と
スタイル特徴を抽出し，共通空間に写像されるコンテンツ特徴を二つのドメイ
ンで入れ替えて画像を生成する．さらに生成された画像から抽出したコンテン
ツ特徴をもう一度入れ替えて再度画像を生成し，画像 $\hat{x}$, $\hat{y}$ を得る．この x と
$\hat{x}$, y, $\hat{y}$ がそれぞれ同一になるように学習を行う．これは，cycle consistency
loss の発展型の cross-cycle consistency loss という．ほかにも，二つのドメ
インのコンテンツ特徴が同一空間に分布するような制約（domain adversarial
loss），スタイル特徴が正規分布に従うようにする制約（KL loss），1 枚の画像

から抽出したコンテンツ特徴とスタイル特徴で画像を生成すると同じ画像に戻る制約（self-reconstruction loss），任意のコンテンツ特徴と正規分布からサンプリングしたスタイル特徴で画像を生成してさらにスタイル特徴を抽出すると同じスタイル特徴が復元できるようにする制約（latent regression loss）を合わせて学習することで，エンコーダ，デコーダを学習することができる．

図 8.20 が生成された画像の例である．左側はドメイン変換の例であるが，ランダムで生成したスタイル特徴を用いて，それぞれ 3 種類の異なる雰囲気の生成結果を得ている．図の右側は，一つの画像に異なる 3 種類の画像（スタイル画像）から抽出したスタイル特徴を融合させて画像を変換した例である．スタイル画像の雰囲気に近い画像変換結果を得ることに生成している．このように別々の画像から抽出したコンテンツ特徴とスタイル特徴を融合させて画像変換を行うことで，コンテンツ画像のスタイルの制御を自由に行うことが可能となる．

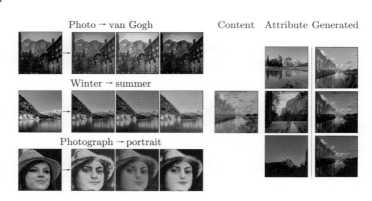

図 8.20 DRIT による生成例[87]

8.5 画像最適化による画像変換

1. クラス顕著性マップと敵対画像
深層学習による画像変換には，エンコーダデコーダ型ネットワークで画像の

変換を直接学習する以外に，画像最適化による方法がある．図 8.21 に示すように，逆伝播時には各レイヤの入力値に関する誤差勾配 Δ が出力層から入力層へ向かって順次，逆伝播されていくが，最後の画像までに伝播するとどうなるであろうか？　実は，ネットワークの学習パラメータを更新する代わりに，画像のピクセル値自体を勾配降下法で更新することができる．これが画像最適化による画像変換である．

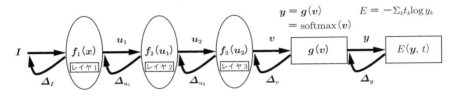

図 8.21　入力画像 I に誤差勾配 Δ_I を逆伝播することで行う画像の最適化

入力画像を I とすると，

$$\Delta_I = \frac{\partial E}{\partial I}$$

である．これは画像の各画素に関する誤差勾配である．この値が大きい場所は，正解ラベルとして与えたカテゴリの物体が存在している可能性が高いと考えることができ，そのカテゴリに対応する画像の部分をおおよそ推定することができる[88]．これをクラス顕著性マップ（class saliency map）と呼び，画像全体にラベルが付いた学習データのみで，物体領域の推定が可能となる．図 8.22 に，認識ネットワークで "train" を正解ラベルとして，誤差逆伝播法で入力画像に関する誤差勾配を計算して，クラス顕著性マップを可視化した例を示す．実際に "train" に相当する領域が白くなっており，特に中心部分に強い反応が出ていることがわかる．一方，一緒に写っている "person" に相当する領域には反応がない．CAM や GradCAM などの可視化手法を第 7 章で説明したが，このクラス顕著性マップも可視化手法の一種と考えることができる．

　さらに，画像の各画素に関する誤差勾配を用い勾配降下法を入力画像に適用して，

$$I' = I - \eta \frac{\partial E}{\partial I}$$

"train"
として
逆伝播

入力画像 I

誤差勾配 Δ_I
（クラス顕著性マップ）

図 8.22　"train" を正解として入力画像 I に関する誤差勾配 Δ_I を計算して，クラス顕著性マップを濃淡画像として可視化した例

とすることで，誤差が減るように入力画像に変更を加えることが可能となる．つまり，誤差逆伝播法を用いてネットワークパラメータの学習だけではなく，画像自体を変化させることも可能となる．例えば，「ライオン」の画像をライオンの確率がより高くなるように変化させるというようなことである．ただし，実際にこれを行うと，必ずしも人間にとってのライオンらしさが増幅されるわけではなくて，ニューラルネットにとってのライオンらしさが強調され，逆に人間にとっては奇妙な画像となってしまうことがある．また，全くのノイズ画像を指定したカテゴリに認識されるように変化させることも可能である．この場合は，通常は物体の形が明確には現れず，画像の一部が微小に変化して，人間には物体には見えないが，ニューラルネットには特定カテゴリの物体であると認識される敵対画像（adversarial image）もしくは敵対サンプル（adversarial sample）と呼ばれる画像が生成される．敵対サンプルの例を図 8.23 に示す．左からそれぞれ，アルマジロ，レッサーパンダ，オウサマペンギン，ヒトデと認識される敵対画像となっている．

armadillo　　　lesser panda　　　king penguin　　　starfish

図 8.23　ノイズ画像や人工パターンから生成した敵対サンプルの例[89]

　画像分類では，例えば 1 000 クラス分類の場合は，画像を 1 000 クラスのど
れかに分類することを行う．学習データは人間が撮影した写真画像から構成さ
れているため，通常の写真画像で何かしらの物体が写っていれば当然正しく認
識できるが，そうでない人工的な画像，例えば，ランダムノイズ画像や人工パ
ターン画像であっても 1 000 クラスのうちのどこか一つのクラスに分類されて
しまう．実は学習データに含まれない人工画像に関しては，その出力結果はど
のようなるかはわからない．なので，人間にはノイズにしか見えない画像がラ
イオンだとニューラルネットワークは認識するかもしれない．そのときに，少
しだけ画像を改変すれば，トラにもヒョウにもチーターにもなるかもしれな
い．勾配法で画像を修正することでそのようなことが可能となる．さらに，勾
配法で生成したノイズパターンを通常画像に重ね合わせることで，図 8.24 に
示すように，見た目はパンダ（panda）でも，ノイズ画像を加えることでテナ
ガザル（gibbon）と認識させることが可能となる．人間の目には判別できない
微小な変化を加えることで，認識クラスを見た目とは変えることが可能となっ
ている．この原理をさらに発展させると，交通標識に白と黒の矩形パターンを
貼り付けるだけで，例えば stop サインを別の標識として認識させることが可
能となって，自動運転の脅威になり得ることが指摘されている[90]．

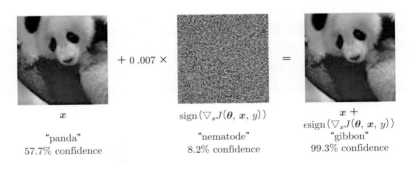

x

"panda"
57.7% confidence

$\text{sign}(\nabla_x J(\boldsymbol{\theta}, \boldsymbol{x}, y))$

"nematode"
8.2% confidence

$x +$
$\epsilon \text{sign}(\nabla_x J(\boldsymbol{\theta}, \boldsymbol{x}, y))$

"gibbon"
99.3% confidence

図 8.24 認識カテゴリを変化させた敵対的サンプル[91]

▌2.　DeepDream

　画像レベルの最適化には，ほかにも興味深い利用法がある．この原理を利用して，不思議な画像を生成したものが，図 8.25 に示す DeepDream[*5]である．DeepDream では，ネットワークの特定のレイヤの活性特徴が強調されるように，画像を繰り返し変化させる．特定レイヤの出力信号を y とすると，画像に関するその勾配は $\partial y / \partial I$ となる[*6]が，ここでは通常の誤差を最小化するのとは逆に，出力信号の値をより大きくして強調させるように画像を変化させる．つまり，勾配降下ではなく，その逆の勾配上昇である．これは次のように，勾配降下法の符号をマイナスからプラスに変えるだけでよい．

$$I' = I + \eta \frac{\partial y}{\partial I} \tag{8.43}$$

こうすることによって，特定のレイヤの特定のフィルタに強く反応するような構造が画像に現れ，例えば，動物画像の中に「目」や「顔」が現れ，人間が手で描く絵画ではあり得ないような奇妙な画像が生成できる．実際に芸術的な DeepDream 画像を生成するには，複数のレイヤについて重み付けして同時に最適化するのがよいとされている．

▌3.　画像スタイル変換

　画像最適化による画像変換として重要なものが，図 8.26 に示す，写真を絵画風にする画像スタイル変換（neural image transfer）である．スタイル画像のテクスチャを使って入力画像の形状を表現することで，写真が絵画風の画像に変換される．具体的には，図 8.27 に示すように，コンテンツ画像 I_C とスタイル画像 I_S を用意し，最適化によってスタイル変換された画像 x を生成する．なお，x の初期値はランダムノイズ画像とするのが一般的であるが，コンテンツ画像とする場合もある．最適化するものは二つの損失関数である．

　一つ目はコンテンツ損失で，ImageNet 1k で事前学習済みの VGG ネットワークの特定のレイヤから取り出した特徴マップが，最適化対象の x が I_C に近づくように最小化する．特徴マップは画像の形状を表していると考えられていて，これを最適化することで生成画像がコンテンツ画像と似た形状をもつよ

[*5]　論文ではなく，Google のブログ記事として発表されている．
　　　https://ai.googleblog.com/2015/06/inceptionism-going-deeper-into-neural.html
[*6]　I は特徴マップであるためテンソルで表現されるが，ここではすべての値が 1 列に並んだベクトルとして考える．

図 8.25　DeepDream の例

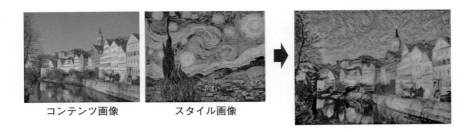

コンテンツ画像　　　　　　スタイル画像

図 8.26　画像スタイル変換の例

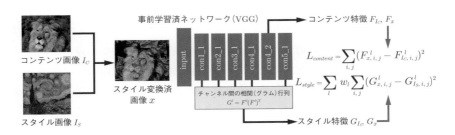

図 8.27　画像スタイル変換の説明図

うになる．l 番目のレイヤ出力のサイズ $w_l \times h_l \times c_l$ の特徴マップを $(w_l h_l) \times c_l$ の行列 F^l で表現するものとすると，F_l は各チャネルのマップを 1 列のベクトルとして，それを横に並べた行列となっている．コンテンツ損失は，次の数式

で書くことができる.

$$L_{\text{content}} = \|F_x^l - F_{I_c}^l\|_2 \tag{8.44}$$

ただし，F_x^l, $F_{I_c}^l$ はそれぞれ生成画像 x，コンテンツ画像 I_c の行列化した特徴マップであり，$\|F\|_2$ は行列 F をベクトル化した場合の L2 ノルムである.

　二つ目はスタイル損失で，こちらの学習済の VGG の複数のレイヤから取り出した特徴マップのチャネル相関行列（グラム行列と呼ばれる）が，最適化対象の x が I_S に近づくように最小化する.このチャネル相関行列は，チャネル同士の特徴マップの類似度を内積で求めてそれを行列にしたもので，テクスチャを表す特徴量として利用可能である.チャネル相関行列は，チャネルごとの特徴マップの内積で求められるため，空間情報は失われていて，画像の形状に関する情報は保存しておらず，テクスチャの分布のみを保存している.スタイル損失は次の数式で表現できる.

$$G_x^l = \sum_k F_x^{l\,\mathrm{T}} F_x^l \tag{8.45}$$

$$L_{\text{style}} = \sum_{l \in L} w_l \|G_x^l - G_{I_s}^l\|_2 \tag{8.46}$$

G_x^l は画像 x の l 番目のレイヤ出力のグラム行列，L はスタイル特徴の計算に用いるレイヤ集合，w_l は l 番目のレイヤのスタイル損失の重みである.

　二つの損失関数を最小化する場合は，

$$L = \alpha L_{\text{content}} + \beta L_{\text{style}} \tag{8.47}$$

のようにして重み付け線形和によって，一つの損失関数とする.逆伝播の計算時には，複数の勾配が合流する箇所で勾配を合計することになる.コンテンツ特徴のほうが強い制約であるため，重みは $\beta = 1$ として，コンテンツ特徴には $\alpha = 10^{-3}$ などとして小さい値を設定すると，図 8.26 に示すように，コンテンツ画像の形状を保持しつつ，スタイル画像の画風を再現することができる.スタイル変換は，写真を絵画に変えるだけではなく，例えば，木でできたものを石でできたように変える物体の素材変換などにも利用可能である.

▌4．高速画像スタイル変換

　このスタイル変換は画像を任意の絵画風のスタイルに自由に変換できるため，一躍注目を集めたが，変換に誤差逆伝播を利用した画像最適化を用いてい

たため，1 枚の画像に数分の変換時間が掛かるという難点があった．そこで，その変換過程を画像変換ネットワークによってシミュレートする方法が提案された．これを高速画像スタイル変換という．事前に学習した高速スタイル変換ネットワークを用いることで，画像をネットワークに入力して 1 度順伝播処理を行うことで，画像スタイル変換が完結する[84], [92]．

最も初期の高速スタイル変換のネットワークを図 8.28 に示す[84]．変換ネットワーク自体は CycleGAN でも使われているエンコーダ・デコーダ型ネットワークの中間に ResBlock を挟んだ画像変換ネットワークである．特定のスタイル画像を 1 枚用意して，生成画像のスタイル特徴がスタイル画像のスタイル特徴と同じになるという制約と，生成画像のコンテンツ特徴が入力画像と同じになるという二つの制約を用いて学習する．損失関数の式としては式 (8.47) とほぼ同一であるが，生成画像のノイズを少なくするために，隣接するピクセル間の変化を小さくする正則化項である total variation 損失

$$L_{TV} = \sum_{i,j}((x_{i,j} - x_{i+1,j})^2 + (x_{i,j} - x_{i,j+1})^2) \tag{8.48}$$

を加えることもある．ここで興味深いのは，コンテンツ損失 L_{content} とスタイル損失 L_{style} が，ニューラルネットワーク（VGG）を含んでいる点である．変換ネットワークの出力を VGG に入力して，その中間出力に対して損失関数が設定されている．損失計算のために利用するネットワークは loss network と呼ばれる．これら二つの損失は事前学習済の VGG ネットワークで計算され，その L2 損失関数の勾配は VGG ネットワークを通って，学習対象の画像変換ネットワークに伝播される．VGG の重みは更新せずに，画像変換ネットワークの重みのみを更新して学習を行う．実は，GAN の生成器の学習時は，識別器が loss network になっていた．GAN でも，同様に loss network である識別器の重みは更新せずに，生成器の重みのみを更新していた．

なお，学習時は数万枚規模の多様なコンテンツ画像を用意して，どのようなコンテンツ画像が入力されても，もともとは画像最適化で行っていた特定のスタイルへの変換を，変換ネットワークがシミュレートできるように学習する．一度学習すれば，コンテンツ画像を一度ネットワークに通せばスタイル変換済みの画像が出力される．

この高速スタイル変換は，1 種類の固定されたスタイルしか学習できず，複数のスタイルに変換したい場合は，それぞれ別々にネットワークを学習する必

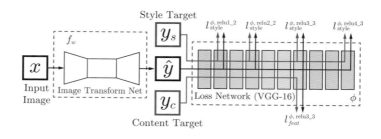

図 8.28　高速スタイル変換[84]

要があるという欠点があった．それを解決したのが，高速任意スタイル変換
である．高速任意スタイル変換の手法は多数提案されているが，ここでは，最
も代表的な適応的インスタンス正規化（Adaptive Instance Normalization；
AdaIN）を用いた方法を紹介する[92]．図 8.29 に AdaIN を用いた方法を示す．
これは，5.5 節で紹介した正規化層の拡張版である．

　バッチ正規化はミニバッチ内で特徴マップのチャネルごとに平均，標準偏差
を求め，各要素から平均を引いて標準偏差で割ることによって，平均 0，分散
1 となるように正規化した後に，学習パラメータ γ, β で分布の調整を行って
いた．一方，インスタンス正規化はミニバッチ単位ではなく，サンプルごとに
チャネル内で平均，標準偏差を求めて正規化するという違いがある．学習パラ
メータ γ, β に関しては同様に学習していた．

　バッチ内もしくはサンプルごとの特徴マップの i 番目のチャネルの平均値を
μ_i，標準偏差を σ_i（分散は σ_i^2），特徴マップを $\boldsymbol{x}_i$ とすると，正規化は以下の式
で行うことができる．

$$\boldsymbol{x}_i' = \frac{\boldsymbol{x}_i - \mu_i}{\sqrt{\sigma_i^2 + \epsilon}} * \gamma_i + \beta_i \tag{8.49}$$

バッチ正規化，インスタンス正規化ともに γ_i, β_i は学習パラメータで，テスト
時には固定される．なお，ϵ は 0.000 001 などの 0 以上の小さな値である．

　適応的インスタンス正規化では，μ, σ の計算まではインスタンス正規化と同
様であるが，β, γ はテスト時に学習した値を固定して用いるのではなく，入力
に応じて適応的に生成して利用する．つまり，分布の調整を適応的に行う．

　高速任意スタイル変換では，図 8.29 に示すように，コンテンツ画像（上側の

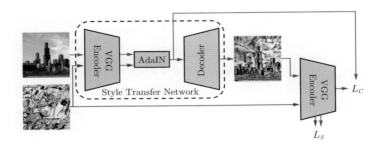

図 8.29 高速任意スタイル変換[92]

入力画像）とスタイル画像（下側の入力画像）をそれぞれ学習済み VGG でエンコードして，コンテンツ画像の特徴が平均 0，分散 1 になるように調整した後で，スタイル画像から抽出された特徴量の平均を $\boldsymbol{\beta}$, 標準偏差を $\boldsymbol{\gamma}$ として，コンテンツ特徴の分布がスタイル画像の分布と同じになるように調整を行う．そして，デコーダに調整されたコンテンツ特徴を入力し画像を復元すると，スタイル変換後の画像が生成されるように，デコーダを学習する．1 種類のスタイルのみの高速スタイル変換では，スタイル画像は固定で，コンテンツ画像だけ多様な画像を利用していたが，高速任意スタイル変換では，スタイル画像も，コンテンツ画像もどちらも大量の画像をランダムで組み合わせて学習を行う．損失関数は高速スタイル変換とほぼ同じであるが，スタイル特徴表現が VGG の中間特徴マップのグラム行列ではなく，次のように特徴マップのチャネル平均とチャネル分散となっている．

$$L_{\text{style}} = \sum_{i=1}^{L} (\mu(\phi_i(g(\boldsymbol{t}))) - \mu(\phi_i(\boldsymbol{s})))^2$$
$$+ \sum_{i=1}^{L} (\sigma(\phi_i(g(\boldsymbol{t}))) - \sigma(\phi_i(\boldsymbol{s})))^2 \tag{8.50}$$

$\boldsymbol{t}, \boldsymbol{s}$ はそれぞれコンテンツ画像，スタイル画像，ϕ_i は VGG の中間特徴マップ，$\mu(\boldsymbol{x}), \sigma(\boldsymbol{x})$ は特徴マップ $\boldsymbol{x}$ のチャネルに関する平均ベクトルと標準偏差である．

図 8.30 は高速任意スタイル変換の例である．左の列から順に，スタイル画像，コンテンツ画像，高速任意スタイル変換による生成結果，最初に述べた画

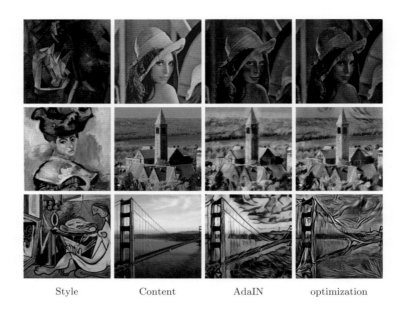

Style　　　　　Content　　　　　AdaIN　　　　optimization

図 8.30 画像スタイル変換の例

像最適化によるスタイル変換の結果を示す．高速任意スタイル変換によって，多くの回数の順伝播，逆伝播の計算が必要で通常は処理時間が数分掛かる画像最適化による方法とほぼ同等の結果が得られていることが示されている．

演 習 問 題

問 1　オートエンコーダの学習に必要な学習データについて述べよ．

問 2　深層生成モデルである変分オートエンコーダ，敵対的ネットワーク，フローモデル，拡散モデルのそれぞれの特徴について述べよ．

問 3　学習データに関する違いから生じている 2 種類の画像変換について説明せよ．

問 4　画像レベルまで誤差逆伝播することで画像を最適化することができるが，それによって可能となることを三つ述べよ．

第9章

音声処理への適用

音声処理の分野においても深層学習による技術の進展は目覚ましい[93]. 本章では,音声処理の中でも音声認識と音声合成に焦点を当て,これらの分野で深層学習を適用した例についていくつか紹介する.

9.1 音声認識ネットワーク

音声認識といえば,スマートフォンなどに搭載されている音声応答システムのようなものをイメージしがちだが,実際にはその中の一部の機能を指す.一般的な音声応答システムの内部では,以下の処理が順に実行される.

1. 音声をコンピュータに取り込む(A/D 変換など)
2. 音声の分析を行う(特徴量抽出)
3. 分析した特徴量から音素列を予測する(音響モデル)
4. 音素列から単語列を予測する(言語モデル)
5. 発話意図を理解し応答文を作成する(質問応答)
6. 応答文の言語特徴量を抽出する(テキスト解析)
7. 言語特徴量から音響特徴量を予測する(TTS 音響モデル)
8. 音響特徴量から音声波形を合成する(ボコーダ[*1])
9. 合成音声を再生する(D/A 変換など)

---

*1 一般には,2.と合わせてボコーダと呼ばれる.

　研究領域の名称としては，上記のうち 2.〜4. を音声認識，4.〜6. を**自然言語処理**，6.〜8. を**音声合成**と呼ぶことが多い．音声認識だけでも大きく三つの処理に分けられるので，一言で「深層学習を音声認識へ適用する」といっても，「深層学習で音響特徴量から音素列を予測する」「深層学習で音声信号から単語列を直接予測する」などさまざまな深層学習の使われ方が存在する．本節で紹介するそれぞれの深層学習モデルについて，音声認識のどの処理に深層学習が用いられているのかを意識しながら読み進めるとよい．深層学習の音声合成への適用については 9.2 節，自然言語処理への適用については第 10 章で詳説する．

　音声認識の処理 2.〜4. について，数式を交えながらもう少し詳しく説明する．コンピュータに取り込んだデジタルな音声データは大抵 PCM（Pulse Code Modulation：パルス符号化変調）方式，いわゆる波形データとしてメモリなどに格納されている．この波形データをベクトルで表現すると $s \in \mathbf{R}^S$（S はサンプル数）のように書ける*2が，一般に S は非常に大きい*3ため音声認識では少し扱いづらい．また，s には音声の発話内容を認識するうえで不要な情報（例えば全体的な音の高さなど）が多分に含まれる．そこで処理 2. では，s を発話内容を認識するうえで有用な情報を含む特徴量*4に変換する．このとき音声の重要な特徴である「時間変化」が失われないようにするため，波形データを数十 ms 程度に分割（この分割単位をフレームと呼ぶ）し，それぞれのフレームごとに特徴量を計算する．処理 3.〜4. では，得られた T 個（T フレーム）の特徴量系列 $\mathbf{X} = \{x_t\}_{t=1}^{T}$ を用いて予測した L 単語からなる単語列 $w = \{w_l\}_{l=1}^{L}$ のさまざまな候補のうち，最も確率（尤度）の高い単語列 $\hat{w}$ を出力する．これは以下のように書き表すことができる．

$$\hat{w} = \underset{w}{\mathrm{argmax}}\, P(w|\mathbf{X}) \tag{9.1}$$

$$= \underset{w}{\mathrm{argmax}}\, \frac{P(\mathbf{X}|w)P(w)}{P(\mathbf{X})} \tag{9.2}$$

$$= \underset{w}{\mathrm{argmax}}\, P(\mathbf{X}|w)P(w) \tag{9.3}$$

---

*2　各ベクトル要素は通常 8 bit や 16 bit などの整数値だが，便宜上ここでは実数値として取り扱う．

*3　例えばサンプリング周波数 44.1 kHz で収録した 10 秒間の音声データは $S = 44.1 \times 1\,000 \times 10 = 441\,000$ となる．

*4　具体的には **MFCC（Mel Frequency Cepstral Coefficient：メル周波数ケプストラム係数）**，ケプストラム，メルケプストラム，LPC（Linear Predictive Coding）係数，PARCOR（Partial autoCorrelation coefficient）係数，LSP（Line Spectral Pairs），PLP（Perceptual Linear Prediction），WORLD スペクトル[94]などがある．

式 (9.1) を式 (9.3) に書き直したのは，問題を切り分けて簡単にするためである．式 (9.3) にある $P(\mathbf{X}|\boldsymbol{w})$ を音響モデル，$P(\boldsymbol{w})$ を言語モデルと呼び，それぞれ，単語列 $\boldsymbol{w}$ から $\mathbf{X}$ が生成される確率，単語列 $\boldsymbol{w}$ の出現確率を表す．深層学習が登場する前までは $P(\mathbf{X}|\boldsymbol{w})$ を **HMM**（**Hidden Markov Model**）[95]，$P(\boldsymbol{w})$ を N-gram で表現することが多かった．以下で取り上げる **DNN-HMM** の説明のため，ここで HMM について簡単に説明する．HMM を用いると，音響モデルは以下のように表される．

$$P(\mathbf{X}|\boldsymbol{w}) = \sum_{\boldsymbol{q}} P(\mathbf{X}|\boldsymbol{q})P(\boldsymbol{q}|\boldsymbol{w}) \tag{9.4}$$

$$= \sum_{\boldsymbol{q}} \left(\prod_t P(\boldsymbol{x}_t|q_t) \right) P(\boldsymbol{q}|\boldsymbol{w}) \tag{9.5}$$

ここで $\boldsymbol{q} = \{q_t\}_{t=1}^T$ は隠れ状態系列を表し，ある時刻の隠れ状態 q_t は音素や半音素に相当すると考えられている．式 (9.4) が示すように，HMM では，隠れ状態系列（音素系列）$\boldsymbol{q}$ から $\mathbf{X}$ が生成される確率 $P(\mathbf{X}|\boldsymbol{q})$ と，単語の読みを示す確率 $P(\boldsymbol{q}|\boldsymbol{w})$ によって音響モデルを表すことができる．前者の構成要素である $P(\boldsymbol{x}_t|q_t)$ を出力分布と呼び，深層学習登場以前では以下のように混合正規分布（**Gaussian Mixture Mode**；**GMM**）を用いて表すことが一般的であった．

$$P(\boldsymbol{x}_t|q_t) = \sum_k \pi_{q_t,k} \mathcal{N}(\boldsymbol{x}_t; \boldsymbol{\mu}_{q,k}, \boldsymbol{\Sigma}_{q_t,k}) \tag{9.6}$$

ここで k は混合要素インデックス，$\pi_{q_t,k}$ は状態 q_t における k 番目の要素の混合重み，$\mathcal{N}(\cdot; \boldsymbol{\mu}_{q,k}, \boldsymbol{\Sigma}_{q_t,k})$ は平均ベクトル $\boldsymbol{\mu}_{q,k}$，分散共分散行列 $\boldsymbol{\Sigma}_{q_t,k}$ の多変量正規分布を表す．HMM の学習，すなわちパラメータ $\pi_{q_t,k}, \boldsymbol{\mu}_{q,k}, \boldsymbol{\Sigma}_{q_t,k}$ の推定は，EM アルゴリズムなどを用いて行われてきた．

▌1. DNN-HMM

前述のように，深層学習登場以前では音響モデルに HMM を用いることが主流であった[*5]．2000 年頃に，深層学習が音声認識に適用され，それまでの

[*5] 深層ではないが，1980 年代にニューラルネットワークが音声認識に適用される試みはあった[96]．当時ニューラルネットワークの勾配消失や時間構造の表現力不足により認識性能面において GMM-HMM に一歩劣っていた[97]

HMM による性能をはるかに上回り多くの研究者たちに衝撃を与えた[98]．このときに使用された有名な深層学習モデルが **DNN-HMM** と呼ばれるハイブリッド型のモデルである．DNN-HMM は，HMM の隠れ状態 q_t において $\boldsymbol{x}$ が生成される確率 $P(\boldsymbol{x}_t|q_t)$ を，式 (9.6) で示される混合正規分布でなく，DNN（ディープニューラルネットワーク，当初は単純な MLP）で表現する．確率 $P(\boldsymbol{x}_t|q_t)$ は以下のように書き表すことができる．

$$P(\boldsymbol{x}_t|q_t) = \frac{P(q_t|\boldsymbol{x}_t)P(\boldsymbol{x}_t)}{P(q_t)} \tag{9.7}$$

$$\propto \frac{P(q_t|\boldsymbol{x}_t)}{P(q_t)} \tag{9.8}$$

式 (9.8) の式展開は，$P(\boldsymbol{x}_t)$ を一様分布とみなすことでこの項の影響を無視している．DNN-HMM では，式 (9.8) の $P(q_t|\boldsymbol{x}_t)$ を DNN で表現，すなわち以下のように音響特徴量 $\boldsymbol{x}_t$ を入力し，DNN を用いて HMM 隠れ状態 q_t の事後確率を出力する．

$$P(q_t|\boldsymbol{x}_t) = \mathrm{softmax}(\mathrm{MLP}(\boldsymbol{x}_t)) \tag{9.9}$$

DNN-HMM の全体的な構造は図 9.1 のようになる．

　この DNN の学習には $\boldsymbol{x}_t$ と q_t のペアが必要となる．すなわち，ある時刻の特徴量 $\boldsymbol{x}_t$ がどの隠れ状態に属しているか（アライメント）をあらかじめ計算しておく必要がある．アライメントの計算には一般的に Viterbi アルゴリズムが用いられる．一方，式 (9.8) の $P(q_t)$ は，学習データである正解ラベルを用いて各隠れ状態の出現回数をカウントし，頻度を計算することで求めることができる．

▎2.　CTC

　前項で紹介した DNN-HMM は DNN や HMM，発音辞書，言語モデルなど，さまざまなモジュールを組み合わせて音声認識を実現していた．しかしこの方式では，全体最適化されていない，システムが複雑になるため開発や構築が困難である，といった問題がある．そこで近年では，これらすべてまたはいくつかを一つのニューラルネットワークで統合するエンドツーエンドモデルが盛んに研究されている．**CTC**（Connectionist Temporal Classification）[99]はエンドツーエンドモデルの一つであり，HMM を使用せず，DNN のみで音響

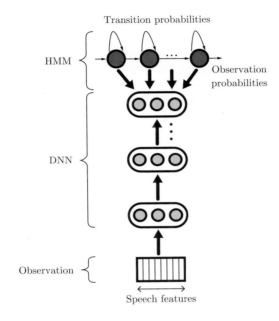

図 9.1　DNN-HMM による音声認識[100]

モデルを構築する手法として提案された．DNN-HMM では DNN がフレーム
ごとの HMM 隠れ状態を出力し，HMM などのデコードにより単語列や音素
列（以降ラベル列と呼ぶ）を予測していたのに対し，CTC では DNN が入力音
声のすべての特徴量をまとめて入力し，ラベル列を直接出力する．このとき，
入力系列と出力系列の長さが異なるが，ブランク記号（"＿"）を導入すること
によって長さの不一致を解決している．ブランク記号は DNN が予測するクラ
スの一つで，「どの音素でもない」という状態を表す．ある音素を識別するの
に決定的な音響特徴量であればその音素ラベルを，そうではなく曖昧な場合は
ブランク記号を出力し，ブランク記号を後で取り除くことでラベル列を生成す
る．CTC による認識の流れはおおむね以下のようになる．

1. 各フレームごとに「音素またはブランク記号」を予測する
2. 全フレームの予測結果を「集約」してラベル列を作る

　ステップ 1. では，第 6 章で述べた LSTM や GRU でフレームごとに（音素数 +1）個のクラスの事後確率

$$y_t^k = P(k|\mathbf{X}) = \mathrm{softmax}(\mathrm{RNN}(\mathbf{X})) \tag{9.10}$$

を計算する．ここで入力はフレーム特徴量 x_t でなくすべての特徴量集合 $\mathbf{X}$ であることに注意する．

　ステップ 2. では，連続した音素とブランク記号を削除することによってテキストを整形する．このとき，まず連続した音素，例えばステップ 1. により $T = 8$ 個の特徴量からラベル列 "a _ o _ _ i i _" が得られたとき，ステップ 2. により "a o i"（青い）へと変換される．このようにして音響特徴量系列からラベル列を直接予測するのが CTC である．

　以降の説明のため，ステップ 2. のラベル列を整形する写像を便宜上 Ω と書く．Ω は多対一の写像である．例えば $T = 8$ のとき $\Omega(l) =$ "a o i" となるラベル列 l は，"a _ o _ _ i i _" のほかに例えば以下のようなものがある．

- "a _ _ _ o _ i _"
- "a a _ o i i _ _"
- "_ a o o o _ _ i"
- "_ _ _ _ _ a o i"
- "a a a o o o i i"
- "a o i _ _ _ _ _"

取り得るラベル列 l を図で表すと図 9.2 のようなパスの集合になる．特徴量系列 $\mathbf{X}$ に対する所望のラベル列 w の事後確率 $P(w|\mathbf{X})$ は，すべての取り得るラベル列 l の事後確率の総和となり，以下のように表すことができる．

$$P(w|\mathbf{X}) = \sum_{l \in \Omega^{-1}(w)} P(l|\mathbf{X}) \tag{9.11}$$

$$= \sum_{l \in \Omega^{-1}(w)} \prod_{t=1}^{T} y_t^{l_t} \tag{9.12}$$

ここで Ω^{-1} は Ω の逆写像，l_t は t フレーム目のラベルを表す．CTC の学習では，式 (9.12) で示される尤度関数を最大化，すなわち以下の損失関数を最小化するように DNN のパラメータが推定される．

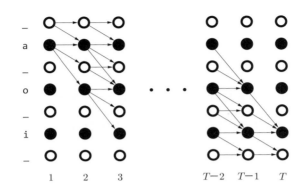

図 9.2 ラベル列 "a o i" を出力する CTC の取り得るパス[99]

$$l_{\text{CTC}} = -\log P(\boldsymbol{w}|\boldsymbol{x}) \tag{9.13}$$

▌3. RNN-T

前項で取り上げた CTC は，フレームごとの特徴量 $\boldsymbol{x}_t$ から音素ラベル（ブランク記号含む）y_t^k を予測していたが，出力ラベル間の関係性，すなわち言語モデルは考慮できていなかった．そのため CTC では，認識精度向上のために別途言語モデルを併用する必要があった．**RNN-T**（RNN Transducer）[101] は，この問題点を解決するために，CTC を拡張して，DNN の中に言語モデルを埋め込んだモデルである．言語モデルは過去の単語や音素から，次の単語や音素を予測するモデルであった．RNN-T では，一つ前の予測結果を DNN 入力することで出力ラベル間の関係性を表現している．

以下，具体的な式を用いて説明する．RNN-T では，CTC の場合と同様にブランク記号を含む（音素数 +1）個のクラスの予測を行う．まず，フレーム t に対応した u 番目に出力する音素 k の事後確率 $z_{t,u}^k$ を以下のように定義する．

$$z_{t,u}^k = P(k|\boldsymbol{h}_t, \boldsymbol{g}_u) = \text{softmax}(\text{MLP}(\boldsymbol{h}_t, \boldsymbol{g}_u)) \tag{9.14}$$

ここで，$\boldsymbol{h}_t$ は音響特徴量系列 $\mathbf{X}$ を BLSTM などの RNN でエンコードしたフレーム t の潜在ベクトル，$\boldsymbol{g}_u$ は一つ前の予測結果 y_{u-1} を別の RNN でエンコードした u 番目の潜在ベクトルを表し，それぞれ以下のように表すことがで

きる.

$$\boldsymbol{h}_t = \mathrm{RNN}(\mathbf{X}) \tag{9.15}$$

$$\boldsymbol{g}_u = \mathrm{RNN}(\boldsymbol{g}_{u-1}, y_{u-1}) \tag{9.16}$$

次に, $z_{t,u}^k$ を用いて u 番目の予測結果 y_u を以下の手順で計算する.

1. 最も尤度の高いラベル $\hat{k} = \underset{k}{\mathrm{argmax}}\, z_{t,u}^k$ を求める
2. $\hat{k}$ が音素であれば, $u \leftarrow u+1$, $\boldsymbol{y} \leftarrow (\boldsymbol{y}, \hat{k})$ と要素を追加
   $\hat{k}$ がブランク記号であれば, $t \leftarrow t+1$ と更新

これを $t = T+1$ となるまで繰り返す. なお, 最初は $t = 1$, $u = 0$, $\boldsymbol{y} = \emptyset$ (空集合) と初期化する. RNN-T の全体的な構造は図 9.3 のようになる.

　特徴量系列 $\mathbf{X}$ に対する所望のラベル列 $\boldsymbol{w}$ の事後確率 $P(\boldsymbol{w}|\mathbf{X})$ は, CTC の場合と同様に, すべての取り得るラベル列 $\boldsymbol{l}$ の事後確率の総和となり,

$$P(\boldsymbol{w}|\mathbf{X}) = \sum_{\boldsymbol{l} \in \Omega^{-1}(\boldsymbol{w})} P(\boldsymbol{l}|\mathbf{X}) \tag{9.17}$$

$$= \sum_{\boldsymbol{l} \in \Omega^{-1}(\boldsymbol{w})} \prod_{i=1} P(l_i|\boldsymbol{h}_{t_i}, \boldsymbol{g}_{u_i}) \tag{9.18}$$

$$= \sum_{\boldsymbol{l} \in \Omega^{-1}(\boldsymbol{w})} \prod_{i=1} z_{t_i,u_i}^{l_i} \tag{9.19}$$

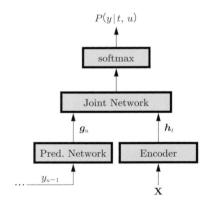

図 9.3　RNN-T の構造[101]

と書き表すことができる．RNN-T の学習には負対数尤度である以下の損失関数を用いる．

$$l_{\text{RNN-T}} = -\log P(\boldsymbol{w}|\boldsymbol{x}) \tag{9.20}$$

▌4．LAS

前項まではエンドツーエンドの音声認識モデルとして CTC やその改良版の RNN-T を紹介した．本項では別のエンドツーエンドモデルとしてアテンションを用いた **LAS**（Listen, Attend and Spell）[102]を紹介する[*6]．LAS は図 9.4 に示されるように，音響特徴量系列を入力するエンコーダである Listener と，文字列を出力する注意機構付きのデコーダである Speller の二つで構成される．

Listener は CTC の場合と同様に LSTM や GRU などの RNN で構成され，以下のような式で表される．

$$\boldsymbol{h}_t = \text{Listener}(\boldsymbol{x}_t) = \text{RNN}(\boldsymbol{x}_t, \boldsymbol{h}_{t-1}) \tag{9.21}$$

$\boldsymbol{x}_t$ と $\boldsymbol{h}_t$ はそれぞれフレーム t における音響特徴量，潜在特徴量を表す．

Speller は潜在特徴量系列 $\mathbf{H} = [\boldsymbol{h}_1, \cdots, \boldsymbol{h}_t, \cdots]$ に対するアテンションを考慮した RNN を用いて文字列を出力する．i 番目の文字を y_i とすると，Speller の処理は以下のように書き表すことができる．

$$P(y_u|\mathbf{H}, y_{u-1}) = \text{Speller}(\mathbf{H}, y_{u-1}) \tag{9.22}$$
$$= \text{softmax}(\text{MLP}(\boldsymbol{s}_u, \boldsymbol{c}_u)) \tag{9.23}$$
$$\boldsymbol{s}_u = \text{RNN}(\boldsymbol{s}_{u-1}, y_{u-1}, \boldsymbol{c}_{u-1}) \tag{9.24}$$

$\boldsymbol{s}_u$ は u 番目の文字に対するデコーダの状態（RNN の出力）を表す．$\boldsymbol{c}_u$ は u 番目の文字に対するコンテキストを表し，以下のように，アテンション重み $\alpha_{u,t}$ を用いたフレームごとの潜在特徴量の重み付け和で定義される．

$$\boldsymbol{c}_u = \text{Context}(\boldsymbol{s}_u, \mathbf{H}) = \sum_t \alpha_{u,t} \boldsymbol{h}_t \tag{9.25}$$
$$\alpha_{u,t} = \text{Attend}(\boldsymbol{s}_u, \boldsymbol{h}_t) = \text{softmax}(e_{u,t}) \tag{9.26}$$
$$e_{u,t} = \text{MLP}(\boldsymbol{s}_u)^\top \text{MLP}(\boldsymbol{h}_t) \tag{9.27}$$

[*6] Attention Sequence-to-Sequence（Seq2Seq）モデルや Attention Encoder-Decoder（AED）モデル，または単にアテンションモデルと呼ばれることもある．

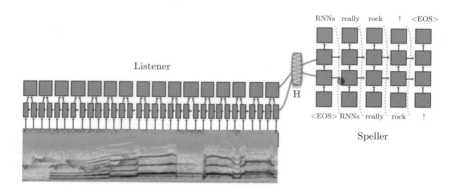

図 9.4　LAS によるエンドツーエンド音声認識[103]

エンドツーエンドモデルとして LAS と RNN-T を比較すると，十分な量の学習データがあれば一般的には LAS の方が認識精度が高いといわれている[104]．しかし RNN-T はオンライン（ストリーミング）性能が高い[*7]ため，音声認識サービスを提供する産業分野では LAS よりも人気が高い．

▎5．Conformer

2018 年頃までのエンドツーエンド音声認識では LSTM をベースとしたモデルが一般的であったが，近年では，自然言語処理や画像分野と同様 LSTM を Transformer に置き換えたモデルが主流になりつつある．**Conformer**[105] はその一つで，2020 年に Google のグループによって提案された高品質なエンドツーエンド音声認識モデルである．Conformer の名前は CONvolution（畳込み）と transFORMER に由来する．CNN は局所的な特徴を捉えることに長けているが長期依存関係を捉えることに弱い一方，Transformer はその逆で長期依存関係を捉えることが得意だが局所的な依存関係を表現するには不十分である．Conformer は畳込みと Transformer を組み合わせたモデルで，それぞれの長所を活かし短所を補い合うことで従来の音声認識モデルを大きく上回る性能を引き出している．

Conformer のエンコーダは図 9.5 に示すように，音響特徴量を入力し，前

---

*7　RNN-T は，音声が入力されれば都度認識結果を出すことができる．一方，LAS は認識結果を出すには基本的には発話の最後まで待つ必要がある．

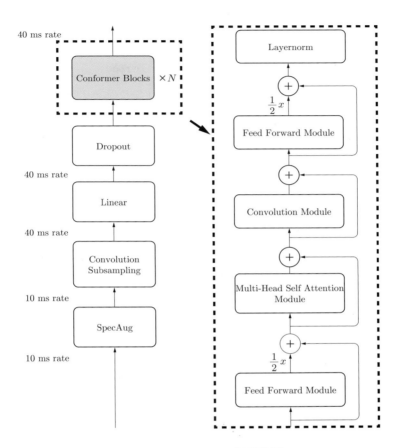

図 9.5 Conformer のモデル構造[104)

処理の層を通った後，メインとなる Conformer Block（層群）を N 回繰り返してコンテキスト特徴量を出力する．l 番目の Conformer Block の入力を $\boldsymbol{x}_l$，出力を $\boldsymbol{y}_l$ とすると，Block の処理の流れは以下のようになる[*8].

$$\boldsymbol{x}_l^{(1)} = \boldsymbol{x}_l + \frac{1}{2}\mathrm{PFF}(\boldsymbol{x}_l) \tag{9.28}$$

$$\boldsymbol{x}_l^{(2)} = \boldsymbol{x}_l^{(1)} + \mathrm{MHSA}(\boldsymbol{x}_l^{(1)}) \tag{9.29}$$

*8 原著では各 Block の最終層にレイヤ正規化（layer normalization）層を用いているが，本質ではないので省略した．

211

$$\boldsymbol{x}_l^{(3)} = \boldsymbol{x}_l^{(2)} + \mathrm{Conv}(\boldsymbol{x}_l^{(2)}) \tag{9.30}$$

$$\boldsymbol{y}_l = \boldsymbol{x}_l^{(3)} + \frac{1}{2}\mathrm{PFF}(\boldsymbol{x}_l^{(3)}) \tag{9.31}$$

ここで PFF, MHSA, Conv はそれぞれ時刻ごとのフィードフォワード（Position-wise Feed Forward）層, マルチヘッドセルフアテンション（Multi-Head Self-Attention）層, 畳込みモジュールを表す. 式 (9.28), (9.31) 右辺第 2 項の奇妙な 1/2 は, 微分方程式の近似演算とみなすことができる N 個の Conformer Block に対して, Strang 近似を適用していることに起因する. こうして得られたコンテキスト特徴量から文字列を予測するデコーダには通常の RNN を用いる（原著では単一の LSTM を用いている）.

■ 9.2　音声合成ネットワーク

音声合成とは, 読み上げたいテキストが与えられたとき, 人間に近い音声を機械的に作り出す技術のことである. 9.1 節でも触れたが, 一般的な音声合成は大きく三つの処理に分けることができる.

- テキストから言語特徴量を抽出（テキスト解析）
- 言語特徴量から音響特徴量を予測（TTS 音響モデル）
- 音響特徴量から音声波形を合成（ボコーダ）

テキスト解析では, 入力テキストの構文や形態素を解析し, 音声合成しやすい言語特徴量[*9]に変換する.

TTS 音響モデルは, 言語特徴量からメルケプストラムなどの音響特徴量をフレームごとに予測する. 深層学習登場以前では, 1970 年代にはフォルマント合成, 1990 年代には波形接続合成, 2000 年代には HMM 音声合成[106] が TTS 音響モデルの主流であった.

ボコーダはそれぞれの音響特徴量に応じた信号処理を施して波形信号を復元する. 代表的なものとしては WORLD[94], メルケプストラムに対して MLSA（Mel Log Spectral Approximation）フィルタ[107], 振幅スペクトルに対して

[*9]　音素やアクセント, 品詞, 音韻時間長, 時間位置などの時系列データ.

GLA（Griffin-Lim Algorithm）[108] *10 などがある.

　音声認識の場合と同様に，深層学習を音声合成に適用するといっても，TTS 音響モデルやボコーダのみに適用，あるいはエンドツーエンドの枠組みで複数の処理に適用する，といったさまざまな方法がある. 深層学習が音声合成へ適用された初期段階では，HMM に置き換わる形で TTS 音響モデルとして用いられた[109]. その後テキスト解析に適用され[110]，WaveNet[9] *11 を皮切りにボコーダに適用されることが多くなった*12. このようにボコーダの役割を担うニューラルネットはニューラルボコーダと呼ばれる. また近年ではエンドツーエンド音声の研究が盛んに行われ*13，中でも 2017 年に登場した Tacotron[116]が有名なモデルである. 本書ではそれぞれ特質の異なるニューラルボコーダとして WaveNet，WaveGlow，MelGAN を，エンドツーエンドモデルとして Tacotron を紹介する.

▌1. WaveNet

　深層学習登場以前は音響特徴量から音声波形を合成するためには信号処理的なボコーダの利用が必須であった. 信号処理的なボコーダには計算の都合上さまざまな制約*14 が加わるため，生成できる波形信号には限界があった. このような背景の中，従来のボコーダを用いない新たな音声波形生成方式として，**WaveNet** と呼ばれる深層学習モデルが 2016 年に DeepMind 社の Oord らによって提案された[9]. 長年培われてきた音声信号処理の知識をおおよそ無視して，ニューラルネットで人間と区別のつかない品質の音声を作り出す WaveNet の登場は，世界中の音声合成研究者たちを驚かせた. 著者たちの多くは画像処理の研究者であり，WaveNet は同時期に発表された PixelCNN[118] の派生である. したがって，WaveNet の成功は皮肉にも音声信号処理の歴史にとらわれない深層学習の使い方がもたらしたといえよう.

　さて，WaveNet は音声波形のサンプル値を表現する自己回帰型のモデルであり，過去の p 個のサンプル値 $\boldsymbol{s}_{t-p:t-1} = [s_{t-p}, s_{t-p+1}, \cdots, s_{t-1}]$ を入力し，

---

*10　GLA はボコーダというよりは位相復元のアルゴリズムである.
*11　もともと WaveNet は言語特徴量から直接音声波形を生成するモデルとして提案されていたが，ボコーダとして利用されることが多い.
*12　WaveNet[9]，LPCNet[111]，WaveGlow[112]，WaveFlow[113]，MelGAN[114]，WaveGrad[115]など，実にさまざまなモデルが提案されている.
*13　有名なモデルとして Tacotron[116]とその改良モデルである Tacotron 2[117]などがある.
*14　例えば，固定された分析窓長，有限長の線形時不変フィルタ，窓長内では同一の F0 を仮定，過剰に簡素化された励起信号など.

現在（t 番目）のサンプル値 s_t を予測する．これだけでは意味のある（内容の伴った）音声は合成できないので，WaveNet を TTS 音響モデル（＋ ボコーダ）として用いる場合は言語特徴量等を，ボコーダとして用いる場合は音響特徴量を $s_{t-p:t-1}$ に加えて入力する．このときに用いる言語特徴量や音響特徴量を補助特徴量 a と呼ぶ．式で書けば以下のようになる．

$$P(s_t|s_{t-p:t-1}, a) = \text{WaveNet}(s_{t-p:t-1}, a) \tag{9.32}$$

$$= \text{softmax}(\text{DCCNN}(s_{t-p:t-1}, a)) \tag{9.33}$$

ここで DCCNN は **Dilated Causal Convolution（DCC）**層と呼ばれる WaveNet の最大の特徴ともいえる，時間方向の 1 次元畳込み層を多層に積み重ねたニューラルネットである．DCC は過去の入力のみに依存（causal）し，カーネルとの積をとる対象の間隔を開けた（dilated）畳込み（convolution）のことである．WaveNet では，間引く間隔（dilation）を入力層側から $1, 2, 4, 8, \cdots$ と指数的に増やしていくことで，比較的少ない層数で入力サンプル数 p（WaveNet が知覚できる範囲なので受容野（receptive field）とも呼ばれる）を非常に大きくしている（図 9.6）．式で書けば，層数[*15]を L とすると $p = 2^L$ となる．サンプリング周波数 16 kHz の音声を表現する場合，WaveNet の受容野 p は数千程度に設定されることが多く，従来のボコーダの一つである LPC の受容野は $p = 13$ 程度であったことから，いかに WaveNet の受容野が広いのかがうかがえる．

　WaveNet のもう一つの特徴は，出力層に softmax 関数を用いて，ミュー則で 8 bit に量子化したサンプル値を，$2^8 = 256$ 階調のうちどのクラスに属するかという分類問題として表現している点である．つまり，一般に音声のサンプル値は距離概念[*16]があると考えられるが，WaveNet ではそれを無視している．しかし提案者たちによれば回帰問題（距離概念を導入した連続表現）よりも分類問題とした場合のほうが性能は良かったことが報告されている．

　WaveNet は非常に高品質な音声を合成することが可能だが，自己回帰型モデルのため推論（合成）が非常に遅い（たった 1 秒程度の音声を合成するのに 1 分程度かかることもある）という欠点がある．自己回帰型モデルは現在のサ

[*15]　厳密にいえば DCC，活性化関数，residual の 3 層からなるブロックの総数．精度向上のため dilation を 1, 2, 4, $\cdots$, 512, 1, 2, 4, $\cdots$, 512 のように DCC ブロックをスタックさせる実装が多いが，ここでは単純に指数的に増やすモデルを考える．

[*16]　例えば，値 15 は値 17 と近いが値 3 とは遠い，などと考えることができる．

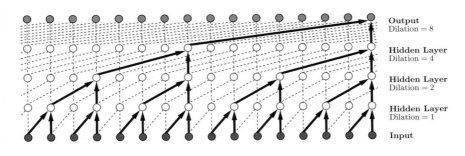

図 9.6 WaveNet の構造[9]

ンプル値を予測するのに過去のサンプル値が必要なので，複数のサンプル値を同時に推論することはできない．そのため GPU を用いた並列演算との相性が悪く，推論に時間がかかってしまう．そこで，自己回帰型構造をなくし並列計算させることで高速な推論が可能なニューラルボコーダが，近年盛んに研究されている[112]~[115]．なお，学習時には，予測結果でなく教師データを入力に用いる[*17]ので，並列計算が可能である．

2. Tacotron

WaveNet は TTS 音響モデルとボコーダを統合したエンドツーエンドの深層学習モデルであった．一方，2017 年に Google 社の Wang らによって発表された **Tacotron**[116][*18]は，テキスト解析と TTS 音響モデルを統合したエンドツーエンドの深層学習モデルである．Tacotron は，深層学習を用いて，言語特徴量を介さず生のテキストから音響特徴量を直接予測できることを世界で初めて[*19]定量的に示し，音声合成研究コミュニティに対して大きなインパクトを与えた．Tacotron の登場がきっかけとなり，さまざまなエンドツーエンドの音声合成が研究されるようになった．特に，その翌年に登場した Tacotron の改良版である Tacotron 2[117]は，人間と遜色ない品質の音声をテキストから合成できると大きな話題になった．

[*17] この学習方式は teacher forcing と呼ばれる.

[*18] 奇妙な名前の由来は，Tacotron の論文[114]の著者名に対する脚注にヒントが隠されている．この論文の脚注によれば，タコス好きの著者が多かったからだと推察できる．寿司好きの著者が多ければ Sushitron になっていたかもしれない.

[*19] Tacotron が登場する少し前に Char2Wav[119]が発表されたが，Char2Wav は実験条件の記載がなく，定量的な評価もなされていない.

　初代 Tacotron（以降，Tacotron 1 と呼ぶ）も Tacotron 2 も，LAS のような注意機構に基づいて系列長の異なる時系列データ（テキストから音響特徴量へ）のマッピングを行う．Tacotron 1 と Tacotron 2 の主な違いは，音響特徴量とボコーダである．Tacotron 1 では音響特徴量として振幅スペクトログラムを出力し，GLA[108]によって音声波形を作り出す．一方 Tacotron 2 では音響特徴量としてメルスペクトログラムを出力し，WaveNet によって音声波形を合成する（図 9.7）．このエンドツーエンドモデルの掛け合わせが，これまでにないほど高品質な合成音声を生み出した．

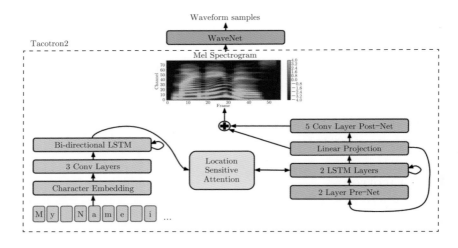

図 9.7　Tacotron 2 の構造[117]

　Tacotron 2 はテキスト解析，TTS 音響モデル，ボコーダすべてがニューラルネットで構成されているが，テキストからメルスペクトログラムを予測するモジュールとメルスペクトログラムから音声波形を予測するモジュールに分かれており，全体で最適化されているわけではない．近年ではテキストから音声波形を直接推定する，真のエンドツーエンド音声合成も試みられている[119],[120]が，本書執筆時点では，Tacotron 2 の性能を上回るモデルはまだ登場していない．しかし画像認識の分野でエンドツーエンドのアプローチが成功を収めている状況に鑑みると，テキストから音声波形へのエンドツーエンドモデルが今後主流になるであろう．

▌3. WaveGlow

9.2.1 項でも述べたが，WaveNet は自己回帰型のモデルであるため推論が非常に遅いという欠点がある．この問題を解決する一つの方法として，Flow と呼ばれる生成モデルに基づいた **WaveGlow**[112] が提案された[*20]．Flow では正規乱数（と補助特徴量）から音声波形を合成するので，数千〜数万サンプルの音声クリップを並列処理で一挙に生成することができる．

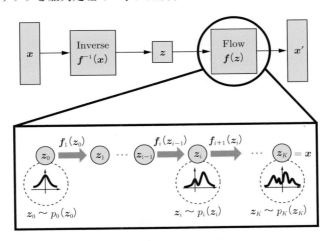

図 9.8 Flow による推論と生成[112]

Flow は図 9.8 のように，潜在変数 z からデータ x を生成する関数 f に対して逆関数 f^{-1} が存在すると仮定し，関数 f によって潜在変数からデータを生成するモデルである．一般に，x と z の次元は同じとすることが多い．このとき，z に対して多変量正規分布など単純な分布を仮定し，単純な分布を徐々に複雑化して最終的にデータ分布 $p(x)$ を表現する（図 9.8）．関数 f を K 個の合成関数 $f_1, f_2, \cdots, f_K$ で記述するとすると，x と z はそれぞれ以下のように表される．

$$x = f_1 \circ f_2 \circ \cdots \circ f_K(z) \tag{9.34}$$

$$z = f_K^{-1} \circ f_{K-1}^{-1} \circ \cdots \circ f_1^{-1}(x) \tag{9.35}$$

[*20] Flow に基づくニューラルボコーダは他に WaveFlow[113] などが提案されているが，ここでは本書執筆時点で最も引用数の多かった WaveGlow を例に挙げた．

したがって，確率変数の変換により，負対数尤度で定義される損失関数を，$p(\boldsymbol{z}) = \mathcal{N}(\boldsymbol{0}, I)$ を用いて表すことができる．

$$l_{\text{FLOW}} = -\log p(\boldsymbol{x}) = -\log p(\boldsymbol{z}) - \sum_{i=1}^{K} \log \left| \det \frac{\partial \boldsymbol{f}_i^{-1}}{\partial \boldsymbol{z}_i} \right|$$

$$\propto \boldsymbol{z}(\boldsymbol{x})^\top \boldsymbol{z}(\boldsymbol{x}) - \sum_{i=1}^{K} \log \left| \det \frac{\partial \boldsymbol{f}_i^{-1}}{\partial \boldsymbol{z}_i} \right| \tag{9.36}$$

$\partial \boldsymbol{f}_i^{-1}/\partial \boldsymbol{z}_i$ はヤコビ行列，det は行列式，$\boldsymbol{z}_i$ は i 番目の合成関数の逆関数 $\boldsymbol{f}_i^{-1}$ の入力変数を表す．式 (9.36) の第 2 項は log-det 項と呼ばれ，通常計算コストが非常に高い．そこで WaveGlow では **Affine Coupling Layer**（**ACL**）と呼ばれる構造をとることで高速に計算可能にしている．ACL では i 番目の合成関数の逆関数 $\boldsymbol{f}_i^{-1}$ の入力 $\boldsymbol{z}_i$ を $\boldsymbol{z}_i^{(a)}$ と $\boldsymbol{z}_i^{(b)}$ に分割し，$\boldsymbol{f}_i^{-1}$ を以下のように定める．

$$\boldsymbol{z}_{i-1} = \boldsymbol{f}_i^{-1}(\boldsymbol{z}_i) = \text{concat}(\boldsymbol{z}_i^{(a)}, e^{\boldsymbol{s}(\boldsymbol{z}_i^{(a)})} \odot \boldsymbol{z}_i^{(b)} + \boldsymbol{t}(\boldsymbol{z}_i^{(a)})) \tag{9.37}$$

$$(\boldsymbol{s}, \boldsymbol{t}) = \text{WaveNet}_i(\boldsymbol{z}_i^{(a)}, \boldsymbol{a}) \tag{9.38}$$

ここで concat$(\cdot, \cdot)$ はベクトル結合，$\odot$ は要素積を表し，$\boldsymbol{s}$ と $\boldsymbol{t}$ は $\boldsymbol{z}_i^{(a)}$ と補助特徴量 $\boldsymbol{a}$ を入力したときの i 番目の合成関数に対する WaveNet[*21]の出力である．このとき，i 番目の合成関数 $\boldsymbol{f}_i$ は，以下のように $\boldsymbol{s}$ と $\boldsymbol{t}$ を用いて表すことができる．

$$\boldsymbol{z}_i = \boldsymbol{f}_i(\boldsymbol{z}_{i-1}) = \text{concat}(\boldsymbol{z}_{i-1}^{(a)}, (\boldsymbol{z}_{i-1}^{(b)} - \boldsymbol{t}(\boldsymbol{z}_{i-1}^{(a)})) \odot e^{-\boldsymbol{s}(\boldsymbol{z}_{i-1}^{(a)})}) \tag{9.39}$$

式 (9.39) で重要なことは，$(\boldsymbol{s}, \boldsymbol{t})$ の逆関数 $(\boldsymbol{s}^{-1}, \boldsymbol{t}^{-1})$ を使わずに $\boldsymbol{f}_i$ を計算できるということである．そして，ACL 最大の特徴である，log-det 項が容易に計算できることを次に示す．ヤコビ行列 $\partial \boldsymbol{f}_i^{-1}/\partial \boldsymbol{z}_i$ は式 (9.37) より，以下のように下三角行列となる．

$$\frac{\partial \boldsymbol{f}_i^{-1}}{\partial \boldsymbol{z}_i} = \begin{bmatrix} \frac{\partial \boldsymbol{z}_{i-1}^{(a)}}{\partial \boldsymbol{z}_i^{(a)}} & \frac{\partial \boldsymbol{z}_{i-1}^{(a)}}{\partial \boldsymbol{z}_i^{(b)}} \\ \frac{\partial \boldsymbol{z}_{i-1}^{(b)}}{\partial \boldsymbol{z}_i^{(a)}} & \frac{\partial \boldsymbol{z}_{i-1}^{(b)}}{\partial \boldsymbol{z}_i^{(b)}} \end{bmatrix} = \begin{bmatrix} I & O \\ \frac{\partial \boldsymbol{z}_{i-1}^{(b)}}{\partial \boldsymbol{z}_i^{(a)}} & \text{diag}(e^{\boldsymbol{s}(\boldsymbol{z}_i^{(a)})}) \end{bmatrix} \tag{9.40}$$

[*21] 厳密には WaveNet と少し異なり，未来のサンプル値も入力している．したがって dilated causal convolution ではなく dilated convolution を用いている．

I は単位行列, O は零行列, $\mathrm{diag}(\cdot)$ は入力ベクトルを対角要素とする対角行列を表す. したがって, log-det 項は

$$\log \left| \det \frac{\partial \boldsymbol{f}_i^{-1}}{\partial \boldsymbol{z}_i} \right| = \log \left| e^{\boldsymbol{s}(\boldsymbol{z}_i^{(a)})} \right| \tag{9.41}$$

と簡単に計算することができる. その他, WaveGlow では 1×1 invertible convolution と呼ばれる, すべての次元の情報を集約する工夫などがなされている.

WaveGlow は, 推論時に並列計算が可能なため WaveNet と比べて高速に音声を合成することができるが, 各層に WaveNet を埋め込んでいるため学習に非常に時間がかかってしまう. また, 逆変換可能にするためにアーキテクチャが ACL のような特殊な構造に制限されてしまう点も, WaveGlow のデメリットといえる.

▌ 4. MelGAN

前項の WaveGlow と同様に高速な推論を目的とした非自己回帰型のニューラルボコーダとして, GAN をベースとした手法がいくつか提案されている. **MelGAN**[114] はその一つであり, 入力された正規乱数と補助特徴量であるメルスペクトログラムから自然音声に近い音声波形を生成して識別器を欺こうとする生成器と, その合成音声と自然音声を判別しようとする識別器を, 敵対的に学習させることで質の高い音声を合成するニューラルボコーダである. GAN は勾配法に基づくミニマックス法で最適化されるため学習が不安定になりやすいことに加え, 音声波形のデータには非常に多くのモードが存在するため, GAN を使って音声波形を直接生成することは一般的には困難である. しかし MelGAN では, ネットワーク構造や損失関数をうまく工夫することで, 音声波形を直接生成する GAN を比較的安定して学習させることができる. MelGAN は, 正規乱数と補助特徴量から並列して音声サンプル値を予測できるうえ, WaveGlow と比較してモデルパラメータ数を抑えることができるため, 非常に高速な推論が可能である[*22].

MelGAN のモデル構造は図 9.9 に示すように, 生成器と識別器で構成され

[*22] MelGAN の論文[114] によれば, GPU を用いた場合, WaveNet と比較して約 3 万倍, WaveGlow と比較して約 10 倍高速に音声合成が可能である.

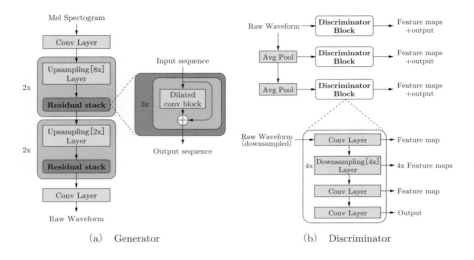

(a)　Generator　　　　　　　　　(b)　Discriminator

図 9.9　MelGAN の構造[114)]

る．生成器は時間方向に引き伸ばす Upsampling 層と畳込み層を繰り返す構造になっており，徐々に解像度（サンプリング周波数）を上げながら音声波形を生成する．識別器はプーリング層を通して入力波形の解像度（サンプリング周波数）を徐々に下げ，K 個のスケールの解像度それぞれについて本物の音声かどうかを識別する階層構造になっている．

　MelGAN の学習に用いる損失関数は，以下で表すようにヒンジ損失（および補助的な損失関数）を用いる．

$$\mathcal{L}_{D_k} = \mathbb{E}_{\boldsymbol{x}}\left[\max(0, 1 - D_k(\boldsymbol{x}))\right]$$
$$+ \mathbb{E}_{\boldsymbol{s},\boldsymbol{z}}\left[\max(0, 1 + D_k(G(\boldsymbol{s},\boldsymbol{z})))\right], \quad k = 1, 2, \cdots, K \quad (9.42)$$

$$\mathcal{L}_G = \mathbb{E}_{\boldsymbol{s},\boldsymbol{z}}\left[\sum_{k=1}^{K} -D_k(G(\boldsymbol{s},\boldsymbol{z}))\right] + \lambda \sum_{k=1}^{K} \mathcal{L}_{FM}(G, D_k) \quad (9.43)$$

ただし，$\boldsymbol{x}$, $\boldsymbol{s}$, $\boldsymbol{z}$ はそれぞれ自然音声波形，メルスペクトログラム，正規乱数ベクトルを表す．k 番目のスケールに対応した識別器 D_k は $\mathcal{L}_{D_k}$ を，生成器 G は $\mathcal{L}_G$ を最小化するように敵対的に学習される．$\mathcal{L}_{FM}$ は **feature matching 損失**と呼ばれ，次式で定義されるように，あるスケールの識別器の各層の出力

を，合成音声と自然音声の場合で近付ける補助的な損失関数である．

$$\mathcal{L}_{FM}(G, D_k) = \mathbb{E}_{\boldsymbol{x},\boldsymbol{s}} \left[\sum_{i=1}^{T} \frac{1}{N_i} \| D_k^{(i)}(\boldsymbol{x}) - D_k^{(i)}(G(\boldsymbol{s})) \|_1 \right] \tag{9.44}$$

ここで，$D_k^{(i)}$ は識別器 D_k の i 番目の層の出力，N_i は i 番目の層のユニット数，T は層の総数，$\| \cdot \|_1$ は L1 ノルムを表す．式 (9.43) の λ はヒンジ損失と feature matching 損失のトレードオフ重みである．

演 習 問 題

問 1 以下のラベル列それぞれについて，CTC で用いられるラベル列を整形する写像 Ω を用いて整形した後のラベル列を答えよ．
- "a a k a a i i"
- "a ｰ p p ｰ l ｰ e"
- "ｰ d d o o o ｰ g g"
- "c ｰ a a ｰ a t t ｰ ｰ"

問 2 WaveNet において，通常の畳込みでなく dilated causal convolution を用いる利点を述べよ．

問 3 WaveGlow の特徴的な構造である affine coupling layer について説明せよ．

第10章

自然言語処理への適用

本章では，深層学習の自然言語処理への応用，具体的には単語ベクトル，機械翻訳や要約，対話で用いられる系列変換モデル，そして近年発展の著しい事前学習モデルについて述べる．

■ 10.1 単語ベクトル

　自然言語において意味をもつ最小単位である「単語」を，いかに計算機上で扱うかは，現在でも重要なトピックである．これまで，そのための多くの方法が考えられてきたが，そのうち最も初歩的な方法は one-hot 表現と呼ばれる方法である．one-hot 表現とは，語彙数分の次元数をもつベクトルを用意し，対象の単語に対応する次元の値を 1，それ以外を 0 としたベクトルを単語のベクトルとして扱う方法である．例えば，語彙が「りんご」「いちご」「バナナ」の 3 種類であり，それぞれ 1, 2, 3 次元目が対応する場合，

$$りんご = (1, 0, 0)$$
$$いちご = (0, 1, 0)$$
$$バナナ = (0, 0, 1)$$

となる．one-hot 表現を用いることで，二つの単語が同一であるかどうかを区別することは可能となるが，単語の意味は一切考慮できないという欠点がある．

　単語をベクトル，すなわち，高次元空間上の座標に変換して扱うのであれば，

意味的に近い単語同士を近くの座標に配置し，そうではない単語を遠くに配置することで，単語の意味的な関係をベクトル間の距離として計算可能となる．そこで，深層学習を用いて単語にベクトルを割り当てる手法として **word2vec** と呼ばれる手法が 2013 年に Google 社のトマス・ミコロフ（Tomas Mikolov）によって提案された[121]．

word2vec では，文章中のある単語から，その近くに存在する別の単語を予測できるように単語ベクトルを学習する．これは例えば，「りんご」という単語の周辺には，「食べる」や「赤い」といった単語の出現確率が大きくなるように学習が進む．また，「いちご」に関しても同じく「食べる」や「赤い」の出現確率が大きくなることから，結果として「りんご」と「いちご」に割り当てられるベクトルの座標が近くなることが期待される．

単語ベクトルの学習のため，word2vec では **CBOW** と **Skip-gram** という 2 種類のネットワークが提案されている（図 10.1）．CBOW では，単語 $w(t)$ の周辺の単語（図 10.1 では前後の 2 単語）のベクトルの総和から，単語 $w(t)$ を予測するネットワークである．Skip-gram は単語 $w(t)$ のベクトルから周辺の単語を予測するニューラルネットワークである．初期状態として，各単語に 1 対 1 で対応するパラメータベクトルが割り当てられ，CBOW もしくは

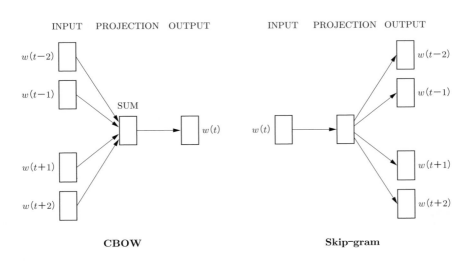

図 10.1 word2vec の二つのネットワーク[121]

Skip-gram のニューラルネットワークのパラメータの一部としてそれらの学習が行われる．図 10.1 では INPUT の長方形がそれに対応し，学習終了時に得られたパラメータベクトルが各単語のベクトルとして獲得される．

　CBOW と Skip-gram のどちらがより優れているかについては，状況によって異なる．CBOW は高速に学習することができ，頻出語に関してより良いベクトルが学習可能であり，Skip-gram はデータが少量でも学習可能であり，低頻出語に関してより良いベクトルが学習可能な手法であると報告されている[121]．

　word2vec により学習された単語ベクトルでは，足し算や引き算ができるという性質が知られている．例えば，「パリ」−「フランス」＋「日本」＝「東京」や「王様」−「男」＋「女」＝「女王」といった結果を得ることができる．

　このような結果を見ると，word2vec は単語の意味を適切に捉えたベクトルを学習可能であると考えがちであるが，必ずしもそうとはいえない．word2vec の弱点として，対義語の関係をうまく表現できないことが挙げられる．例えば「遠い」と「近い」という単語同士はベクトル空間上でそれぞれ近くに配置される．これは「駅から遠いコンビニ」と「駅から近いコンビニ」などのように，対義語の周辺には類似した単語が出現しやすいことが原因である．先に述べたように，word2vec では周辺の単語を用いて学習を行うことから，周辺の単語が類似した単語は類似したベクトルが割り当てられる．一方で，「遠い」と「近い」はともに距離に関する単語であるという観点から考えれば，それぞれのベクトルの距離が近いことは妥当であるともいえる．

　また，Skip-gram は低頻出語に関してより良いベクトルが学習可能であるとされているものの，学習データに数回しか出現しない超低頻出語に関しては非常に品質の低いベクトルとなることには，注意が必要である．

　したがって，word2vec を用いて学習した単語ベクトルを用いる際は，上記のような性質を理解して活用することが重要である．

■ 10.2　系列変換モデル

　自然言語処理において重要な課題のいくつかは，系列変換（**Sequence to Sequence ; Seq2Seq**）モデルを用いて解くことが可能である．系列変換モ

デルとは入力系列と出力系列の対応関係を学習し，推論時には入力系列から出力系列を生成する深層学習モデルである．系列変換モデルでは入力系列と出力系列のペアが用意できるタスクであれば適用可能であることから，機械翻訳（原語文と翻訳文），文書要約（元文書と要約文），対話（入力文と応答文）などのタスクに適用できる．

系列変換モデルには **LSTM**，**GRU**，**CNN**，**Transformer** を用いたネットワークが用いられることが多い．自然言語処理では系列として多くの場合，文を単語や文字，もしくはサブワードと呼ばれる単語よりも短い単位に分割して得たトークン系列を用いる．入力トークン系列を $X = (x_1, x_2, \cdots, x_N)$，出力トークン系列を $Y = (y_1, y_2, \cdots, y_M)$ とすると，系列変換モデルは $p(Y|X)$ を推定することが目的となる．実際には，出力トークン系列 $(y_1, y_2, \cdots, y_M)$ を一括ですべて推定するのではなく，系列の先頭から順に求めていくことが多く[*1]，以下の式で表される．

$$p(Y|X) = \prod_{i=1}^{M} p(y_i|X, y_1, y_2, \cdots, y_{i-1}) \tag{10.1}$$

トークン y_i の確率分布 $p(y_i|X, y_1, y_2, \cdots, y_{i-1})$ は語彙数次元の出力に **softmax** 関数を適用したものを用いる．各トークンは入力時にモデル内でベクトルに変換され，次の LSTM や Transformer 層に入力される．その際，Word2Vec などで学習済みのベクトルを各トークンに対応するベクトルとして用いることも可能である．また，それぞれのトークン系列には系列の終端を意味するトークンを付加する．終端トークンは推論時にモデルがどこで生成を打ち切るかを決定するために必要である．つまり，モデルは終端トークンが出現するまでトークンを出力し続け，終端トークンが出現する直前までのトークンが推論結果となる．

例として，終端トークンを [EOS]，入力文を「A B C」，出力文を「X Y Z」とした場合のモデルへの入出力の様子を図 10.2 に示した．A, B, C, [EOS] の順にモデルへ入力し，[EOS] を入力した際の出力トークンを次の入力とする．最終的に，出力トークンが [EOS] となった時点でそれまでの出力トークンを出力系列とする．

[*1] 一括ですべてのトークンを出力するモデルは Non-autoregressive モデルと呼ばれている．高速な生成が可能といういう利点があるが，現状では先頭から生成したほうが性能は高いといわれている．

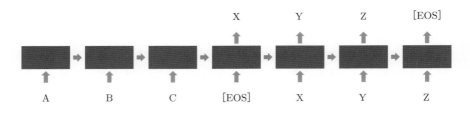

図 10.2　系列変換モデル

■ 10.3　事前学習モデル

　さまざまな言語処理タスクにおいて，事前学習の有用性が明らかになっている．事前学習とは，本来解きたいタスクでモデルの学習を行う前に，別のタスクでモデルを事前に学習しておくというものである．もちろん，事前学習だけでは本来解きたいタスクは解けないので，事前学習済みのモデルを解きたいタスクでさらに追加で学習することが必要である．この追加学習のことをファインチューニングと呼ぶ．

　事前学習モデルには，Transformer をベースとしたアーキテクチャが採用されることがほとんどである．以下では，その代表的なモデルである BERT，T5，GPT-3 を紹介する．

■ 1.　BERT

　BERT（**Bidirectional Encoder Representations from Transformers**）[122] は事前学習モデルの代表例である．BERT は 2018 年に発表された当初，感情分析，2 文の同義判定，含意関係認識，機械読解などさまざまなタスクで最高性能を達成したモデルである．

　BERT は，Transformer モデルにおける encoder のみを用いたアーキテクチャを採用している．

　BERT では，事前学習のタスクとしてマスク言語モデルと Next Sentence Prediction タスクの 2 種類を用いている．マスク言語モデルは，文章中の一部のトークンをランダムでマスクして入力し，マスクされたトークンは実際に何だったかを当てるという問題を解くことで学習する．例えば，「今日 / は / いい / 天気 / です」（「/」はトークンの区切りとする）から一部のトークンを

マスクした「MASK / は / いい / MASK / です」が与えられ，モデルは一
つ目の MASK は「今日」，二つ目は「天気」であることを予測できるよう学習
する．もう一つの Next Sentence Prediction タスクでは，二つの文が与えら
れ，それらが連続した文か否かという 2 値分類タスクを解く．マスク言語モデ
ルはマスクされたトークンの前後の文脈を理解しなければ解くことができず，
Next Sentence Prediction タスクは 2 文の関係性が理解できなければ解くこ
とができないタスクであり，これらを解くことで，さまざまなタスクで応用可
能な言語表現を得ることが可能となる．

　この二つの事前学習タスクの重要なポイントは，自然言語で書かれたテキス
トデータがあれば，アノテーションを行うことなく学習が行える点である．マ
スク言語モデルでは，ランダムにトークンをマスクすればよく，Next Sentence
Prediction タスクでは，非連続の 2 文は連続する 2 文の片方をランダムで別
の文に入れ替えれば作成できる．テキストデータはウェブから大量に入手可能
であり，近年では数百 GB を超えるデータが用いられることも珍しくない．

　BERT が用いた Transformer encoder は図 10.3 に示すように，入力系列数

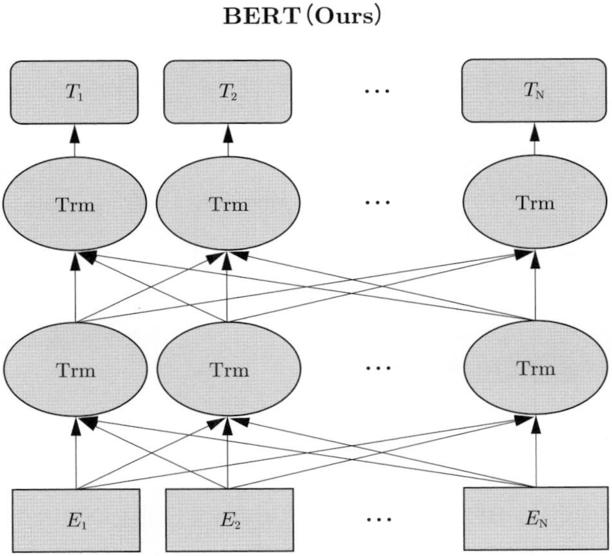

BERT（Ours）

図 10.3 BERT[122]

と同じ数のベクトルを出力するモデルであり，この出力ベクトル系列は入力系列の各要素に対応している．したがって，マスク言語モデルの学習時には，入力系列中の MASK に対応する出力ベクトルを用いてトークンの予測を行う．Next Sentence Prediction タスクの学習時には，入力系列の先頭に「CLS」という特殊なトークンを挿入し*2（図 10.3 における E_1），この CLS トークンに対応する出力ベクトル（図 10.3 における T_1）を用いて 2 値分類タスクを解く．ファインチューニングと推論時には，分類タスクの場合は CLS トークンに対応するベクトルを，分類タスク以外の場合は出力ベクトル系列の一部もしくはすべてを用いて行う．

2.　T5

T5（Text-to-Text Transfer Transformer）[123]はさまざまなタスクをテキストからテキストへの系列変換モデルとして解くための事前学習モデルである．T5 のモデル自体は通常の Transformer encoder と decoder に基づいた系列変換モデルである．図 10.4 にあるように，T5 では翻訳や要約などの生成タスクに加え，分類タスクや回帰タスクも系列変換のタスクとして解くことが特徴である．つまり，分類結果や回帰の結果をテキストとして出力するようにファインチューニングすることで，さまざまなタスクを解く．

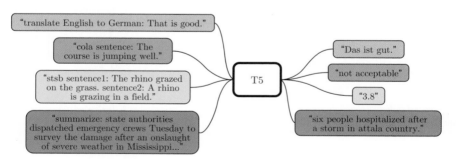

図 10.4　T5[123]

　T5 の事前学習は，BERT のマスク言語モデルを改良したタスクにより行う．T5 の事前学習タスクは，入力系列中の連続したトークンを単一の特殊トーク

---

*2　実際にはマスク言語モデルの学習時にも挿入している．

ンにより置き換えたものを入力とし，特殊トークンの箇所にあったトークン系
列が実際に何だったかを当てる（生成する）タスクである．例えば，「今日 /
は / いい / 天気 / です」から連続したトークンを特殊トークン $<X>$ によ
り置き換えた「今日 / は / $<X>$ / です」が与えられ，$<X>$ によって置
き換えられた「いい / 天気」を生成できるように学習を行う．

▌3. GPT-3

GPT-3（**Generative Pre-trained Transformer 3**）は Transformer
decoder に基づく事前学習済み文章生成モデルであり，極めて自然な文章が
生成可能であることが知られている[*3]．GPT-3 の事前学習のタスクは非常に
シンプルで，入力トークン系列の次のトークンを予測するというものである．
GPT-3 の最大の特徴は，そのモデルサイズ（パラメータ数）にある．ニュー
ラルネットワークは，モデルサイズが大きいほど性能が高くなることが知られ
ている．BERT と T5 はさまざまなサイズの事前学習済みモデルが公開され
ているが，それぞれ最大のものは，BERT は 3 億 4000 万，T5 は 110 億パラ
メータである．一方，GPT-3 はそれらを大きくしのぐ 1750 億パラメータで
あり，モデルの性能を大きく押し上げている．

(a) プロンプトの活用

GPT-3 では，ファインチューニングを行わなくても，入力文（プロンプト）
をうまく設計することで個別のタスクを解くことが可能である．GPT-3 は入
力文に続く自然な文が生成可能であるという特徴を利用し，入力文の続きがタ
スクの解となるようなプロンプトを与えればよい．プロンプトとしては，タス
クの定義といくつかのサンプルを含めるとよいことが知られている．例えば，
英語を日本語に翻訳したい場合，以下のような入力が考えられる．

```
Translate English to Japanese.

English: I do not speak English.
日本語: 私は英語が話せません。
```

[*3] GPT-3 により生成された文章を一般の評価者に判定させたところ，人間が書いた文章と区別ができなかったとい
う報告もある[124]．

```
English: I was playing video games.
日本語: 私はテレビゲームをしていました。

English: I'm from Tokyo.
日本語: 私は東京出身です。

English: What is your favorite food?
日本語:
```

GPT-3 は上記の文の自然な続き（「日本語:」以降）を生成しようとすることから，"What is your favorite food?" の日本語訳が生成されることが期待できる．GPT-3 を実行できる OpenAI のウェブサイト*4 で実際に生成してみると「一番好きな食べ物は何ですか？」と生成される．なぜこのようなことが可能なのかというと，GPT-3 は学習データにウェブページのデータを使用しており，そこには上記のように英語とその日本語訳が書かれているページが相当数含まれているためである．事前学習ではトークン予測による文章生成タスクを解いているが，学習データが非常に多様であることから，実はその中でさまざまなタスクを解いているとみなすことができる．つまり，プロンプトを用いて，既に学習されたタスクを見つけているのである．

　その他にも，応答文を生成したい場合は以下のようにすればよい．

　以下は AI との私の会話である．AI は親切で，賢く，フレンドリーです．

```
私：こんにちは
AI：こんにちは．いつもご利用ありがとうございます．本日はどのよう
なご用件でしょうか？
私：最近肩こりがひどいんですよ
AI：
```

同じく，OpenAI のウェブサイトで上記を与えて生成してみたところ，「そうですか．私は肩こりはありませんが，肩こりには様々な原因があります．そのひとつが睡眠不足です．睡眠不足は肩こりにも関係しています．」と生成された．

---

*4　https://openai.com/api/

(b) プロンプトプログラミング

GPT-3（Generative Pre-trained Transformer 3）では，プロンプトを用いることで，さまざまなアプリケーションを構築することもできる．このようなプロンプトを用いたプログラミングという考え方を**プロンプトプログラミング**と呼ぶ．

例えば，図 10.5 のウェブページでは，質問を入力すると，質問に対する回答と対応する URL へのリンクを生成している[*5]．

図 10.5　質問から回答とリンクを生成するアプリケーション[*6]

また，図 10.6 はテキストから JSX のコードを生成する例であり，「a button that looks like a watermelon（スイカのようなボタン）」というテキストから，スイカのように縁が緑色，中が赤色の円形のボタンが生成できていることがわかる．GPT-3 では GitHub のページも学習データに含んでおり，その中に含まれるコメントとコードのペアを学習していることから，このようなことが可能となっている．

---

*5　図では The selfish gene の Wikipedia のページへのリンクとなっている．
*6　https://twitter.com/paraschopra/status/1284801028676653060

　このように，従来であれば非常に手間がかかるものや，そもそもこれまで
は実現が難しかったアプリケーションを，GPT-3 のような大規模なモデルと
プロンプトを上手に設計することで短時間で構築できる可能性を示したこと
は，GPT-3 の大きな功績であるといえる．ただし，上記の例はたまたまうま
くいった例であり，実用性としてはまだ不十分であるというのが実際のところ
である．しかし，今後より高性能なモデルの登場により，実用にも耐えうるプ
ロンプトプログラミングに基づくアプリケーションが実現する可能性がある．

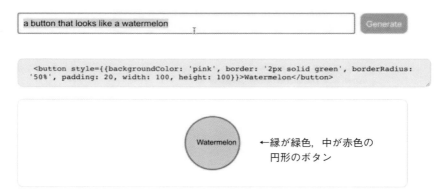

図 10.6　テキストから JSX コードを生成するアプリケーション[7]

*7　https://twitter.com/sharifshameem/status/1282676454690451457

演 習 問 題

問1 単語ベクトルのみを用いて 2 単語間の関係を分析する際，one-hot 表現と word2vec について
 (1) one-hot 表現に基づく単語ベクトルと word2vec に基づく単語ベクトルの両方でできること
 (2) word2vec のみできること
 (3) どちらもできないこと
 をそれぞれ述べよ．

問2 BERT，T5，GPT-3 について，3 モデル間で
 (1) 共通している点
 (2) 異なる点
 をそれぞれ述べよ．

第11章

マルチモーダル学習

第 7 章から第 10 章にかけて，画像，音声，自然言語それぞれに対する
深層学習の応用について説明した．これらはいずれも深層学習で扱う
ことができることから，深層学習によって画像，音声，言語を統合し
て認識を行うことや，それらの中での相互検索や相互変換を行う研究
が近年多くなされるようになってきている．こうした深層学習を用い
て複数のメディア（もしくはモダリティ）を横断的に扱う学習である
マルチモーダル学習について，本書の最終章で取り上げる．

11.1 マルチモーダル・クロスモーダル

　マルチモーダル処理とは，複数種類の表現形式のデータを組み合わせて行う
処理のことで，そのためのモデルを学習することをマルチモーダル学習とい
う．本書のターゲットである深層学習によるパターン認識の文脈で用いられる
場合は，画像・映像，音・音声，言語テキストなどの複数のメディアを組み合
わせて扱う処理を指し，マルチメディア処理ということもある．クロスモーダ
ルもマルチモーダルに近い意味であるが，特に画像，音声，言語を相互に検索
する場合に使われる．

　本章では，深層学習ネットワークを用いたマルチモーダル学習について，画
像と言語，画像と音声の組合せ，さらには言語と画像のクロスモーダル検索に
ついて代表的な研究事例を紹介する．なお，音声と言語の組合せは，音声から

言語が音声認識，言語から音声が音声合成ということで，どちらも第9章で説明した音声処理の標準的なタスクであるため，通常はマルチモーダル処理としては扱われない．

■ 11.2 画像と言語

　画像と言語の組合せは，Vision and Language タスク（VLタスク）と呼ばれており，マルチモーダル処理，マルチメディア処理の中で，最も一般的な組合せである．画像，言語ともに深層学習を用いることが今日においては一般的であるので，画像と言語の両方を入出力のどちらかもしくは両方にもつ深層学習ネットワークを，エンドツーエンドで学習させる研究が多く行われている．

　画像と言語の組合せの中で最も基本的なタスクは，画像を入力して画像の説明文テキストを出力する画像の説明文生成である．説明文生成は，画像のキャプション生成（image captioning）ともいい，画像カテゴリ認識の発展形で，深層学習登場以前から取り組まれてきたタスクである．画像とテキストを同時に入力とするタスクも存在する．画像質問応答（Visual Question Answering；VQA）は，画像と質問文テキストを入力とし，その回答を単語で出力する回答は文章ではなく，1000種類の単語のどれか一つを回答するように簡略化されている．また，画像とその中に含まれる物体を表すテキスト文を入力し，物体のバウンディングボックスを出力する，テキスト入力版の物体検出であるVisual Grounding（VG）というタスクや，画像とその説明文を入力して一致度を出力する画像テキスト適合度推定（image-text matching）も存在する．

　一方，画像認識の発展型のタスク以外にも，第8章で説明した画像生成の応用タスクも存在する．テキストを入力し画像を出力するのが，テキストに基づく画像生成（text-guided image synthesis）である．近年，数億規模の画像とテキストがペアになったマルチモーダルデータで学習した大規模画像生成モデルが登場し，どのようなテキストを入力してもそれに対応したリアルな画像が生成できるようになっている．また，画像とテキストを両方入力し，テキストに基づく画像操作を行うタスクも存在する．

　これまで説明したタスクは，入力と出力が固定されていたが，入力がテキストでも画像でもどちらでも良いというタスクもある．これは主に，クロスモー

ダル検索と呼ばれるタスクで，画像からテキスト，テキストから画像の相互検索を行うタスクである．通常は，テキスト特徴と画像特徴を同じ共有空間に埋め込むように両方のエンコーダを学習することによって相互検索を可能とする．さらに，テキストデコーダ，画像デコーダを組み合わせて，相互検索だけでなく，テキスト特徴から画像，画像特徴からテキストのように相互に生成することができるようにしたマルチモーダルモデル生成も提案されている．

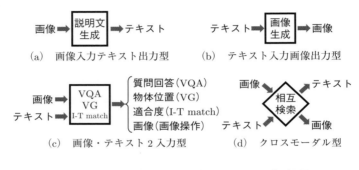

図 11.1　4 タイプの画像と言語のマルチモーダル処理

　図 11.1 に 4 種類の組合せについてまとめた．以下，この図に沿って，(a) 画像キャプショニング，(b) テキストに基づく画像生成，(c) 画像質問応答 (VQA)，テキストに基づく物体検出 (VG)，画像テキスト適合度推定 (I-T match)，テキストに基づく画像操作，(d) 画像テキストクロスモーダル検索 (d) の順に説明する．なお，画像テキスト適合度推定はクロスモーダル検索とほぼ同等の手法で実現可能なので，クロスモーダル検索とまとめて説明し，テキストに基づく画像生成と画像操作は画像生成系のタスクなので，それ以外の画像認識系のタスクを先に説明し，生成系は最後にまとめて説明する．

■ 1.　画像キャプショニング

　画像キャプショニングは，画像に対して説明文を生成するタスクで，画像認識と文書生成ネットワークの組合せによって実現される．図 11.2 は "Show and Tell" という 2014 年に提案された最初期の深層学習モデルを表す[125]．ImageNet で事前学習済みの画像認識 CNN で画像から特徴抽出を行い，それを初期入力とし，第 6 章で説明した Long Short Term Memory （LSTM）で

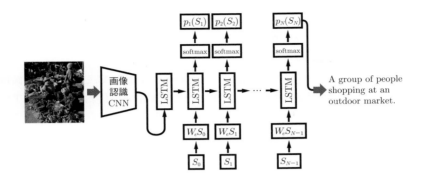

図 **11.2**　画像キャプショニングネットワーク

文章系列を出力する.

　図中の S_t は単語を表現する one-hot ベクトルで, S_0, S_N はそれぞれ開始トークン, 終了トークンである. 式で記述すると次のとおりである.

$$S_{-1} = \text{LSTM}(\text{CNN}(I)) \tag{11.1}$$

$$p(S_{t+1}) = \text{softmax}(\text{LSTM}(W_e S_t)), \quad t \in \{0, \dots, N-1\} \tag{11.2}$$

なお, CNN 特徴の LSTM への入力は LSTM の内部変数の初期化のためであり, その出力の S_{-1} はその後の処理には利用しない. また, LSTM はすべて共通のものを一つだけ用いる.

　LSTM を用いた文書生成ネットワークでは不定長の文章を出力することが可能で, 最初に画像特徴, 次に開始トークンを入力とすると, LSTM の出力がソフトマックスによって通常のクラス分類と同様の単語確率ベクトルが出力され, 最大確率の単語が文書の 1 単語目となる. さらにその単語の要素を 1 とする one-hot 表現の単語ベクトルを LSTM に入力すると 2 単語目, それを繰り返して終了トークンが出力され, もしくは事前に設定した最大単語長に達したら, 出力を停止し, それまでの出力単語列を画像の説明文とする.

　これが, 深層学習による最も基本的な文書生成ネットワークである. 通常の画像認識では, ネットワーク出力は画像クラス確率であるが, LSTM を用いたネットワークでは, ステップごとの出力は単語の確率ベクトルで, 最も高い確率の単語が出力単語となる. 学習は, キャプションが付与された画像データセットを用いて行う. 約 30 万枚の MSCOCO dataset が代表的な画像キャプ

ショニングのデータセットである．画像認識ネットワークも，文書出力ネットワークも任意のネットワークが利用可能で，Vision Transformer（ViT）と文章生成の Transformer の組合せも提案されている．

　また，ここで説明した "Show and Tell" の発展形として，画像特徴を画像全体ではなく，14×14 の特徴マップを入力として用い，自然言語処理のアテンション付き seq2seq モデルを応用して，出力単語と対応する画像中の位置にアテンションをかけることで，より細かい画像シーンの描写を可能とした "Show, Attend and Tell" という手法も提案されている[126]．

┃ 2.　画像質問応答

　画像質問応答（VQA）は，画像と，その画像に関わる自然言語で記述された質問文を入力として，解答を Yes/No，数値，単語などで出力するタスクである．自然言語のタスクとして質問応答タスクというものがあるが，それに画像が追加されたタスクであるといえる．

　図 11.3 は，VQA タスクのための基本的なネットワーク構造である[127]．ImageNet で事前学習済の CNN（ここでは VGG）で画像特徴量を抽出し，同時に，質問文を LSTM を用いた再帰型ネットワークで特徴ベクトル化する．それらを要素ごとの積で一つのベクトルに統合し，全結合層を経て，事前にリストアップした 1 000 種類の単語に関する確率をソフトマックス関数で出力する．つまり，画像特徴とテキスト特徴を統合して 1 000 クラス分類問題を解

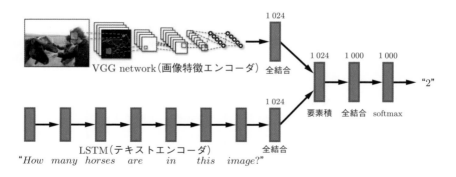

図 11.3　Visual question answering[127]

いているということになる．1000種類の単語には，通常の単語以外にも，図の例にあるような画像中の特定種類の物体の個数を問う質問に対する回答用に "2" のような数値も含まれているし，Yes/No を問う質問のために "Yes" や "No" も含まれていて，さまざまな形式の質問文に対する回答が 1000 クラス分類によって可能となっている．学習には 20 万枚の画像に対して 110 万の質問文とその解答が用意された VQA の標準データセットを用いる[127]．

3. テキストに基づく物体検出

テキストによる画像の部分検出は visual grounding と呼ばれている．図 11.4 に最も初期の研究の方法を示す[128]．初期の深層学習による物体検出である RCNN と同様に非深層学習手法によって物体候補領域（object proposal）

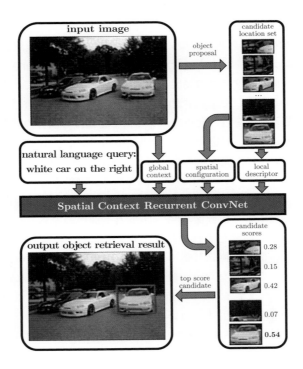

図 11.4 Visual grounding[128]

を一定数抽出する（この研究では 100 個としている）．候補領域，候補領域の画像中での位置の情報，画像全体の特徴量，さらに物体を表現するテキストを，CNN と LSTM からなるネットワークに入力して，テキストの各単語の生起確率を計算し，全単語の生起確率の積を各候補領域のスコアとする．図に示すように，最も高いスコアを示した候補領域がテキストに対応した領域ということになる．図では，「右の白い車（white cat on the right）」という言語で表現されるクエリに対して，赤枠で囲まれた車が検出されている．これは最も基本的な方法で，候補領域とクエリテキストの間で画像テキスト適合度推定を行っているのと等価である．現在においてはさまざまな手法が他にも提案されており，物体検出手法をテキストに対応させて，物体を検出すると同時にスコア付けを行う手法や，Transformer を利用する方法も提案されている．

■ 4.　クロスモーダル検索

　これまで画像の VL タスクについて三つ説明してきたが，画像認識ネットワークの出力がテキスト文となったり，入力にテキストが追加されたりするなど，基本的に画像認識タスクの発展形であった．それに対して，クロスモーダル検索は 5.9 節で説明した距離学習の手法の発展形である．言語から画像，画像から言語の相互検索を行うために，テキストと画像の双方の特徴ベクトルを同じ空間に埋め込んで，対応するペアの距離が小さく，逆に非対応のペアの距離が大きくなるように，画像エンコーダと言語エンコーダの学習を行う．

　図 11.5 はクロスモーダル検索の概念図である．画像とその説明文のように画像とテキストがペアになったデータを用意し，ペア同士の画像特徴とテキスト特徴が近くなるように画像-テキスト共有空間への埋込みを行う．この双方の特徴ベクトルが埋め込まれた共有空間を介して，画像特徴からテキスト特徴，テキスト特徴から画像特徴のようにモーダルをまたがったクロスモーダル検索が可能となる．なお，一般に，共有空間へ埋め込まれた特徴ベクトルを埋込み（エンベッディング，embedding）もしくはクロスモーダル埋込み（cross-modal embedding）という．

　深層学習以前からクロスモーダル埋込みの手法は存在しており，正準相関分析（Canonical Correlation Analysis；CCA）とその非線形版のカーネル正準相関分析が用いられていた[129]．深層学習登場後は，5.9 節で説明した距離学習の手法を用いるのが一般的である．CNN で画像特徴量，LSTM でテキスト特

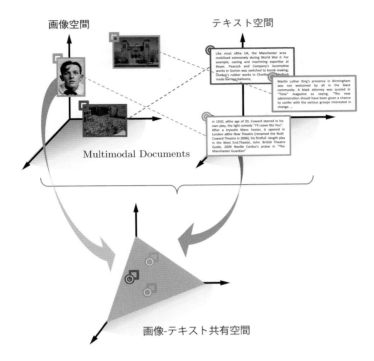

画像空間　　　　　　　　テキスト空間

Multimodal Documents

画像-テキスト共有空間

図 11.5　クロスモーダル検索のための共有埋込み空間[129]

徴量を抽出し，サイアミーズ損失（式 (5.12)）やトリプレット損失（式 (5.13)）を用いて共有空間に埋込みを行う．例えば，トリプレット損失を用いる場合は，画像と対応するテキストのペアを positive pair, 非対応のペアを negative pair として，positive pair 間の距離が negative pair 間よりも小さくなるように学習する．通常の距離学習では，一つだけエンコーダを用意してそれをすべてのサンプルのエンコードで共通して利用し，学習を行うことになるが，クロスモーダルの場合は，図 11.6 に示すように，エンコーダの直後の全結合層も含めて各モダリティごとに用意し，それぞれ独立なものとして学習する．なお，negative pair を作る際には，positive pair の画像をアンカーとして固定して非ペアのテキストを利用する場合と，positive pair のテキストをアンカーとして非ペアの画像を negative として利用する場合の 2 通りが考えられるの

図 11.6　画像-テキストのクロスモーダルエンベッディング

で，両方を学習することが一般的である．効率的な学習のために，5.9節で説明したハードサンプルマイニングも通常行われる．

なお，与えられた画像とテキストのマッチング度合いを推定する画像テキスト適合度推定（image-text match）というものがあるが，これは距離学習で得られた共有空間での画像特徴とテキスト特徴の距離もしくは類似度を計算することで可能である．なお，このタスクにおいては，距離学習を用いずに，二つのベクトルを統合して全結合層などでマッチングスコアを直接回帰して推定する方法もある．Reed らの方法では，CNN で抽出した画像特徴量と各単語の単語マッチングスコアを LSTM で求め，全単語分のスコアの平均を画像と文のマッチングスコアとした[130]．

画像-テキストクロスモーダル検索の研究として，初期のものとして 2013 年の DeViSE（Deep Visual-Semantic Embedding）[131]がある．Word2Vec による単語ベクトルと，CNN で抽出した画像特徴について，トリプレット損失に相当する損失関数で距離学習を行った．単語と画像の対応は通常は画像カテゴリ分類で行われるが，この研究では，埋込みベクトルを用いて画像特徴から単語特徴を検索することで，直接のカテゴリが学習データに存在しない画像であっても，近いカテゴリを推定することを可能とした．この研究は画像と単語の埋込みであったが，Kiros らは Word2Vec の代わりに LSTM を用いることで，画像と文（もしくは複数単語）の埋込みを学習した[132]．この研究では，図11.7 に示すように埋込みベクトルのモダリティをまたがった加減算が可能であることが示された．

また，応用として，料理レシピサイトに大量に存在するレシピテキストと対応する料理画像のペアデータに対するクロスモーダルレシピサーチがある．図11.8 に，レシピテキストのテキスト特徴とレシピ画像の画像特徴を共通空間に埋め込んで，テキストから画像，画像からテキストの双方向なクロスモーダルレシピ検索を実現した様子を示す[133]．近年は，距離学習の損失に加えて，画

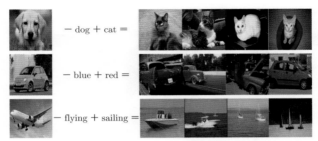

検索結果の上位画像

図 11.7　クロスモーダルエンベッディングの演算による画像検索結果[132]

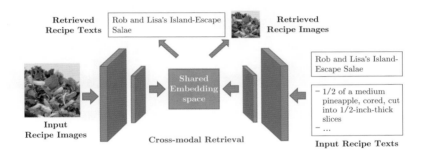

図 11.8　クロスモーダルレシピ検索

像特徴量とテキスト特徴量の見分けができないように敵対学習を同時に行うことで，さらに双方向検索の精度を向上させている．

5．テキストからの画像生成・変換

　これまでは画像認識・検索系の VL タスクを紹介したが，ここでは画像生成系のタスクについて紹介する．画像生成系のタスクは主に，テキストから画像を生成する画像生成タスク，画像をテキストの内容に合うように操作する画像操作タスク，の二つがある．どちらも GAN が画像生成・変換のベース手法となっており，テキストで条件付けを行って生成・変換を行うことになる．

　テキストからの画像生成・変換は，画像のキャプショニングの逆タスクであり，キャプショニング用の学習データを逆方向に利用することで学習が可能で

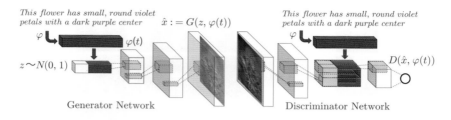

This flower has small, round violet petals with a dark purple center

$\hat{x} := G(z, \varphi(t))$

φ

$\varphi(t)$

$z \sim N(0, 1)$

Generator Network

This flower has small, round violet petals with a dark purple center

φ

$D(\hat{x}, \varphi(t))$

Discriminator Network

図 11.9　テキストに基づく画像生成のアーキテクチャ[72]

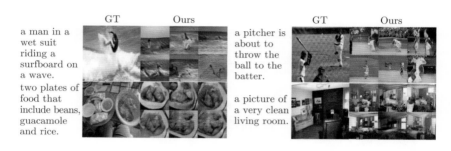

GT　　　　Ours　　　　　　　　GT　　　　Ours

a man in a wet suit riding a surfboard on a wave.

two plates of food that include beans, guacamole and rice.

a pitcher is about to throw the ball to the batter.

a picture of a very clean living room.

図 11.10　テキストに基づく画像生成の例（GT はテスト用の正解画像，Ours は生成例を示す）[72]

あるため，専用のデータセットが不要で，GAN の進歩に伴って多くの研究が行われるようになってきた.

　ここでは，テキストからの画像生成の研究として最初に行われたものである，Reed らによる，2016 年の "Generative Adversarial Text to Image Synthesis" について紹介する[72]．図 11.9 に示すように，基本的な構造は 8.3.2 節で説明した条件付き GAN そのものである．テキストをテキストエンコーダ ϕ でベクトル化した埋込みベクトル ϕ_t を条件ベクトルとして利用して，潜在変数 z と結合して生成器に入力している．さらに同じベクトルを条件ベクトルとして空間方向にコピーして特徴マップサイズを合わせて，判別器の中間信号の特徴マップと結合している．このような GAN としては簡単な構造であるが，図 11.10 に示すように，文章に対応する画像が生成されている．ただし，最も初期の研究であるので，生成画像の解像度が 64×64 で小さく，右上の結果のように人物の形状の生成には失敗している．より高解像度な 256×256 の

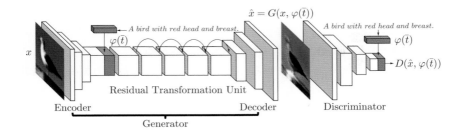

図 11.11 テキストに基づく画像操作のアーキテクチャ[134]

テキストに基づく画像生成が可能な StackGAN[73]が後に提案されている.

次に,テキストに基づく画像操作について紹介する.最も初期のものは 2017 年の SIS-GAN である[134].図 11.11 に示すように,ResBlock を間に挟んだエンコーダ・デコーダ型ネットワークにエンコードされたテキストが条件ベクトルとして入力され,判別器にもテキストベクトルが条件ベクトルとして入力されている.これは,先ほど説明した Reed らのテキストに基づく画像生成 GAN[72]にエンコーダが付加されたとみなすこともできるし,GAN を用いた画像操作 Pix2Pix[68]に条件ベクトルを追加したと考えることもできる.変換結果例を図 11.12 に示す.こちらも初期の研究なので,解像度は 64×64 ではあるが,花の画像はテキストに合わせて色やテクスチャが変化している.テキストに基づく画像生成と同様,テキストに基づく画像操作でもより高解像度な 256×256 の画像の出力が可能な ManiGAN[135]が後に提案されている.

変換前の画像

This is an orange and golden flower.

This flower has petals with a combination of white and lavender.

This flower has petals that are white fading to pink.

図 11.12 テキストに基づく画像操作の例（1 行目の入力画像を左列のテキストで変換している）[134]

　2020 年以降，数億規模の画像-テキストペアデータから学習した大規模画像生成モデルが登場しており，任意のテキストからその内容に対応する画像を，たとえそれが現実世界にないものであっても，あたかも本物の画像かのように生成することが可能となっている．前述した 2016 年の最初のテキストに基づく画像生成の研究からは大きな進歩を遂げている．例えば，DALL-E2[136]，Imagen[137]，Stable Diffusion[138] が代表的なモデルである．画像生成モデルは GAN ではなく，より高精細な画像が生成可能であるとされている拡散モデル（diffusion model）がどのモデルでも使われている．図 11.13，図 11.14 にそれぞれ DALL-E2 と，Stable Diffusion でテキスト文から画像を生成した例を示す．現実世界にない寿司やラーメンでできた犬小屋の画像がリアルに生成されている．こうした画像生成は大規模画像生成モデルによって初めて生成可能となった．なお，ユーザが意図する画像を生成させるにはプロンプト（prompt）と呼ばれる入力テキスト文を工夫する必要があり，例えば，写真のような画像の生成のためには "a photo of"，油絵のような画像の生成には "a painting of" のような接頭語を付けるとよいことが，経験則として示されている．

▌6.　画像言語マルチモーダル大規模基盤モデル

　画像と言語を組み合わせたマルチモーダル学習の説明の最後に，2012 年の大規模画像–言語マルチモーダル事前学習モデル CLIP（Contrastive Language Image Pre-training）について触れておく[139]．

　10.3 節で触れたように 2018 年の BERT，GPT 登場以降，大規模言語事前学習モデルが提案されて，大規模モデルが汎用的な言語モデルとして多目的に利用できることが示された．最も大規模な GPT-3 に至っては 1 750 億パラメータを 570 GByte もの大量テキストデータで学習することによって，人間並みの文書を生成可能であるといわれている．こうした大規模モデルは大量の多様なデータで学習しているため，あらゆるドメインの知識が含まれていて，再学習なし（zero shot）もしくは最低限の再学習（few shot）で多目的に利用可能であるため，基盤モデル（foundation model）と呼ばれている．基盤モデルの学習には大規模な計算設備が必要で OpenAI や Google などの資金に余裕のある有名 IT 企業以外では学習が難しく，一般ユーザは公開された学習済みモデルをそのまま，もしくはファインチューニングして利用することが一般的である．この基盤モデルの画像-言語マルチモーダル版が，CLIP である．

"a photo of tonkotsu ramen with big shrimp"　"a photo of fruits ramen noodle with whipped cream"　"a photo of dog house made of sushi"　"a photo of dog house made by ramen noodle"

図 11.13 DALL-E2 による画像生成の例（DALL-E2 の公開システムを利用して生成を行った）

'A zombie in the style of Picasso'　'An image of an animal half mouse half octopus'　'An illustration of a slightly conscious neural network.'　'A painting of a squirrel eating a burger.'

図 11.14 Stable Diffusion による画像生成の例[138]

　CLIP は 4 億近くの大量の画像–テキストペアデータで学習したクロスモーダルエンベッディングのモデルである．基本的にウェブから収集したものをそのまま加工せずに利用するため，ノイズも含まれるが，特にノイズ除去やノイズに対する学習の工夫などは行わずに学習が行われている．CLIP には図 11.15 (1) に示すようにテキストエンコーダと画像エンコーダが含まれ，対照

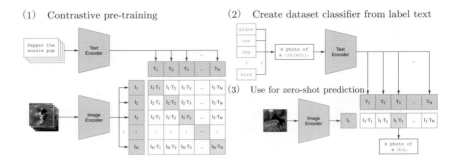

図 11.15　CLIP（Contrastive Language Image Pre-training）

学習によって双方のエンコーダの学習が行われる．つまり，対応するペアの場合，それぞれの出力する特徴ベクトルの内積が 1 に，そうでなければ 0 に近づくように距離学習が行われる．損失関数には，5.9 節で説明した InfoNCE（式(5.14)）が用いられる．

　このように CLIP は，通常のクロスモーダルエンベッディングのモデルと基本的に同じであるが，違いを生み出しているのは利用しているデータセットの規模である．数百個の GPU を 2〜3 週間専有して学習する必要がある[*1]ほどの大規模データセットで学習されているために，再学習なしで，画像分類，物体検出，領域分割，言語による画像生成など，さまざまなタスクに利用できることが示されている．さらに，画像エンコーダは 4 億枚の画像で事前学習されているため，特に画像エンコーダとして ViT を用いた場合，ImageNet 130 万枚や ImageNet-21k（ImageNet のフルセット版）で事前学習されたモデルに比べて高い性能を示すことが多くの研究で示されている．

　図 11.15 (2), (3) は，追加学習なし（zero shot）での画像分類の方法を示している．方法は簡単である．分類対象カテゴリの単語リストを用意する．"a photo of " を各単語の前に付加してテキストエンコーダに入力し，その出力のテキスト特徴と画像エンコーダが出力した入力対象の画像の特徴との内積を計算して，最も類似度が高かった単語に分類する．これが CLIP によ

[*1]　学習時間は画像エンコーダのモデルによって異なり，最大の ResNet モデルである RN50×64 は 592 個の V100 GPU 上で 18 日間，最大の ViT は 256 個の V100 GPU 上で 12 日間であったと記されている[139]．

る zero-shot 画像分類である．学習データを新たに用意する必要もファインチューニングもする必要がなく，手軽であるが，現状ではまだ専用のデータセットでファインチューンした最高性能モデルには及んでいない．

　CLIP は言語による画像生成にも利用可能である．DALL-E2 も CLIP を使用しているが，ここでは GAN ベースの VQGAN-CLIP[140] を紹介する．図11.16 に処理の流れを示す．こちらも基本的なアイデアは簡単で，入力テキストプロンプトと生成画像の CLIP による類似度（CLIP スコア）が最大化されるように，GAN の潜在変数 z を最適化することで，テキストにマッチした画像を生成可能となる．z の初期値をランダムにすると画像生成，画像から潜在変数 z を推定できるエンコーダを用意して，変換したい元画像の z を推定しそれを初期値とすれば画像変換となる．なお，単純に生成された画像 1 枚で CLIP スコア最大化による z の最適化を行うよりも，ランダムクロップしてさらに左右反転，ノイズ付加，色調変化などのデータ拡張を行って，複数枚（VQGAN-CLIP[140]では 64 枚）について類似度最大化するほうがより自然な画像が生成されることが示されている．z の最適化は 8.5 節で説明した画像最適化と同様に誤差逆伝播を行って，学習パラメータを更新する代わりに z を繰り返し更新することで行う．そのため，生成には多少の時間がかかる．なお，論文では，ベクトル量子化を応用した GAN である VQGAN が使われているが，この潜在変数を最適化するアイデアは潜在変数から画像を生成するモ

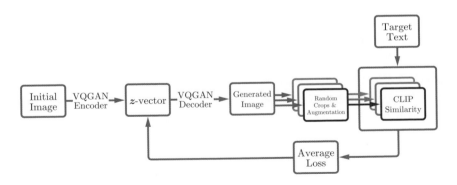

図 11.16　VQGAN CLIP の処理の流れ（Target text と生成画像のマッチングスコアが最大化されるように，潜在変数 z を最適化する）

デルであればどのような画像生成モデルに対しても適用可能で，拡散モデル（diffusion model）との組合せの研究も多くなされている．

■ 11.3　画像・映像と音声

映像には動画に加えて音声が含まれていることが一般的で，動画認識に音声情報を組み合わせて補助的に利用することは深層学習が普及する以前から一般的に行われてきた．例えば，数秒間のショートビデオクリップ分類で，第2章で説明したBoF画像特徴とMFCC音声特徴を統合してSVMに入力するようなことは一般的であった．最近は人物がしゃべっている無音動画からの音声生成や，逆に音声で静止画の人物画像の口をしゃべっているように動かすアニメーション生成など，映像から音声，音声から映像への変換が深層学習によって行われるようになってきている．

映像には多くの場合，音も含まれている．そのため，映像認識は必然的にマルチモーダル処理となることが多い．動作認識において，音情報も用いることは以前より一般的に行われており，例えば，歌っているシーンや，調理中の食材のカットシーン，サッカーのゴールシーンなど，動作と音に強い相関がある場合は，音を使うことで映像だけよりも容易に認識可能となる．また，音声認識においてしゃべっている映像を付加的に利用することで，認識精度が向上するという研究もある．一方，編集済みの映像でBGMが入っている場合は，映像と音の相関がほとんどなく，音を使うことが逆効果になってしまう場合もある．音情報を映像認識に用いる場合は音をMFCC（メル周波数ケプストラム係数）などでベクトル表現し，映像特徴量と統合して認識を行うことになる．

一方，静止画像と音声という組合せによる認識はあまり一般的でなく，画像から音声の生成，音声からの画像の生成などの研究は例外的に行われている程度である．例えば，風景画像からその風景に適した環境音を生成する研究や，音声から顔画像を生成する研究などがある．生成系の研究は，映像と音声の間でも行われており，音声と静止画から音声に合わせて口を動かしてしゃべっている映像を生成する研究や，逆に，楽器を演奏している様子の動画から音を生成する研究なども行われている．どれも，単発的に行われており，標準的なデータセットのようなものは存在しない．

　以下では，画像・映像から音声，逆に音声から映像の生成を行う研究例を紹介する．画像・映像から音声を生成する研究としては，顔の静止画像から声質を推定する Face2Speech[141]や，人が喋っている映像から喋っている音声を生成する Lip2Speech[142] がある．Face2Speech では，音声の声質と顔画像のそれぞれ特徴を表す特徴ベクトルを共有空間に埋め込むことで，顔画像から声質の特徴ベクトルを推定し，それを音声合成モジュール（Text-to-Speech；TTS）に発話したいテキストとともに入力することで，推定した声質で音声合成することが可能となる（図 11.17）．Lip2Speech は人が喋っている動画から口の動きに基づいて音声を再現する．Face2Speech と同様に顔からの声質の推定も行っており，顔に合わせた音声を再現することができる．9.2.1 項で説明した Tacotron2 が音声合成モデルとして利用されている．単語のシーケンスであるテキストから音声を生成する代わりに，顔特徴のシーケンスから音声を生成している．人以外では，動画からドラムスティックでさまざまな物体を叩いたときの音を推定する "Visually Indicated Sounds" という研究がある[143]．

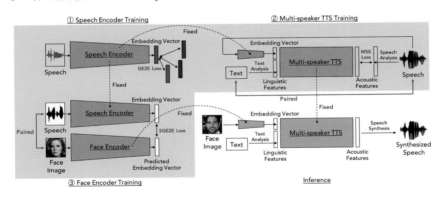

図 11.17　Face2Speech モデル[141]

　一方，音声から画像の生成としては，音声から顔画像やしゃべっている動画を生成する研究がある．Speech2Face[144]では，6 秒間の音声から発話者の顔を推定するタスクに取り組んでいる．オートエンコーダとして学習された顔特徴エンコーダとデコーダを用意し，さらに音声特徴エンコーダを，Face2Speech と同様に音声・顔画像の特徴量を同じ空間に埋め込むように学習する．そして，音声特徴量を顔特徴デコーダに入力し，顔画像を生成する（図 11.18）．

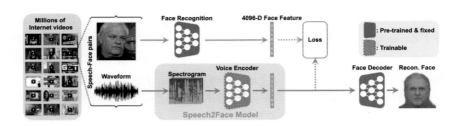

図 11.18　Speech2Face モデル[144)]

Face2Speech も Speech2Face も，音声と顔画像で共有特徴空間を用意し，そこで双方の特徴量を同一視して，それぞれ音声合成ネットワーク，顔画像生成ネットワークに入力することで，モダリティを超えた変換を実現している．MakeItTalk（Speech2Lip）[145)]は，顔画像 1 枚と音声を与えると，顔画像の人物がしゃべっている動画（talking-head video）を生成する．顔画像から顔の輪郭とランドマーク点を抽出し，それに音声に基づいて動きを付ける．そしてそれを中間表現として，顔画像に動きを付けることで，最終的に talk-head 動画を生成する．

演 習 問 題

問 1　四つのタイプの Vision and Language タスクについてそれぞれ説明せよ．

問 2　クロスモーダル検索では対照学習が用いられるが，画像だけ，言語だけなどのユニモーダルな場合の対照学習との違いについて説明せよ．

問 3　大規模基盤モデルと，ImageNet 1k で事前学習した従来モデルの最も大きな違いについて説明せよ．

問 4　画像・映像と音声のマルチモーダル学習の応用例について述べよ．

演習問題略解

■第 2 章

問1　深層学習以前の主な特徴抽出手法は，画像の場合，局所特徴量の分布をベクトル量子化によって近似的に表現する bag-of-features（BoF）法が最も広く用いられていた．音声の場合は，メルケプストラム（MFCC）特徴量が一般的である．一方，言語については，語順を無視して単語の出現の有無を表現する bag-of-words 表現が広く用いられていた．

問2　マージン最大化原理に基づいているサポートベクトルマシンが，線形分類器のうちのでは平均的に最も性能が高いとされている．

問3　サポートベクトルマシンのような2クラス分類器で，3クラス以上の多クラス分類を行うには，特定クラス対それ以外のクラスの分類器をクラス数の分だけ学習して，分類器出力の値が最も大きなクラスに分類する one-vs-rest 法を利用するのが最も一般的である．ほかには，すべての2クラスの組合せを学習して最も多く分類されたクラスを最終クラスとする one-vs-all 法もあるが，クラス数が多いと学習すべき分類器の数が多くなるため，あまり一般的ではない．

問4　バギングは並列に複数の分類器を学習して，テスト時にはすべての学習済み分類器で分類して，結果の多数決，もしくはその平均を最終的な分類出力とする．すべての分類器が異なるものとなるようにする必要があるので，学習過程にランダムな要素の含まれない分類器学習手法では，学習サンプルをランダムで選ぶブートストラップ法が用いられる．

　一方，ブースティングでは，弱分類器を逐次に学習する．前段で学習した識別器で誤分類されたデータに大きい重みを付けることによって，後段の学習では誤分類されたデータをより重視して学習するようにする．識別器は重み付きのサンプルで学習できる必要があり，1段だけの決定木である決定株が識別器として使われることが多い．

問5　階層的クラスタリングでは，初期状態はサンプル数とクラスタ数が等しいとして，最も近いクラスタ同士を順次併合していくことを繰り返す．事前に与えられたクラスタ間最小距離もしくはクラスタ数に達したら，終了と

する．最終的にクラスタが一つだけになるまで併合を続け，クラスタ樹形図
(dendrogram) を作成する場合もある．

一方，k-means 法では，クラスタ数 k が最初から与えられていて

● 所属サンプルの平均を求めて k 個それぞれのクラスタ中心を求める
● 全サンプルを k 個のクラスタのうち最近傍のクラスタ中心に配属させる

をクラスタ中心が移動しなくなるまで繰り返すことで，サンプルを k クラス
タに分割する．

■ 第 3 章

問 1　全結合層は，入力のすべての要素に重み付けして，出力の各要素の値が決
定される．

一方，畳込み層では，空間的に隣接する要素，例えば 3×3 フィルタであれ
ば 8 隣接画素のみを考慮して出力の値を計算を行うため，全結合層に比べて
学習パラメータ数が少ない．一方，同じフィルタを特徴マップ内にスライド
させて畳込み計算を行うため，特徴マップの空間方向のサイズが大きければ
大きいほど計算量は大きくなる．

例えば，AlexNet では，6 000 万個の学習パラメータのうちの約 95% が全結
合層のものである一方，計算の 97% は畳込み層で行われている．

問 2　パディングは「詰め物」という意味で，畳込み演算時に特徴マップのサイ
ズが小さくならないようにフィルタのはみ出しを可能とするために，入力特
徴マップの周辺に追加される空白領域のことである．3×3 のフィルタを適用
すると出力特徴マップは入力に比べて縦横 2 画素ずつ小さくなる．そこで上
下左右にパディング 1 を追加すると，入力特徴マップのサイズが縦横 2 画素
ずつ増えるので，畳込み演算後，2 画素ずつ減って出力特徴マップサイズと
ともとの入力特徴マップが等しくなる．パディング領域は 0 で埋めるのが一
般的で，このパディングをゼロパディングという．なお，画像生成の場合は，
0 で埋めるとそれが原因で縞模様が発生する場合があるので，内側の画素値を
コピーして埋めるミラーパディングを用いることもある．

ストライドとは畳込み演算時にフィルタをずらす量である．通常は 1 であ
るが，2 とすると 1 ずつ飛ばしてフィルタを適用することになり，出力される
特徴マップは縦横ともに約半分となる．実際には出力マップサイズは，スト
ライドに加えてフィルタサイズとパディングサイズにも関係している．厳密
には，本文の式 (3.4) によって計算可能である．

問 3　特徴マップを縮小するには，ストライド 2 以上のプーリング層もしくは同

じくストライド 2 以上の畳込み層を利用する．フィルタを走査する際に 2 画素以上スライドさせることによって，特徴マップは縦横ともに約半分となる．

　逆に拡大する方法は，アンプーリング (unpooling)，転置畳込み (transposed convolution)，ピクセルシャッフラー (pixel shuffler) の 3 種類がある．アンプーリングは 1 画素を 2×2 に拡大する操作，転置畳込みは通常の畳込みの逆演算を行う畳込みで，2 以上のストライドを設定すると逆に特徴マップが拡大される．ピクセルシャッフラーは複数のチャネルを一つにまとめて特徴マップサイズを拡大させる操作である．例えば，出力チャネル数を通常の 4 倍に設定して，四つのチャネルそれぞれの一つの画素を 2×2 として一つのチャネルにして，特徴マップのサイズを縦横 2 倍ずつ拡大することができる．ピクセルシャッフラーは画像生成時に縞模様のノイズが発生しにくい特徴があるため，高解像度の画像生成でよく利用される．

問 4　全結合層も畳込み層も演算自体は線形である．非線形活性化関数を各層の直後に挿入することで，各層の演算が非線形になるとみなすことができる．非線形活性化関数を用いない場合は，すべての層が線形計算となり，線形の演算をいくら重ねても，結局一つの行列をかけ合わせる線形演算に集約できてしまうため，ネットワークを多層にする意味がなくなってしまう．そのため，非線形活性化関数を各層の直後に挿入することは，ニューラルネットワーク全体を非線形変換の集合体とするために必須である．

■ 第 4 章

問 1　厳密な意味での勾配降下法は，全サンプルの勾配を計算して，一度にまとめて学習パラメータの更新を行うバッチ学習である．

　一方，ミニバッチ確率的勾配降下法は，学習サンプルを小さなまとまり（バッチ）にランダムに分け，それをミニバッチとして，ミニバッチ単位で平均勾配を求めて学習パラメータを更新するオンライン学習である．オンライン学習ではデータの順序に結果が影響されるため，エポックごとにデータをランダムにシャッフルするのが一般的で，そのため「確率的」が付いている．

問 2　重み減衰とは，勾配降下法の式に追加する学習重みに関する正則化項のことである．通常は重みの L2 ノルムの微分値に小さな重みを掛けて，式 (4.10) のように勾配降下法の式に追加する．

問 3　誤差逆伝播法とは，各学習パラメータの誤差勾配を微分の連鎖律を用いて求める方法である．ニューラルネットワークは，すべての演算要素が微分可能であるため，損失関数から微分の連鎖律を用いて，ネットワーク中の任意の

学習パラメータに関する誤差勾配を計算することが可能である．誤差勾配は損失関数から逆順に辿ることになるため，逆伝播法という名前が付いている．

問4　逆伝播の計算時に順伝播時の情報は必要である．実際に必要になるのは，学習重みの誤差勾配を求めるときで，例えば $v = wu + b$ で表現される1入力1出力の全結合層に δ_v という誤差勾配が逆伝播してくるとき，

$$\frac{\partial E}{\partial w} = \frac{dv}{dw}\frac{dE}{dv} = u \cdot \delta_v$$

という演算が必要で，順伝播時に一つ手前のレイヤから伝播してきた入力値 u が必要となる．つまり，各レイヤの学習重みの誤差勾配の計算には，その一つの前のレイヤから伝播してきた活性値が必要になり，通常はそれを GPU 内のメモリに記憶しておくことになる．なお，畳込みのときはそのレイヤへの入力特徴マップになる．

問5　畳込み層の順伝播は，im2col 操作，フィルタ行列と im2col 行列の行列積演算，特徴マップへの整形，の3ステップであった．逆伝播は順伝播の逆演算であるが，逆伝播するのは，特徴マップではなく，誤差勾配が3階テンソルで表現された誤差勾配マップである点に注意が必要である．逆伝播の処理は同じく3ステップで，誤差勾配マップをチャネルごとに横ベクトルに変形する逆整形，フィルタ行列の転置行列と行列化した誤差勾配マップの行列積演算，col2im 操作による特徴マップへの逆変形，によって実現可能である．詳細は図 4.7 を参照のこと．

■ 第 5 章

問1　過学習とは，ネットワークがデータに過剰に適合した状態のことをいう．過学習が起こると学習データの分類には高い精度を示すものの，テストデータの分類精度は低下してしまい，汎化性能が低い分類モデルとなってしまう．それを防ぐには，ドロップアウト，バッチ正規化，重み減衰の利用，データ拡張，早期終了などの導入が一般的である．

問2　ファインチューニングは，事前学習済みモデルの学習パラメータを小規模データセットで再学習することである．学習はエンドツーエンドで行われるため，最適な分類器が期待できるが，計算量が多いため GPU の利用が望ましい．

　一方，学習済み CNN で CNN 特徴を抽出して，それをサポートベクトルマシンなどの既存手法で分類する方法は，一度 CNN で特徴抽出してしまえば，後はサポートベクトルマシンを学習するだけなので，計算コストが低く，

GPU がない環境でも利用可能である．ただし，ファインチューニングに比べると性能が劣ることが一般的である．

問3　距離学習は対照学習とも呼び，CNN 特徴を利用して画像検索を行う場合に，見た目が異なっても類似した画像として検索したい場合に有効である．

例えば，個人顔認証のための特徴抽出ネットワーク FaceNet では，代表的な距離学習用の損失関数であるトリプレット損失を用いて，同じ人が異なる向きを向いていても，異なる照明条件下での撮影でも近い特徴量が抽出されるように学習を行い，一方，異なる人が同じ向きを向いていても，同じ照明条件下でも，全く異なる特徴量が抽出されるように学習を行う．Labeled Faces in the Wild（LFW）という 5 000 人規模の顔認識ベンチマークデータセットで 99.6% という 2015 年当時の最高精度を達成した．

また，自己教師あり学習や，クロスモーダル特徴量の学習でも利用されている．クロップや色の変化などでデータ拡張した画像を元画像と同一画像として距離学習を行うことで，教師なしの学習が実現でき，ImageNet を使った場合と同程度の性能の事前学習モデルが学習可能であることが示されている．また，クロスモーダル特徴量の学習では，画像とテキストのエンコーダを別々に用意して，対応する画像とテキストの特徴量が近く，そうでない組合せは遠くなるように学習することで，対応する画像からテキスト，さらにその逆のテキストから画像への，双方向のクロスモーダル検索が可能となる（クロスモーダル特徴量の学習の詳細は第 11 章を参照）．

問4　問3で述べた距離学習（対照学習），人工的なタスクであるプレテキストタスクによる分類学習，画像の多くの部分を隠して復元するマスクトオートエンコーダの三つが主な方法である．

問5　枝刈り，量子化，知識蒸留が主な方法である．

■第6章

問1　RNN は最もシンプルな再帰型レイヤで，全結合層の出力が入力信号と結合して再度入力として入力される再帰構造をもっている．しかしながら，RNN の学習は連鎖を展開して行う BPTT 法（Back Propagation Through Time）を用いて学習すると，全結合層の長い連鎖となって勾配消失が起こりやすい構造となる．また，全結合層 1 層のみから構成されるので，短期的な変化しか記憶することができない．

そこで，メモリセルとゲートを追加した LSTM が提案された．LSTM では値を再帰的に伝えるメモリセルに学習重みが直接積演算されることがなく，

ゲートと呼ばれるシグモイド関数の出力信号によって値の調整が行われ，さらにハイパボリックタンジェントで値の範囲が制限されたものにゲートで調整された値が加算されるだけなので，勾配消失が起こりにくくなっていて，長期的な記憶も可能なレイヤとなっている．

　GRU は，LSTM の構造が複雑で計算量が多い欠点を改良したレイヤで，メモリセルを取り除いて，忘却ゲートと入力ゲートを一つにまとめている．性能的には LSTM とほぼ同等であるといわれている．

問 2　再帰型ネットワークでは，系列データの入力に対して一つ一つの要素を順番に評価する必要があったが，1 次元 CNN では系列データ全体を畳込み層の評価 1 回ですべて処理することが可能なため，並列処理することが可能で，より効率よく高速に処理することが可能となっている．

問 3　RNN や 1D CNN では主に隣接する要素間の影響を重視して考慮していたが，Transformer では系列内の離れた要素間の関係もすべて等しく考慮することが可能で，より広範囲な関係を考慮した処理が可能となっている．さらに，マルチヘッドアテンションの導入によって，より複雑な関係を考慮することが可能となっている．1D CNN 同様に並列処理が可能である．

▓ 第 7 章

問 1　AlexNet や VGG では，畳込み層の連鎖の後は，特徴マップがそのままベクトル化され，その後三つの全結合層が続いていたため，その部分での学習パラメータ数が全体のパラメータ数の大半を占めていた．一方，現在の標準的な CNN においては，畳込み層の連鎖の後は，グローバル平均プーリング（GAP）と 1 層だけの全結合層が利用されるのが一般的で，AlexNet や VGG と比べてパラメータが大幅に削減されている．

問 2　CAM や GradCam などネットワークの中身が既知である可視化手法はホワイトボックス手法，LIME やオクルーダーのように中身が未知でも可能な可視化手法はブラックボックス手法と呼ばれている．

問 3　物体検出の評価指標は，mAP が一般的に用いられている．カテゴリごとに，検出されたバウンディングボックス（BB）をクラスごとの信頼度の高い順に並べて平均適合率（average precision）を計算し，その平均が mAP である．なお，BB が正解か不正解かどうかは，テストデータの正解 BB と検出結果の BB を，IoU によって重なり率を計算し，通常は 0.5 以上ならば正解と判定する．IoU の計算は次のとおりである．

$$\text{IoU} = \frac{(\text{二つの BB の重なり面積})}{(\text{正解 BB の面積}) + (\text{検出 BB の面積}) - (\text{二つの BB の重なり面積})}$$

　一方，領域分割の指標は，mIoU が用いられる．正解領域と検出領域の間で IoU の値を求め，カテゴリごとに平均し，さらに全カテゴリについて平均をとったものが mIoU である．

問 4　以前は大規模な動画データセットが存在せず，事前学習に十分な量の動画を確保することが困難であったため，深層学習による動画分類は十分な性能を発揮できていなかった．Kinetics や Motion in Time など数十万～百万規模の大規模動画データセットが利用可能となって以降は，これらで事前学習することによって，従来手法よりも高い性能が得られるようになった．

第 8 章

問 1　オートエンコーダは，入出力が同じになるという制約のみで学習可能であるので，画像を入出力とする場合は学習データとしてラベルなしの画像のみが必要である．

問 2　主な画像生成モデルには，図演 8.1 に示す (1) 変分オートエンコーダ（VAE），(2) 敵対的生成ネットワーク（GAN），(3) フローモデル（flow model），(4) 拡散モデル（diffusion model）の 4 種類が存在する．

　VAE は，変分下限を最大化することによって，エンコーダとデコーダのパラメータを推定する．近似であるため，高解像度で高画質な画像が得にくいという欠点がある．

　GAN では，生成器と識別器を敵対的に学習させて生成器がより正確にデータ分布を近似できるように学習する．生成器と識別器のバランスをとって敵対的学習を進めることが難しく，同じ画像ばかり生成するモード崩壊が起こりやすい欠点がある．

　flow model では，可逆関数を用いることで分布の逆変換を可能とし，最尤推定による学習を可能としている．計算量が多いという欠点がある．

　diffusion model では，画像にノイズを徐々に付加する拡散過程を逆に行うデノイジング変換をニューラルネットワークで学習し，徐々に逆変換を行うことでノイズから画像を生成する．安定的に学習でき，2022 年時点では最も高画質な画像を生成可能であるといわれているが，生成にやや時間がかかることが欠点である．

　なお，本文では説明しなかったが，ほかにも自己回帰モデル（auto regression model）という手法もある．

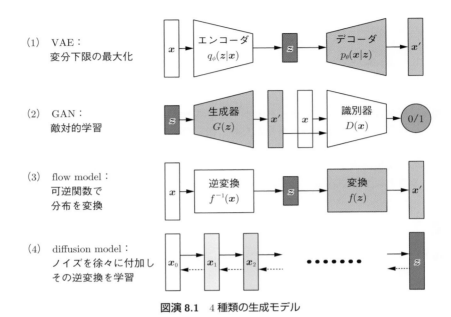

(1) VAE：
変分下限の最大化

(2) GAN：
敵対的学習

(3) flow model：
可逆関数で
分布を変換

(4) diffusion model：
ノイズを徐々に付加し
その逆変換を学習

図演 8.1 4 種類の生成モデル

問 3 入出力のペア画像データがある場合と，ペア画像のない場合の 2 通りがある．後者のデータで学習する場合は unsupervised image translation と呼ばれ，通常は順変換，逆変換をすると元に戻るという cycle consistency loss（循環一貫性損失）を用いて学習する．

問 4 敵対画像の生成，DeepDream 変換，画像スタイル変換である．

■ 第 9 章

問 1 それぞれ
- "a k a i"
- "a p l e"
- "d o g"
- "c a a t"

問 2 通常の畳込みよりも受容野が広くなるため，音声波形の長期にわたる依存関係を捉えることができる．

問 3 層の入力を二つに分け，片方のみを WaveNet を通した特徴量の線形変換として表現することで，表現力の高い非線形変換を実行しつつヤコビ行列を簡

単に求めることができる．

■ 第 10 章

問 1 (1) 同じ単語と異なる単語の区別
(2) 単語の意味の足し算や引き算
(3) 対義語の関係の表現

問 2 (1) Transformer を用いている点，および事前学習モデルである点
(2) BERT は Transformer の encoder のみ，T5 は encoder と decoder の両方，GPT-3 は decoder のみからなる点

■ 第 11 章

問 1 vision and language タスクでは，
- 画像を入力としてテキストを出力とする画像キャプショニング
- 画像と問題文テキストを入力として解答を出力する VQA や，テキストに対応する物体の位置を示すバウンディングボックスを出力する visual grounding タスク
- 対応する画像とテキストの特徴量が近くなるように共通空間に特徴量を埋め込むクロスモーダル埋込み
- テキストから画像生成を行うタスク

の 4 種類が主に存在する．

問 2 クロスモーダル埋込みのための対照学習では，各モーダルの特徴抽出器（エンコーダ）は別々に用意し，それぞれ学習を行う．一方，一つのモダリティだけの場合は，一つだけエンコーダを用意し，それをすべての場合に共通して用いて学習する点が異なる．

問 3 大規模基盤モデルも従来モデルも学習方法は大きくは変わらないが，データ量が従来の 100 倍から 1 000 倍以上となっており，学習データの規模が大きな違いとなっている．そのため，多様なタスクの学習データを含んでおり，再学習なしのゼロショット学習で画像分類や画像生成など多様なタスクに利用することが可能である．

問 4 顔画像から声を生成する Face2Speech タスク，逆に声から顔画像を生成する Speech2Face タスク，人がしゃべっている無音映像から音声を推定する Lip2Speech タスク，音声から人がしゃべっている動画を生成する Speech2Lip タスクなどがある．

参考文献

代表的な国際会議論文については，以下の略称を用いる．

CVPR: IEEE/CVF Conference on Computer Vision and Pattern Recognition
ECCV: European Conference on Computer Vision
ICASSP: IEEE International Conference on Acoustics, Speech and Signal Processing
ICCV: IEEE/CVF International Conference on Computer Vision
ICLR: International Conference on Learning Representations
ICML: International Conference on Machine Learning
NIPS or NeurIPS: Advances in Neural Information Processing Systems

1) Mcculloch, W. and Pitts, W.: A Logical Calculus of Ideas Immanent in Nervous Activity, *Bulletin of Mathematical Biophysics*, Vol. 5, pp. 127–147 (1943)
2) Csurka, G., Bray, C., Dance, C. and Fan, L.: Visual categorization with bags of keypoints, *Proc. of ECCV Workshop on Statistical Learning in Computer Vision*, pp. 59–74 (2004)
3) Lowe, D. G.: Object recognition from local scale-invariant features, *ICCV* (1999)
4) van Gemert, J. C., Geusebroek, J.-M., Veenman, C. J. and Smeulders, A. W. M.: Kernel codebooks for scene categorization, *ECCV* (2008)
5) Jégou, H., Douze, M., Schmid, C. and Pérez, P.: Aggregating local descriptors into a compact image representation, *CVPR* (2010)
6) Perronnin, F. and Dance, C.: Fisher Kernels on Visual Vocabularies for Image Categorization, *CVPR* (2007)
7) Perronnin, F., Sanchez, J. and Mensink, T.: Improving the Fisher Kernel for Large-Scale Image Classification, *ECCV* (2010)
8) Aytar, Y., Vondrick, C. and Torralba, A.: SoundNet: Learning sound representations from unlabeled video, *NIPS* (2016)
9) van den Oord, A., Dieleman, S., Zen, H., Simonyan, K., Vinyals, O., Graves, A., Kalchbrenner, N., Senior, A. and Kavukcuoglu, K.: WaveNet: A Generative Model for Raw Audio, arXiv:1609.03499 (2016)
10) Rosenblatt, F.: The Perceptron: a probabilistic model for information storage and organization in the brain, *Psychological review*, Vol. 65, No. 6, p. 386 (1958)
11) Rumelhart, D. E., Hinton, G. E. and Williams, R. J.: Learning representations by back-propagating errors, *Nature*, Vol. 323, pp. 533–536 (1986)
12) Fukushima, K.: Neocognitron: A self-organizing neural network model for a mechanism of pattern recognition unaffected by shift in position, *Biological cybernetics*, Vol. 36, No. 4, pp. 193–202 (1980)
13) LeCun, Y., Boser, B., Denker, J. S., Henderson, D., Howard, R. E., Hubbard, W. and Jackel, L. D.: Backpropagation applied to handwritten zip code recognition, *Neural com-*

putation, Vol. 1, No. 4, pp. 541–551 (1989)

14) Shi, W., Caballero, J., Theis, L., Huszar, F., Aitken, A. P., Ledig, C. and Wang, Z.: Is the deconvolution layer the same as a convolutional layer?, arXiv:1609.07009 (2016)

15) Krizhevsky, A., Sutskever, I. and Hinton, G. E.: ImageNet Classification with Deep Convolutional Neural Networks, *NIPS* (2012)

16) Kawaguchi, K.: Deep Learning without Poor Local Minima, *NIPS* (2016)

17) Li, H., Xu, Z., Taylor, G. and Goldstein, T.: Visualizing the Loss Landscape of Neural Nets, *NIPS* (2018)

18) Zhang, C., Bengio, S., Hardt, M., Recht, B. and Vinyals, O.: Understanding Deep Learning Requires Rethinking Generalization, *ICLR* (2017)

19) Zeiler, M. and Fergus, R.: Visualizing and Understanding Convolutional Networks, *ECCV* (2014)

20) Glorot, X. and Bengio, Y.: Understanding the difficulty of training deep feedforward neural networks, *Proc. of International Conference on Artificial Intelligence and Statistics (AISTAT)* (2010)

21) He, K., Zhang, X., Ren, S. and Sun, J.: Delving Deep into Rectifiers: Surpassing Human-Level Performance on ImageNet Classification, *ICCV* (2015)

22) Frankle, J. and Carbin, M.: The Lottery Ticket Hypothesis: Finding Sparse, Trainable Neural Networks, *ICLR* (2019)

23) Babenko, A., Slesarev, A., Chigorin, A. and Lempitsky, V.: Neural codes for image retrieval, *ECCV* (2014)

24) Schroff, F., Kalenichenko, D. and Philbin, J.: FaceNet: A unified embedding for face recognition and clustering, *CVPR* (2015)

25) Matsuda, Y., Hoashi, H. and Yanai, K.: Recognition of Multiple-Food Images by Detecting Candidate Regions, *Proc. of IEEE International Conference on Multimedia and Expo (ICME)* (2012)

26) Chen, T., Kornblith, S., Norouzi, M. and Hinton, G.: A Simple Framework for Contrastive Learning of Visual Representations, *ICML* (2020)

27) Gong, Y., Liu, L., Yang, M. and Bourdev, L.: Compressing Deep Convolutional Networks using Vector Quantization, *ICLR* (2015)

28) Hinton, G., Vinyals, O. and Dean, J.: Distilling the knowledge in a neural network, *Proc. of NIPS Deep Learning and Representation Learning Workshop* (2015)

29) Vaswani, A., Shazeer, N., Parmar, N., Uszkoreit, J., Jones, L., Gomez, A. N., Kaiser, L. and Polosukhin, I.: Attention is All You Need, *NIPS* (2017)

30) LeCun, Y., Bottou, L., Bengio, Y. and Haffner, P.: Gradient-based learning applied to document recognition, *Proc. of the IEEE*, Vol. 86, No. 11, pp. 2278–2324 (1998)

31) Lin, M., Chen, Q. and Yan, S.: Network In Network, *ICLR* (2014)

32) Simonyan, K., Vedaldi, A. and Zisserman, A.: Very Deep Convolutional Networks for Large-Scale Image Recognition, *ICLR* (2015)

33) Szegedy, C., Liu, W., Jia, Y., Sermanet, P., Reed, S., Anguelov, D., Erhan, D., Vanhoucke, V. and Rabinovich, A.: Going deeper with convolutions, *CVPR* (2015)

34) He, K., Zhang, X., Ren, S. and Sun, J.: Deep Residual Learning for Image Recognition, *CVPR* (2016)

35) Huang, G., Liu, Z., van der Maaten, L. and Weinberger, K. Q.: Densely Connected

Convolutional Networks, *CVPR* (2017)

36) Zagoruyko, S. and Komodakis, N.: Wide Residual Networks, *Proc. of British Machine Vision Conference (BMVC)* (2016)

37) Xie, S., Girshick, R., Dollar, P., Tu, Z. and He, K.: Aggregated Residual Transformations for Deep Neural Networks, *CVPR* (2017)

38) Hu, J., Shen, L. and Sun, G.: Squeeze-and-Excitation Networks, *CVPR* (2018)

39) Zoph, B. and Le, Q.: Neural Architecture Search with Reinforcement Learning, *ICLR* (2017)

40) Howard, A. G., Zhu, M., Chen, B., Kalenichenko, D., Wang, W., Weyand, T., Andreetto, M. and Adam, H.: MobileNets: Efficient Convolutional Neural Networks for Mobile Vision Applications, arXiv:1704.04861 (2017)

41) Sandler, M., Howard, A., Zhu, M., Zhmoginov, A. and Chen, L.-C.: MobileNetV2: Inverted Residuals and Linear Bottlenecks, *CVPR* (2018)

42) Howard, A., Sandler, M., Chu, G., Chen, L.-C., Chen, B., Tan, M., Wang, W., Zhu, Y., Pang, R., Vasudevan, V., Le, Q. V. and Adam, H.: Searching for MobileNetV3, *ICCV* (2019)

43) Tan, M. and V. Le, Q.: EfficientNet: Rethinking Model Scaling for Convolutional Neural Networks, *ICML* (2019)

44) Dosovitskiy, A., Beyer, L., Kolesnikov, A., Weissenborn, D., Zhai, X., Unterthiner, T., Dehghani, M., Minderer, M., Heigold, G., Gelly, S., Uszkoreit, J. and Houlsby, N.: An Image is Worth 16x16 Words: Transformers for Image Recognition at Scale, *ICLR* (2021)

45) Liu, Z., Lin, Y., Cao, Y., Hu, H., Wei, Y., Zhang, Z., Lin, S. and Guo, B.: Swin Transformer: Hierarchical vision transformer using shifted windows, *ICCV* (2021)

46) Tolstikhin, I. O., Houlsby, N., Kolesnikov, A., Beyer, L., Zhai, X., Unterthiner, T., Yung, J., Steiner, A., Keysers, D., Uszkoreit, J., Lucic, M. and Dosovitskiy, A.: MLP-Mixer: An all-MLP Architecture for Vision, *NeurIPS* (2021)

47) Ribeiro, M. T., Singh, S. and Guestrin, C.: "Why Should I Trust You?": Explaining the Predictions of Any Classifier, *Proc. of ACM SIGKDD International Conference on Knowledge Discovery and Data Mining*, pp. 1135–1144 (2016)

48) Zhou, B., Khosla, A., Lapedriza, A., Oliva, A. and Torralba, A.: Learning Deep Features for Discriminative Localization, *CVPR* (2016)

49) Selvaraju, R. R., Cogswell, M., Das, A., Vedantam, R., Parikh, D. and Batra, D.: Grad-CAM: Visual Explanations From Deep Networks via Gradient-Based Localization, *ICCV* (2017)

50) Liu, L., Ouyang, W., Wang, X., Fieguth, P., Chen, J., Liu, X. and Pietikäinen, M.: Deep Learning for Generic Object Detection: A Survey, arXiv:1809.02165 (2019)

51) Girshick, R., Donahue, J., Darrell, T. and Malik, J.: Rich feature hierarchies for accurate object detection and semantic segmentation, *CVPR* (2014)

52) Girshick, R.: Fast R-CNN, *ICCV* (2015)

53) Ren, S., He, K., Girshick, R. and Sun, J.: Faster R-CNN: Towards Real-Time Object Detection with Region Proposal Networks, *NIPS* (2015)

54) Redmon, J., Divvala, S., Girshick, R. and Farhadi, A.: You Only Look Once: Unified, Real-Time Object Detection, *CVPR* (2016)

55) Liu, W., Anguelov, D., Erhan, D., Szegedy, C., Reed, S., Fu, C. Y. and Berg, A. C.: SSD:

Single Shot MultiBox Detector, *ECCV* (2016)

56) He, K., Gkioxari, G., Dollár, P. and Girshick, R.: Mask R-CNN, *ICCV* (2017)

57) Badrinarayanan, V., Kendall, A. and Cipolla, R.: Segnet: A deep convolutional encoder-decoder architecture for image segmentation, *IEEE Transactions on Pattern Analysis and Machine Intelligence*, Vol. 39, No. 12, pp. 2481–2495 (2017)

58) Ronneberger, O., Fischer, P. and Brox, T.: U-Net: Convolutional networks for biomedical image segmentation, *International Conference on Medical Image Computing and Computer-Assisted Intervention*, pp. 234–241 (2015)

59) Zhao, H., Shi, J., Qi, X., Wang, X. and Jia, J.: Pyramid scene parsing network, *CVPR* (2017)

60) Chen, L.-C., Papandreou, G., Kokkinos, I., Murphy, K. and Yuille, A. L.: Deeplab: Semantic image segmentation with deep convolutional nets, atrous convolution, and fully connected crfs, *IEEE Transactions on Pattern Analysis and Machine Intelligence*, Vol. 40, No. 4, pp. 834–848 (2017)

61) Toshev, A. and Szegedy, C.: DeepPose: Human Pose Estimation via Deep Neural Networks, *CVPR* (2013)

62) Cao, Z., G., Thomas, S., Wei, S.-E. and Sheikh, A. Y.: Realtime Multi-Person 2D Pose Estimation using Part Affinity Fields, *CVPR* (2017)

63) Simonyan, K. and Zisserman, A.: Two-stream convolutional networks for action recognition in videos, *NIPS* (2014)

64) Tran, D., Bourdev, L., Fergus, R., Torresani, L. and Paluri, M.: Learning Spatiotemporal Features With 3D Convolutional Networks, *ICCV* (2015)

65) Carreira, J. and Zisserman, A.: Quo Vadis, Action Recognition? A New Model and the Kinetics Dataset, *CVPR* (2017)

66) Feichtenhofer, C., Fan, H., Malik, J. and He, K.: SlowFast Networks for Video Recognition, *ICCV* (2019)

67) He, K., Chen, X., Xie, S., Li, Y., Dollár, P. and Girshick, R.: Masked Autoencoders Are Scalable Vision Learners, *CVPR* (2022)

68) Isola, P., Zhu, J. Y., Zhou, T. and Efros, A. A.: Image-to-Image Translation with Conditional Adversarial Nets, *CVPR* (2017)

69) Kingma, D. P. and Welling, M.: Auto-encoding variational bayes, *ICLR* (2014)

70) Radford, A., Metz, L. and Chintala, S.: Unsupervised Representation Learning with Deep Convolutional Generative Adversarial Networks, *ICLR* (2016)

71) Mirza, M. and Osindero, S.: Conditional Generative Adversarial Nets, arXiv:1411.1784 (2014)

72) Reed, S., Akata, Z., Yan, X., Logeswaran, L., Schiele, B. and Lee, H.: Generative Adversarial Text-to-Image Synthesis, *ICML* (2016)

73) Zhang, H., Xu, T., Li, H., Zhang, S., Huang, X., Wang, X. and Metaxas, D.: StackGAN: Text to Photo-realistic Image Synthesis with Stacked Generative Adversarial Networks, *ICCV* (2017)

74) Karras, T., Aila, T., Laine, S. and Lehtinen, J.: Progressive growing of GANs for improved quality, stability, and variation, *ICLR* (2018)

75) Karras, T., Laine, S. and Aila, T.: A Style-Based Generator Architecture for Generative Adversarial Networks, *CVPR* (2019)

76) Dinh, L., Sohl-Dickstein, J. and Bengio, S.: Density estimation using Real NVP, *ICLR* (2017)

77) Kingma, D. P. and Dhariwal, P.: Glow: Generative Flow with Invertible 1x1 Convolutions, *NeurIPS* (2018)

78) Ho, J., Jain, A. and Abbeel, P.: Denoising Diffusion Probabilistic Models, *NeurIPS* (2020)

79) Zhu, J.-Y., Park, T., Isola, P. and Efros, A. A.: Unpaired Image-to-Image Translation using Cycle-Consistent Adversarial Networks, *ICCV* (2017)

80) Iizuka, S., Simo-Serra, E. and Ishikawa, H.: Let there be Color!: Joint End-to-end Learning of Global and Local Image Priors for Automatic Image Colorization with Simultaneous Classification, *ACM Transactions on Graphics*, Vol. 35, No. 4, pp. 110:1–110:11 (2016)

81) Shi, W., Caballero, J., Huszar, F., Totz, J., Aitken, A. P., Bishop, R., Rueckert, D. and Wang, Z.: Real-Time Single Image and Video Super-Resolution Using an Effcient Sub-Pixel Convolutional Neural Network, *CVPR* (2016)

82) Garg, R., Kumar, V. B. G. and Reid, I. D.: Unsupervised CNN for Single View Depth Estimation: Geometry to the Rescue, *ECCV* (2016)

83) Dosovitskiy, A., Fischer, P., Ilg, E., Häusser, P., Hazırbaş, C., Golcov, V., van der Smagt, P., Cremers, D. and Brox, T.: FlowNet: Learning Optical Flow with Convolutional Networks, *ICCV* (2015)

84) Johnson, J., Alahi, A. and Fei, L. F.: Perceptual Losses for Real-Time Style Transfer and Super-Resolution, *ECCV* (2016)

85) Dosovitskiy, A. and Brox, T.: Inverting Visual Representations with Convolutional Networks, *CVPR* (2016)

86) Choi, Y., Choi, M., Kim, M., Ha, J. W., Kim, S. and Choo, J.: StarGAN: Unified Generative Adversarial Networks for Multi-Domain Image-to-Image Translation, *CVPR* (2018)

87) Lee, H. Y., Tseng, H. Y., Huang, J. B., Singh, M. and Yang, M. H.: Diverse Image-to-Image Translation via Disentangled Representations, *ECCV* (2018)

88) Simonyan, K., Vedaldi, A. and Zisserman, A.: Deep Inside Convolutional Networks: Visualising Image Classification Models and Saliency Maps, *ICLR* (2014)

89) Nguyen, A., Yosinski, J. and Clune, J.: Deep Neural Networks are Easily Fooled: High Confidence Predictions for Unrecognizable Images, *CVPR* (2015)

90) Eykholt, K., Evtimov, I., Fernandes, E., Li, B., Rahmati, A., Xiao, C., Prakash, A., Kohno, T. and Song, D.: Robust Physical-World Attacks on Deep Learning Visual Classification, *CVPR* (2018)

91) Goodfellow, I., Shlens, J. and Szegedy, C.: Explaining and Harnessing Adversarial Examples, arXiv:1412.6572 (2015)

92) Huang, X. and Belongie, S.: Arbitrary Style Transfer in Real-Time With Adaptive Instance Normalization, *ICCV* (2017)

93) Deng, L.: Deep learning: from speech recognition to language and multimodal processing, *APSIPA Transactions on Signal and Information Processing*, Vol. 5 (2016)

94) Morise, M., Yokomori, F. and Ozawa, K.: WORLD: A Vocoder-Based High-Quality Speech Synthesis System for Real-Time Applications, *IEICE Transactions on Information and Systems*, Vol. 99, No. 7, pp. 1877–1884 (2016)

95) Rabiner, L. R.: A tutorial on hidden Markov models and selected applications in speech recognition, *Proc. of the IEEE*, Vol. 77, No. 2, pp. 257–286 (1989)

96) Waibel, A., Hanazawa, T., Hinton, G., Shikano, K. and Lang, K. J.: Phoneme recognition using time-delay neural networks, *IEEE Transactions on Acoustics, Speech, and Signal Processing*, Vol. 37, No. 3, pp. 328–339 (1989)

97) Bengio, Y., Simard, P. and Frasconi, P.: Learning long-term dependencies with gradient descent is difficult, *IEEE Transactions on Neural Networks*, Vol. 5, No. 2, pp. 157–166 (1994)

98) Hinton, G., Deng, L., Yu, D., Dahl, G. E., Mohamed, A.-r., Jaitly, N., Senior, A., Vanhoucke, V., Nguyen, P., Sainath, T. N. and Kingsbury, B.: Deep Neural Networks for Acoustic Modeling in Speech Recognition: The Shared Views of Four Research Groups, *IEEE Signal Processing Magazine*, Vol. 29, No. 6, pp. 82–97 (2012)

99) Graves, A., Fernández, S., Gomez, F. and Schmidhuber, J.: Connectionist temporal classification: labelling unsegmented sequence data with recurrent neural networks, *ICML* (2006)

100) Yu, D. and Deng, L.: *Automatic Speech Recognition; A Deep Learning Approach*, Springer (2015)

101) Graves, A.: Sequence transduction with recurrent neural networks, arXiv:1211.3711 (2012)

102) Chan, W., Jaitly, N., Le, Q. and Vinyals, O.: Listen, attend and spell: A neural network for large vocabulary conversational speech recognition, *ICASSP* (2016)

103) OpenNMT: https://opennmt.net/OpenNMT/applications/

104) Li, J., Wu, Y., Gaur, Y., Wang, C., Zhao, R. and Liu, S.: On the comparison of popular end-to-end models for large scale speech recognition, arXiv:2005.14327 (2020)

105) Gulati, A., Qin, J., Chiu, C.-C., Parmar, N., Zhang, Y., Yu, J., Han, W., Wang, S., Zhang, Z., Wu, Y. and Pang, R.: Conformer: Convolution-augmented Transformer for Speech Recognition, *Proc. of Interspeech 2020*, pp. 5036–5040 (2020)

106) Tokuda, K., Yoshimura, T., Masuko, T., Kobayashi, T. and Kitamura, T.: Speech parameter generation algorithms for HMM-based speech synthesis, *ICASSP* (2000)

107) Imai, S., Sumita, K. and Furuichi, C.: Mel log spectrum approximation (MLSA) filter for speech synthesis, *Electronics and Communications in Japan (Part I: Communications)*, Vol. 66, No. 2, pp. 10–18 (1983)

108) Griffin, D. and Lim, J.: Signal estimation from modified short-time Fourier transform, *IEEE Transactions on Acoustics, Speech, and Signal Processing*, Vol. 32, No. 2, pp. 236–243 (1984)

109) Ze, H., Senior, A. and Schuster, M.: Statistical parametric speech synthesis using deep neural networks, *ICASSP* (2013)

110) Wang, P., Qian, Y., Soong, F. K., He, L. and Zhao, H.: Word embedding for recurrent neural network based TTS synthesis, *ICASSP* (2015)

111) Valin, J.-M. and Skoglund, J.: LPCNet: Improving neural speech synthesis through linear prediction, *ICASSP* (2019)

112) Prenger, R., Valle, R. and Catanzaro, B.: WaveGlow: A flow-based generative network for speech synthesis, *ICASSP* (2019)

113) Ping, W., Peng, K., Zhao, K. and Song, Z.: WaveFlow: A compact flow-based model for

raw audio, International Conference on Machine Learning, *ICML* (2020)

114) Kumar, K., Kumar, R., de Boissiere, T., Gestin, L., Teoh, W. Z., Sotelo, J., de Brébisson, A., Bengio, Y. and Courville, A.: MelGAN: Generative adversarial networks for conditional waveform synthesis, arXiv:1910.06711 (2019)

115) Chen, N., Zhang, Y., Zen, H., Weiss, R. J., Norouzi, M. and Chan, W.: WaveGrad: Estimating gradients for waveform generation, arXiv:2009.00713 (2020)

116) Wang, Y., Skerry-Ryan, R., Stanton, D., Wu, Y., Weiss, R. J., Jaitly, N., Yang, Z., Xiao, Y., Chen, Z., Bengio, S., Le, Q., Agiomyrgiannakis, Y., Clark, R. and Saurous, R. A.: Tacotron: Towards end-to-end speech synthesis, arXiv:1703.10135 (2017)

117) Shen, J., Pang, R., Weiss, R. J., Schuster, M., Jaitly, N., Yang, Z., Chen, Z., Zhang, Y., Wang, Y., Skerrv-Ryan, R. Saurous, R. A., Agiomvrgiannakis, Y. and Wu, Y.: Natural TTS Synthesis by Conditioning Wavenet on MEL Spectrogram Predictions, *ICASSP* (2018)

118) van den Oord, A., Kalchbrenner, N., Vinyals, O., Espeholt, L., Graves, A. and Kavukcuoglu, K.: Conditional Image Generation with PixelCNN Decoders, arXiv:1606.05328 (2016)

119) Sotelo, J., Mehri, S., Kumar, K., Santos, J. F., Kastner, K., Courville, A. and Bengio, Y.: Char2Wav: End-to-End Speech Synthesis, *ICLR* (2017)

120) Weiss, R. J., Skerry-Ryan, R., Battenberg, E., Mariooryad, S. and Kingma, D. P.: Wave-Tacotron: Spectrogram-free end-to-end text-to-speech synthesis, *ICASSP* (2021)

121) Mikolov, T., Chen, K., Corrado, G. and Dean, J.: Efficient estimation of word representations in vector space, arXiv:1301.3781 (2013)

122) Devlin, J., Chang, M.-W., Lee, K. and Toutanova, K.: BERT: Pre-training of Deep Bidirectional Transformers for Language Understanding, *Proc. of the 2019 Conference of the North American Chapter of the Association for Computational Linguistics: Human Language Technologies, Volume 1 (Long and Short Papers)*, pp. 4171–4186 (2019)

123) Raffel, C., Shazeer, N., Roberts, A., Lee, K., Narang, S., Matena, M., Zhou, Y., Li, W. and Liu, P. J.: Exploring the Limits of Transfer Learning with a Unified Text-to-Text Transformer, *Journal of Machine Learning Research*, Vol. 21, pp. 1–67 (2020)

124) Clark, E., August, T., Serrano, S., Haduong, N., Gururangan, S. and Smith, N. A.: All That's 'Human' Is Not Gold: Evaluating Human Evaluation of Generated Text, *Proc. of the 59th Annual Meeting of the Association for Computational Linguistics and the 11th International Joint Conference on Natural Language Processing (Volume 1: Long Papers)*, pp. 7282–7296 (2021)

125) Vinyals, O., Toshev, A., Bengio, S. and Erhan, D.: Show and Tell: A Neural Image Caption Generator, *CVPR* (2015)

126) Xu, K., Ba, J., Kiros, R., Cho, K., Courville, A., Salakhudinov, R., Zemel, R. and Bengio, Y.: Show, Attend and Tell: Neural Image Caption Generation with Visual Attention, *ICML* (2015)

127) Antol, S., Agrawal, A., Lu, J., Mitchell, M., Batra, D., Zitnick, C. L. and Parikh, D.: VQA: Visual Question Answering, *ICCV* (2015)

128) Hu, R., Xu, H., Rohrbach, M., Feng, J., Saenko, K. and Darrell, T.: Natural Language Object Retrieval, *CVPR* (2016)

129) Rasiwasia, N., Costa Pereira, J., Coviello, E., Doyle, G., Lanckriet, G. R., Levy, R. and

Vasconcelos, N.: A New Approach to Cross-Modal Multimedia Retrieval, *Proc. of ACM International Conference Multimedia*, pp. 251–260 (2010)

130) Reed, S., Akata, Z., Lee, H. and Schiele, B.: Learning Deep Representations of Fine-Grained Visual Descriptions, *CVPR* (2016)

131) Frome, A., Corrado, G. S., Shlens, J., Bengio, S., Dean, J., Ranzato, M. A. and Mikolov, T.: DeViSE: A Deep Visual-Semantic Embedding Model, *NIPS* (2013)

132) Kiros, R., Salakhutdinov, R. and Zemel, R. S.: Unifying visual-semantic embeddings with multimodal neural language models, *NIPS* (2014)

133) Salvador, A., Hynes, N., Aytar, Y., Marin, J., Ofli, F., Weber, I. and Torralba, A.: Learning Cross-Modal Embeddings for Cooking Recipes and Food Images, *CVPR* (2017)

134) Dong, H., Yu, S., Wu, C. and Guo, Y.: Semantic Image Synthesis via Adversarial Learning, *ICCV* (2017)

135) Li, B., Qi, X., Lukasiewicz, T. and Torr, P. H.: ManiGAN: Text-Guided Image Manipulation, *CVPR* (2020)

136) Ramesh, A., Dhariwal, P., Nichol, A., Chu, C. and Chen, M.: Hierarchical Text-Conditional Image Generation with CLIP Latents, arXiv:2204.06125 (2022)

137) Saharia, C., Chan, W., Saxena, S., Li, L., Whang, J., Denton, E., Ghasemipour, S. K. S., Ayan, B. K., Mahdavi, S. S., Lopes, R. G., Salimans, T. Ho, J. Fleet, D. J. and Norouzi, M.: Photorealistic Text-to-Image Diffusion Models with Deep Language Understanding, *NeurIPS* (2022)

138) Rombach, R., Blattmann, A., Lorenz, D., Esser, P. and Ommer, B.: High-Resolution Image Synthesis With Latent Diffusion Models, *CVPR* (2022)

139) Radford, A., Kim, J. W., Hallacy, C., Ramesh, A., Goh, G., Agarwal, S., Sastry, G., Askell, A., Mishkin, P., Clark, J., Krueger, G. and Sutskever, I.: Learning Transferable Visual Models From Natural Language Supervision, *ICML* (2021)

140) Crowson, K., Biderman, S., Kornis, D., Stander, D., Hallahan, E., Castricato, L. and Raff, E.: VQGAN-CLIP: Open domain image generation and editing with natural language guidance, *ECCV* (2022)

141) Goto, S., Onishi, K., Saito, Y., Tachibana, K. and Mori, K.: Face2Speech: Towards multi-speaker text-to-speech synthesis using an embedding vector predicted from a face image, *Proc. of Interspeech 2020*, pp. 1321–1325 (2020)

142) Prajwal, K. R., Mukhopadhyay, R., Namboodiri, V. P. and Jawahar, C.: Learning Individual Speaking Styles for Accurate Lip to Speech Synthesis, *CVPR* (2020)

143) Owens, A., Isola, P., McDermott, J., Torralba, A., Adelson, E. H. and Freeman, W. T.: Visually Indicated Sounds, *CVPR* (2016)

144) Oh, T.-H., Dekel, T., Kim, C., Mosseri, I., Freeman, W. T., Rubinstein, M. and Matusik, W.: Speech2Face: Learning the Face Behind a Voice, Pouget-Abadie, *CVPR* (2019)

145) Zhou, Y., Han, X., Shechtman, E., Echevarria, J., Kalogerakis, E. and Li, D.: MakeItTalk: Speaker-Aware Talking-Head Animation, *ACM Trans. on Graphics*, Vol. 39, No. 6 (2020)

索　引

〈著者略歴〉

柳 井 啓 司（やない　けいじ）

1997 年　東京大学大学院工学系研究科修士課程修了
　　　　電気通信大学電気通信学部情報工学科　助手
2003 年　博士（工学）（東京大学）
2006 年　電気通信大学電気通信学部情報工学科　助教授
2010 年　電気通信大学大学院情報理工学研究科　准教授
2015 年　電気通信大学大学院情報理工学研究科　教授（現職）

中 鹿　　亘（なかしか　とおる）

2011 年　神戸大学大学院工学研究科博士前期課程修了
2014 年　神戸大学大学院システム情報学研究科博士後期課程修了　博士（工学）
　　　　神戸大学大学院システム情報学研究科　助教
2015 年　電気通信大学大学院情報システム学研究科　助教
2020 年　電気通信大学大学院情報理工学研究科　准教授（現職）

稲 葉 通 将（いなば　みちまさ）

2010 年　名古屋大学大学院情報科学研究科博士前期課程修了
2012 年　名古屋大学大学院情報科学研究科博士後期課程修了　博士（情報科学）
　　　　広島市立大学大学院情報科学研究科　助教
2019 年　電気通信大学人工知能先端研究センター　准教授（現職）

IT Text
深層学習

2022 年 11 月 20 日　　第 1 版第 1 刷発行

著　　者　柳井啓司・中鹿　　亘・稲葉通将
発 行 者　村上和夫
発 行 所　株式会社　オーム社
　　　　　郵便番号　101-8460
　　　　　東京都千代田区神田錦町 3-1
　　　　　電話　03(3233)0641（代表）
　　　　　URL　https://www.ohmsha.co.jp/

© 柳井啓司・中鹿　　亘・稲葉通将 *2022*

印刷・製本　三美印刷
ISBN978-4-274-22888-9　Printed in Japan

本書の感想募集　https://www.ohmsha.co.jp/kansou/

本書をお読みになった感想を上記サイトまでお寄せください．
お寄せいただいた方には，抽選でプレゼントを差し上げます．